RECHERCHES

SUR L'INFLUENCE QUE

LE PRIX DES GRAINS,

LA RICHESSE DU SOL ET LES IMPOTS

EXERCENT SUR LES SYSTÈMES DE CULTURE.

Corbeil, typographie de Crété.

RECHERCHES

SUR L'INFLUENCE QUE

LE PRIX DES GRAINS

LA RICHESSE DU SOL ET LES IMPOTS

EXERCENT

SUR LES SYSTÈMES DE CULTURE

PAR

M. HENRI DE THÜNEN.

Traduit de l'allemand

PAR M. JULES LAVERRIÈRE.

(Traduction qui a obtenu une médaille d'or de la Société nationale et centrale d'Agriculture.)

PARIS

GUILLAUMIN ET Cⁱᵉ, LIBRAIRES

Éditeurs du Journal des Économistes, de la Collection des principaux Économistes,
du Dictionnaire de l'Économie Politique, etc.

RUE RICHELIEU, 14.

1851

INTRODUCTION.

Le livre, dont j'offre la traduction aux agriculteurs, aux jurisconsultes et aux économistes de mon pays, a pour auteur l'un des plus éminents praticiens de l'Allemagne. De Thünen forme avec de Wulffen, Koppe, Block et Kreissig, l'élite des disciples sortis de l'école de Thaer. Il a, pendant 40 ans, dirigé l'une des plus grandes exploitations du Mecklembourg ; et c'est pendant cette longue période d'expériences, d'études et de méditations qu'il a rassemblé les matériaux qui servent de base à son ouvrage.

Le succès avec lequel de Thünen a su diriger les opérations si multiples d'un vaste domaine, les aperçus nouveaux mais rationnels que l'observation lui a fait découvrir et qu'il a consignés dans plusieurs mémoires, faisaient présager le succès qui attendait la publication de son œuvre principale. L'attente du public n'a pas été trompée, et les gouvernements eux-mêmes y ont trouvé l'inspiration de mesures utiles pour leurs administrés.

Avant de Thünen, les cultivateurs, et surtout les petits cultivateurs de l'Allemagne, ignoraient à quel point le morcellement, l'éparpillement des pièces de terre, leur distance du centre de l'exploitation, pouvaient influer sur la grandeur des revenus. On ne se rendait pas compte alors des désordres répétés, du gaspillage auxquels entraînent les allées et venues journalières du champ à la ferme et de la ferme au champ. On ne savait pas non plus estimer le degré de dépréciation que subissaient certaines terres placées dans une condition économique défavorable. De Thünen, guidé par la comptabilité et par le calcul, est venu formuler des lois, indiquer des règles d'échange, déterminer les circonstances dans lesquelles cet échange pouvait être avantageux. C'est à la partie de son livre où cette importante question est traitée, que le gouvernement prussien a emprunté les matériaux de la loi dite *loi de réunion*, promulguée en 1829.

Mais cette question, quoique fort importante, n'en était pas moins secondaire à côté des autres questions plus élevées, que l'auteur a cherché à éclaircir. En effet, l'influence que les prix des grains, la richesse du sol et les impôts exercent sur les systèmes de culture, n'était que très-imparfaitement connue. On ignorait que les systèmes de culture (système triennal, pastoral, alterne, etc.) ne pouvaient exister qu'à certaines conditions. Nous en avons vu la preuve, et nous la voyons encore fréquemment, dans les essais tentés par beaucoup de propriétaires en France, qui, poussés par un empressement irréfléchi, ont voulu importer chez eux la culture belge, la culture anglaise ou la culture allemande. Chaque système de culture exige, pour pouvoir se maintenir avec avantage, que le sol possède un certain degré de richesse, que les frais de production soient maintenus dans des limites déterminées, et que le prix des produits au marché voisin soit à un taux capable de rembourser au moins les frais qu'ils ont occasionnés. C'est ce que de Thünen démontre clairement ; il a fait plus, il a montré que ces conditions d'existence de chacun des systèmes étaient en raison directe ou indirecte les unes des autres, qu'enfin elles étaient étroitement liées entre elles.

Pour parvenir à l'exposition claire et simple d'un phénomène aussi complexe, il lui a fallu se servir d'abord de la méthode hypothétique. En supposant un ordre de choses déterminé d'après des lois prises dans la réalité, de Thünen a pu analyser une à une chacune des conditions d'existence d'un système de culture ; il a pu successivement leur attribuer l'action principale, et rendre cette action plus spécialement frappante par la grandeur du résultat trouvé. Après avoir dégagé, isolé chaque principe de l'état de combinaison, où se trouvent tous les principes dans la réalité, ce qui rendait l'intelligence de leur action particulière trop confuse, il passe de l'hypothèse à la réalité. Sa tâche, devenue plus facile, se borne à noter les différences entre cette réalité et l'état des choses supposé, et à critiquer la justesse des formules posées, des résultats obtenus.

Le lecteur ne se préoccupera pas trop des chiffres qui sont parsemés dans ce livre. Ces chiffres ont un intérêt spécial et un intérêt général : un intérêt spécial, en ce sens qu'ils expriment des valeurs positives qui servent à faire connaître quelques particularités de l'agriculture mecklembourgeoise; un intérêt général, beaucoup plus important, en ce qu'ils expriment des rapports qui sont valables partout, puisqu'ils servent de base aux formules algébriques que chacun pourra appliquer à son usage.

Tel est, en peu de mots, le résumé des recherches de Thünen. Il a su, le premier, faire servir une longue expérience agricole à l'observation de faits généraux, ce qui l'a conduit à exposer des règles non moins générales. En se guidant sur lui, le cultivateur ne craindra pas de se tromper dans le choix de son système de culture. Sachant, d'une part, à quelle distance son domaine est du marché, quels sont les frais de transport, quels sont les prix courants des denrées sur le marché même; sachant, d'autre part, quel est le montant des impôts à acquitter, quelle est la richesse de son sol, la disposition de ses terres autour des bâtiments d'exploitation, la rente foncière du domaine, le cultivateur possède déjà un élément important. C'est un immense progrès. Sans doute, ces données ne suffisent pas pour être capable de diriger une exploitation dans tous ses détails. Il faut pour cela un complément de connaissances d'autant plus difficile à acquérir, qu'on ne sait encore où le prendre, à moins de faire son éducation personnelle par la voie (dispendieuse) d'une longue pratique. La direction manque; il n'y a pas d'unité ni de philosophie dans les recherches et dans les observations. Mais ce progrès s'accomplira dans son temps comme le premier.

Paris, janvier, 1851.

LAVERRIÈRE.

RAPPORT

A LA SOCIÉTÉ NATIONALE ET CENTRALE D'AGRICULTURE

Sur l'ouvrage intitulé

RECHERCHES SUR L'INFLUENCE QUE LE PRIX DES GRAINS,

LA RICHESSE DU SOL ET LES IMPOTS

EXERCENT SUR LES SYSTÈMES DE CULTURE,

DE M. DE THÜNEN,

TRADUIT PAR M. LAVERRIÈRE.

M. Laverrière, déjà connu de la Société nationale et centrale par sa traduction d'une portion des œuvres de Schwerz (*Traité sur la culture des plantes économiques*) et par celle du *Traité de géologie* de J. Morton, présente aujourd'hui au concours la traduction d'un ouvrage d'économie agricole qui a eu un grand retentissement en Allemagne parmi tous les hommes qui s'occupent des questions économiques et agricoles : nous voulons parler de l'ouvrage du célèbre agriculteur mecklembourgeois, M. de Thünen : *L'État isolé ou Recherches sur l'influence du prix des grains, de la richesse du sol et du chiffre des impôts en agriculture.*

M. de Thünen, quoique moins connu en France que plusieurs autres agriculteurs allemands, n'est cependant pas un étranger pour nous. L'habile et savant directeur de la Saulsaie, M. Nivière, nous l'a fait connaître, ainsi que sa belle exploitation de Tellow,

dans l'intéressante notice qu'il a publiée sur son voyage agrono-
mique dans le nord de l'Allemagne.

Pour donner à la Société une idée et du but et de l'importance
de l'ouvrage de M. de Thünen, qu'elle nous permette de reproduire
ce qu'en disait M. Nivière dans la notice en question :

« Il a suffi en Allemagne, dit M. Nivière, que M. de Thünen,
vivement préoccupé de l'aggravation que devait apporter aux
charges de la culture la vicieuse disposition des terres du Mecklembourg, telle que les siècles passés l'avaient faite, ait démontré dans
un livre remarquable (celui dont il s'agit ici) quelle diminution cette
disposition devait faire subir au chiffre de la richesse publique et
particulière, pour que les lois aient été modifiées dans le sens de sa
demande ; et qu'une nouvelle loi, dite *de réunion*, ait été rendue.
M. de Thünen, en la provoquant, ne dissimulait pas les difficultés
nombreuses qu'elle devait rencontrer. « Nos lois hypothécaires,
« disait-il, nos lois surtout qui grèvent tout échange de la per-
« ception d'un droit, seront peut-être un grand obstacle ; mais
« il faut que je le dise, nous ne pouvons espérer de pouvoir pro-
« gresser comme les autres peuples, qu'autant que nous saurons
« nous affranchir des liens qui nous enchaînent à un passé fu-
« neste. » Et ce cri, échappé à la conscience d'un honnête homme
et d'un sage, a été entendu de l'Allemagne entière et de ses gou-
vernants ; et M. de Thünen a pu constater les heureux effets que
n'a pas tardé de produire la loi sur la réunion des terres dissémi-
nées, et, de son vivant, il a pu voir le chiffre de la richesse publique accru de la valeur de tout le temps que perdaient les travailleurs agricoles par des allées et venues inutiles sur des terres
mal distribuées. »

On se tromperait, du reste, si l'on supposait que l'œuvre de
M. de Thünen n'a d'intérêt qu'au point de vue économique. L'a-
griculteur, lui aussi, y puisera des idées rationnelles sur des
questions importantes qui se présentent journellement dans la
pratique.

L'emprunt que nous venons de faire à M. Nivière nous dispense d'entrer dans plus de développement sur les sujets traités dans cet ouvrage, quoique M. Nivière n'ait signalé qu'une seule des nombreuses et intéressantes questions soulevées et discutées par M. de Thünen avec une habileté, une profondeur de vue qui expliquent l'effet produit en Allemagne par l'apparition de son ouvrage. Nous craindrions qu'une analyse écourtée ne donnât une idée fausse de ce livre si original.

Il ne nous reste donc plus qu'à ajouter que la traduction est non-seulement exacte, comme nous avons pu nous en assurer en la comparant à l'original, mais encore d'un style clair et parfois même élégant. Nous ne ferons au traducteur qu'un seul reproche, c'est de n'avoir pas converti chaque fois les mesures et valeurs allemandes en mesures et valeurs françaises. Nous pensons qu'il nous aura suffi de signaler cette lacune pour que l'auteur s'empresse de la remplir. Prenant en considération l'importance et le mérite de cette traduction, votre commission vous propose, Messieurs, de décerner à M. Laverrière votre médaille d'or aux trois effigies.

Le rapporteur,

L. MOLL.

L. VILMORIN, A. POMMIER.

AVANT-PROPOS

DE LA DEUXIÈME ÉDITION.

La première édition de ce livre, écoulée depuis sept ans, a paru dans l'année 1826.

La deuxième édition, que je présente aujourd'hui, contient des additions importantes au sujet de *la rente foncière, de l'industrie du bétail, et de la culture du colza.* De plus, j'ai remanié l'ensemble avec le plus grand soin, éclairci plusieurs passages, rectifié les points qu'une expérience plus longue m'a permis de soumettre à un jugement plus sûr.

Mais je me suis efforcé surtout de développer et de compléter les idées faussement interprétées, soit par ma faute, soit à mon insu, et j'espère qu'ainsi l'intelligence de l'ouvrage en sera grandement facilitée.

Beaucoup de matériaux intéressant les questions ici traitées me restent. Ils serviront à faire un second volume ; car je ne considère celui-ci que comme la première partie d'un ouvrage complet sur la matière.

Dans la deuxième partie, l'État isolé sera considéré sous d'autres points de vue, afin de parvenir à étudier et à connaître la manière dont réagissent quelques puissances autres que celles dont nous traitons. Enfin, j'ai l'intention d'y consigner les calculs sur les frais de préparation du sol et sur le rendement net qui nous servent de base dans les pages suivantes, d'y développer les recherches sur la sylviculture, et d'y ajouter quelques idées sur la distance moyenne, le tracé des routes, etc.

Ainsi cette seconde partie s'occupera de matières parfaitement séparées. Comme je ne suis pas certain de pouvoir achever mon œuvre, elle paraîtra peut-être par livraisons.

Avant de terminer, je prie le lecteur qui est décidé à m'accorder du temps et de l'attention, de ne pas se laisser effrayer par les hypothèses sur lesquelles nous appuyons nos raisonnements. Elles ne sont pas arbitraires et inutiles. Au contraire, elles sont indispensables toutes les fois qu'on veut se rendre compte de l'action d'une puissance donnée, action qui nous paraît confuse dans la *réalité*, parce qu'elle n'est pas dégagée ou isolée, mais qu'elle est au contraire en conflit perpétuel avec d'autres puissances qui agissent simultanément.

Cette méthode m'a rendu tant de services, elle est si susceptible d'être étendue à un grand nombre de points, que je la considère comme constituant toute l'importance de cet ouvrage.

Tellow, mars 1842.

J. H. DE THÜNEN.

TABLEAU .

DES MESURES, MONNAIES ET POIDS ALLEMANDS QUI ONT SERVI DANS CET OUVRAGE.

MESURES DE LONGUEUR.

La verge mecklembourgeoise = 16 pieds de Lubeck,

MESURE DE SUPERFICIE.

La verge carrée mecklembourg. = 256 pieds carrés de Lubeck.

MESURE DES GRAINS.

Le scheffel berlinois = 2744,3 pouces cubes de Paris.

MONNAIE.

14 thalers (thlr.) N $^2/_3$ (nouv. $^2/_3$) = 15 thalers (thlr.) or.
1 » » = 1,071 » = f. 3,98

POIDS.

La livre de Hambourg = 10080 as de Hollande.
Le quintal = 100 livres de Hambourg.

COMPARAISON DE CES MESURES AVEC LES MESURES FRANÇAISES.

MESURES DE LONGUEUR.

1 verge mecklembourgeoise = 4 mètres 654.

MESURES DE SUPERFICIE.

100 pieds carrés mecklembourg. = 8,467 mètres carrés.
100 verges carrées mecklembourg. = 0,217 hectares.
1 hectare = 461,60 verges carrées du Mecklembourg.

1 mille allemand = $\frac{1}{15}$ de degré = 7.532 kil.

L'hectolitre = 5046,1 pouces cubes de Paris.
1 scheffel berlinois = 0,544 hectolitres.
La récolte de 10 scheffels berlinois par 100 verges carrées mecklem-bourg.=25,1 hectolitres par hectare.

POIDS.

Le kilogramme = 20816 as de Hollande.
100 livres de Hambourg = 46,42 kilog.

MONNAIE.

Le thaler ordinaire = fr. 3,7163.

SECTION PREMIÈRE.

CONSTITUTION DE L'ÉTAT ISOLÉ.

----

§ Ier. — Hypothèse.

Que l'on imagine une très-grande ville au milieu d'une plaine susceptible de culture, qui n'est traversée par aucun canal ni aucune rivière navigable ;

Que cette plaine soit formée par un terrain partout identique dans sa nature ;

Que cette plaine enfin soit, à une grande distance de la ville, bornée par un désert aride qui la sépare entièrement du reste du monde vivant ;

Qu'elle ne contienne aucune ville autre que celle dont nous venons de parler.

Ces conditions posées, on peut inférer que la ville centrale doit fournir aux campagnes tous les produits manufacturés dont elles ont besoin ; qu'en revanche, elle est obligée de tirer de ces mêmes campagnes tous ses produits alimentaires, et toutes les matières de première nécessité.

Supposons, d'ailleurs, que les mines et les salines chargées de livrer les métaux et le sel nécessaires à la ville centrale, se trouvent dans son voisinage. Cette ville, étant la seule et unique au milieu de la plaine supposée, s'appellera désormais simplement : *La Ville de l'État isolé.*

§ II. — Problème.

Ce qui vient d'être dit nous conduit naturellement à la question suivante :

Comment se comportera la culture dans ces circonstances? En quoi et comment cette culture, rationnellement exécutée, se modifiera-t-elle par la distance plus ou moins grande de la Ville ?

Il est clair, en général, que l'on devra cultiver près de la Ville les produits qui ont un grand poids ou un grand volume par rapport à leur valeur, et dont les frais de transport au marché central sont assez élevés pour que les contrées éloignées ne puissent les envoyer avec avantage. Dans ce rayon très-étroit viendra également se ranger la production des choses qui s'altèrent facilement, ou qui se consomment à l'état frais.

Mais à mesure que l'on s'éloignera de la Ville, la terre devra nécessairement produire des matériaux qui, relativement à leur valeur, exigent des frais de transport de moins en moins considérables.

Sous l'empire de cette loi, plusieurs cercles concentriques assez bien délimités, dans lesquels telle ou telle plante sera le produit principal, se formeront autour de la Ville.

Or, comme avec la culture d'une plante différente, considérée comme base ou comme but, la forme entière de la culture change, nous serons amené à examiner dans ces divers cercles, des systèmes de culture tout à fait distincts.

§ III. — Cercle premier. — Culture libre.

Les végétaux de jardin qui ne supportent pas de longs transports sur voitures, tels que choux-fleurs, fraises, salades, etc., et qui ne peuvent être envoyés à la Ville qu'en petite quantité et à l'état frais, se cultivent dans son voisinage immédiat.

Par conséquent, les jardins occuperont les terrains les plus rapprochés de la Ville.

Outre le maraîchage, le lait frais est encore une des nécessités de la Ville. On ne l'obtient que dans ce premier cercle, car il est non-seulement d'un transport difficile et coûteux, mais encore il devient facilement impropre à la consommation, surtout pendant les grandes chaleurs, ce qui empêche qu'on aille le chercher à de grandes distances. Le prix du lait (1) doit être assez cher, pour que le sol consacré à sa production ne puisse être utilisé plus avantageusement d'une autre manière.

Comme, dans ce premier cercle, le loyer de la terre est élevé, l'augmentation du travail importe peu. En effet, il s'agit de retirer ici de la plus petite superficie la plus grande quantité possible de fourrages pour les bestiaux. On devra donc cultiver beaucoup de trèfle, et pratiquer la stabulation permanente; car, au moyen de ce système, le trèfle peut toujours être fauché en temps convenable, et on nourrit ainsi sur une surface donnée beaucoup plus de bétail que par le pâturage, où les jeunes plantes sont constamment arrêtées dans leur végétation par le piétinement et la dent des animaux. Néanmoins, si, par convenances particulières, on préférait absolument le pâturage, on ne pourrait guère disposer que de petites étendues, et il faudrait donner, quand même, un supplément de nourriture composé de trèfle vert fauché, et des débris de pommes de terre, de choux, de raves, etc.

Un trait distinctif de ce cercle, c'est l'achat à la Ville de la plus grande partie des engrais; on ne cherche pas à les créer sur place comme dans les contrées éloignées.

Ce point lui donne une grande prépondérance, et rend possible la vente de produits qui, dans les autres cercles, devront être gardés pour y entretenir la fertilité du sol.

Ainsi, outre le lait, on pourra vendre le foin et la paille à

---

(1) Aujourd'hui la production du lait donne moins de profit qu'autrefois dans les environs des villes; la vitesse des chemins de fer permet d'envoyer du lait de fort loin aux centres de consommation, et le bicarbonate de soude combat avec succès les effets qu'exercent sur lui les grandes chaleurs.

un prix capable de payer l'utilisation de la terre aussi avantageusement que possible. Ce prix se maintiendra, d'autant mieux que les contrées distantes n'ont pas la possibilité de faire concurrence sous ce rapport.

Les grains ne sont ici qu'un accessoire, parce qu'on peut les cultiver à moins de frais dans les cercles éloignés, où la rente foncière est plus basse et la main-d'œuvre moins chère ; on abandonnerait même tout à fait la production des céréales, si elle n'était pas nécessaire pour obtenir la paille ; et l'on sacrifie, en semant épais, une partie de la récolte en grains, afin d'avoir plus de paille.

En dehors du lait, du foin et de la paille, ce cercle doit encore fournir à la Ville tous les produits qui deviendraient trop chers s'ils venaient de loin, tels que pommes de terre, choux, raves, trèfle vert, etc.

Quant aux petites pommes de terre dont la vente est impossible. aux débris de choux, de raves, etc., on les fait servir avec avantage à la nourriture des vaches laitières.

On ne rencontre pas de jachère pure dans ce district, pour deux raisons : la première, parce que la rente foncière est trop élevée pour qu'on laisse improductive une grande partie des champs ; la seconde, parce que la possibilité d'acheter à la Ville des quantités illimitées d'engrais, permet d'augmenter tellement la force du sol, que les végétaux atteignent le maximum de leur rendement sans les travaux préparatoires d'une jachère.

Les récoltes se succèdent de manière à ce que chaque plante trouve le sol préparé pour la recevoir. Cependant l'intérêt unique de cette alternance n'entraîne jamais à cultiver des récoltes qui, par leur valeur relative, pourraient devenir désavantageuses à la contrée. On cherche, autant que possible, à concilier l'intérêt du sol et l'intérêt pécuniaire en se réglant sur les circonstances du moment. C'est ici qu'on trouvera la culture libre proprement dite, culture qui, dans ses rotations, n'est soumise à aucun plan préalable.

Il résulte de ce qui précède, que la faculté d'acheter les engrais à la Ville est un immense avantage pour la partie du cercle qui touche aux faubourgs. Mais à mesure que la distance augmente, cet avantage diminue rapidement, parce que le transport des engrais et celui des produits deviennent plus chers. En continuant à s'éloigner ainsi du centre, on finit par arriver à un point du territoire où l'achat des engrais devient un avantage douteux; si l'on s'éloigne encore, le doute disparaît. Il est alors décidément plus profitable de produire son fumier soi-même que d'aller l'acheter. Dans ce cas, on touche aux limites qui séparent le premier cercle du second.

§ IV. — Détermination du prix des grains dans les différentes localités de l'État isolé.

Avant de passer à la culture du second cercle et des cercles suivants, cherchons à déterminer les modifications que subissent les prix des céréales, à mesure que la distance de la Ville augmente.

Nous avons admis : 1° que la Ville centrale était le seul marché pour la vente des grains; 2° qu'il n'y avait dans l'État entier, aucun canal, aucune rivière navigable ; ce qui implique la nécessité de faire transporter à la Ville tous les grains sur des voitures.

Puisqu'il n'y a qu'un seul marché , le prix des céréales sur ce marché réglera celui de tout le pays.

A la campagne, le grain aura toujours un prix proportionnellement inférieur à celui qu'il acquiert sur le marché ; ce prix sera moindre de tous les frais de transport : car, pour acquérir la valeur qu'on en paye à la Ville, il faut que le grain y ait été transporté.

Nous allons tâcher d'exprimer en chiffres les rapports proportionnels de cette diminution du prix du grain, et nous prendrons dans la réalité une base que nous transporterons dans l'état isolé.

Sur le domaine de Tellow, situé à cinq milles du marché (1) de Rostock, les frais de transport d'une voiture de grains,

____

(1) Le mille = 7 kil., 532.

calculés sur une moyenne de cinq ans, s'élèvent à 3 $^6/_{10}$ scheffels de Rostock de seigle et à 1 $^{52}/_{100}$ thalers N. $^2/_3$, ce qui fait en scheffels de Berlin et en or : 2 $^{57}/_{100}$ scheffels berlinois de seigle, et 1 $^{63}/_{100}$ thalers or.

Le chargement ordinaire pour un attelage de quatre chevaux est de 2,400 livres (1). On fait le voyage en deux jours ; comme il faut emporter la nourriture des chevaux, et qu'elle pèse environ 150 livres, on ne charge en grains que 2400— 150=2,250 livres, ce qui fait 37 $^1/_2$ schef. de Rostock ou 26,78 schef. de Berlin.

Hypothèse. — Soit 1 $^1/_2$ thaler or, le prix du schef. berl. de seigle dans la Ville centrale de l'Etat isolé ; soit en même temps le prix normal pour le transport du grain le même que celui que nous avons trouvé dans la réalité sur le domaine de Tellow.

On demande le prix du grain dans l'Etat isolé sur un domaine à cinq milles de la Ville ?

Un chargement de 26,78 schef. berl. de seigle se vendra au marché 26,78 $\times$ 1 $^1/_2$ = 40,17 thalers or. Les frais de transport s'élevant à 1,63 thlr. or et à 2,57 schef. de seigle, si on les retranche de la somme ci–dessus, il ne restera plus que 38,54 thlr. *moins* 2,57 schef. de seigle ; ou pour

---

(1) Une charge de 2,400 liv. net pour quatre chevaux, ce qui fait 600 liv. par cheval, paraît légère à un cultivateur français. Mais qu'il se souvienne que les chevaux mecklenbourgeois sont d'une race beaucoup plus fine et plus délicate que nos races boulonnaise, franc-comtoise et percheronne. En outre, les routes du nord de l'Allemagne ne valent pas les nôtres. Enfin, on fatigue moins les chevaux en principe dans ces contrées que chez nous. Pour s'en assurer, on n'a qu'à lire les recommandations de Koppe dans son Traité d'agriculture.

Quant à la nourriture des chevaux employés aux travaux de la campagne dans le Mecklenbourg, dont la taille n'excède pas 5 $^1/_2$ pieds, elle consiste à peu près en :

6,75	livres	d'avoine.
10,00	»	de foin,
2,00	»	de fourrage haché.

Total....		
18,75	livres	par cheval et par jour, ou
75,00	»	pour 4 chevaux et pour 1 jour, ou
150,00	»	pour 4 chevaux et pour 2 jours.

Cette ration est la ration d'entretien des chevaux de trait (L.).

26,78 schef. de seigle transportés à la Ville, et pour 2,27 schef.
que le transport a coûté, total 29,35 schef. de seigle : on
obtiendra en argent une somme de 38,54 thlr., ce qui fait
par schef. 1,313 thlr.

Si la distance est de dix milles au lieu de cinq, le transport
exigera pour l'allée et la venue quatre journées de voyage au
lieu de deux.

Alors la nourriture à emporter pour les chevaux sera de
300 livres, ce qui réduira le chargement en grains à 2400—
300 = 2100 livres, et les frais de transport se composeront de
$2 \times 2,57 = 5,14$ schef. de seigle, et de $2 \times 1,63 = 3,26$ thlr.

Par un calcul semblable, nous trouverons donc, qu'à une
distance de dix milles, la valeur sur le domaine du schef. de
seigle tombe à 1,136 thlr.; et en l'appliquant à des distances
toujours progressives, nous aurons le tableau suivant :

1000 schef. berlinois de seigle valent :

A la Ville même.			1,500	thlr. or.
Sur le domaine à 5 milles de la Ville.			1,313	»
—	10	»	»	1,136	»
—	15	»	»	968	»
—	20	»	»	809	»
—	25	»	»	656	»
—	30	»	.»	512	»
—	35	»	»	374	»
—	40	»	»	242	»
—	45	»	»	116	»
—	49,95	»	»	000	»

Ce tableau montre que le transport des grains devient impossible pour le domaine à cinquante milles de la Ville, parce
que les seuls frais de voyage, nourriture des chevaux, gage
des conducteurs, absorbent la valeur tout entière du chargement.

Il faudrait donc abandonner la culture du sol à cinquante
milles de distance, même dans le cas où la culture des grains
n'occasionnerait aucuns frais. Mais comme la production des
céréales coûte partout du travail et de l'argent, il s'ensuit que
son rendement net aura cessé déjà dans les localités beaucoup

plus rapprochées de la Ville ; avec la cessation du rendement net aura disparu en même temps la culture du sol.

On pourrait à la rigueur objecter au calcul qui vient d'être présenté, pour les frais de transport à grande distance, que la voiture n'a pas besoin de se charger immédiatement du fourrage nécessaire aux chevaux pendant l'allée et la venue du voyage, puisqu'en retournant à vide on pourrait en acheter moins chèrement qu'on ne le paye par la diminution de la charge de grains.

A cela je réponds que l'on n'achète pas en route des fourrages au prix qu'ils valent réellement, et que l'on paye un bénéfice à l'aubergiste ou au marchand. Cette différence, en sus du prix véritable qui fait le profit du vendeur, peut cependant n'être pas aussi élevée que la valeur acquise par des fourrages forcément transportés pendant de longs trajets aux dépens de la diminution de la charge en denrées principales. Mais l'examen du point suivant relatif aux plus grandes distances va nous aider à rétablir la compensation.

Les frais de transport sont calculés d'après ce qu'ils coûtent réellement pour une distance de cinq milles. Dans ce cas, les chevaux employés à la culture des champs pendant l'été peuvent servir au transport des grains pendant l'hiver. On n'est donc pas obligé d'employer, pour ce service, des chevaux spéciaux, et l'on ne porte au compte des transports des grains que les dépenses résultant directement de l'accroissement du travail des chevaux, telles que ferrage, usure des équipages, augmentation de a nourriture, etc., et non pas l'intérêt du capital représenté par les chevaux, ni la nourriture qu'ils consommeraient pendant l'hiver par leur simple ration d'entretien.

Mais quand les distances sont plus grandes, des attelages spéciaux pour le transport des grains deviennent indispensables : ce qui augmente considérablement les frais de transport, exprimés en scheffels de seigle, des localités éloignées.

Alors l'augmentation s'élève probablement d'une somme équivalente à celle que l'on économiserait par l'achat des fourrages sur la route. Ainsi les deux erreurs de calcul commises sciemment ici se combattent réciproquement.

J'ai cherché plusieurs fois à calculer d'une autre manière les frais de transport; mais, après plusieurs essais, j'ai dû donner la préférence à la méthode que nous venons d'adopter parce qu'elle se rapproche le plus de la vérité.

Dans la suite, nous serons souvent appelé à déterminer la valeur du seigle pour des distances autres que celles indiquées dans le tableau précédent : dès lors une formule générale devient nécessaire ; cherchons en conséquence à la poser avant d'aller plus loin.

Quelle est la valeur du seigle sur un domaine situé à x milles du marché ?

Le chargement complet d'une voiture s'élève à 2,400 liv., ou, le schef. de seigle pesant 84 liv., à $\dfrac{2400}{84}$ schef. de seigle. De ce nombre, il faut retrancher le poids des fourrages à emporter pour chevaux ; ce poids pour 5 milles est de 150 liv.; pour x milles, il sera de $30\,x$ livres.

On amènera donc à la Ville $2400 - 30\,x$ liv., ou $\dfrac{2400 - 30\,x}{84}$ schef. seigle ; en échange, et en supposant le schef. de seigle à $1\,\tfrac{1}{2}$ thlr., on retirera une somme égale à $\dfrac{2400 - 30\,x}{84} \times 1\,\tfrac{1}{2} = \dfrac{3600 - 45\,x}{84}$ thlr.

Les frais de transport, pour 5 milles, s'élèvent à 2,57 schef. de seigle, et à 1,63 thlr. ; pour x milles, ils seront de $\dfrac{2,57\,x\ \text{sch.} + 1,63\,x}{5}$ thlr.

Du prix de vente $= \dfrac{3600 - 45\,x}{84}$ thlr., retranchons les frais de transport $= \dfrac{1,63\,x\ \text{thlr.} + 2,57\,x\ \text{schef.}}{5}$, nous aurons $\dfrac{3600 - 45\,x}{84}$ thalers $- \dfrac{1,63\,x\ \text{thlr.}}{5} - \dfrac{2,57\,x\ \text{schef.}}{5}$ ou $\dfrac{18000 - 361,92\,x}{420}$ thlr. $- \dfrac{2,57\,x\ \text{schef.}}{5}$

Ce chiffre est la somme retirée net de la vente à la Ville du chargement de $\dfrac{2400 - 30\,x}{84}$ schef. de seigle; $\dfrac{2400 - 30\,x}{84}$ schef. de seigle sont conséquemment $= \dfrac{18000 - 361,92\,x}{420}$ thlr., $- \dfrac{2,57\,x}{5}$ schef. seigle,

ou $\dfrac{2400 - 30\,x}{84}$ schef. seigle $+ \dfrac{2,57\,x}{5}$ schef. seigle $= \dfrac{18000 - 361,92\,x}{420}$;

par conséquent $\dfrac{12000 + 65,88\,x}{420}$ schef. seigle $= \dfrac{18000 - 361,92\,x}{420}$ thlr.

ou $12000 + 65,88\,x$ schef. seigle, $= 18000 - 361,92\,x$ thlr.

D'après cela, la valeur d'un schef. de seigle s'élève à $\dfrac{18000 - 361,92\,x}{12000 + 65,88\,x}$ thalers.

Cette formule peut être réduite approximativement et simplifiée en celle-ci : 1 schef. seigle $= \dfrac{273 - 5,5\,x}{182 + x}$ thlr.

Évaluation des frais de transport pour un chargement complet de 2,400 liv. de grains amené à la Ville.

Si l'on veut envoyer à la Ville centrale un chargement intégral en grains, il faut faire accompagner les voitures qui transportent le grain ou autres produits, par d'autres voitures qui transporteront le fourrage nécessaire aux attelages.

Nous avons vu qu'à cinq milles de distance le chargement d'une voiture se composait de 2,250 livres de grains ou autres denrées, et de 150 livres de fourrage. Pour quinze chargements complets de 2,400 livres envoyés à la Ville, il sera nécessaire d'ajouter une voiture spécialement chargée de matières alimentaires pour les chevaux.

Seize attelages de chevaux, dont le travail coûte $16 \times (2,57$ schef. seigle $+ 1,63$ thlr.$)$, n'amèneront donc à la Ville que quinze chargements, dont les frais de transport, pour chaque voiture, seront de $^{16}/_{15}$ $(2,57$ schef. seigle $+ 1,63$ thlr.$)$.

A une distance de dix milles et dans les conditions premières, un chargement se composerait de 300 livres de fourrage et de 2,100 livres de grains. Mais actuellement sept voitures à chargement complet ne pourront parvenir à la Ville qu'accompagnées d'une voiture spéciale chargée de fourrage, ce qui, dans ces nouvelles conditions, et pour les frais de transport d'une seule voiture, donnera $^{8}/_{7}$ $(2,57$ schef. seigle $+ 1,63$ thlr.$)$.

A x milles de distance, le fourrage emporté pour chaque voiture s'élevait à $30\,x$ livres, et le chargement proprement dit restait à $2,400 - 30\,x$ livres. Maintenant les voitures à chargement complet de grains seront suivies d'une ou plusieurs voitures, sur lesquelles on chargera autant de fois $30\,x$ de fourrage qu'il y a de voitures complètes. Chaque voiture pourra conséquemment transporter le fourrage pour $\frac{2400 - 30\,x}{30\,x}$ d'autres voitures, ou à $\frac{2400 - 30\,x}{30\,x}$ voitures entièrement char·gées de grain, il faudra joindre une voiture entièrement chargée de fourrage.

$$\frac{2400 - 30\,x}{30\,x} + 1 \text{ voiture} = \frac{2400}{30\,x} \text{ voitures, coûtant chacune}$$

$$\frac{2,57\,x \text{ schef. seigle} + 1,63\,x \text{ thlr.}}{5}, \text{ ce qui, en tout, fait une dépense de}$$

$$\frac{2400}{30\,x} \left(\frac{2,57\,x \text{ schef. seigle} + 1,63\,x \text{ thlr.}}{5} \right), \text{ amènent à la ville } \frac{2400 - 30\,x}{30\,x}$$

charges complètes.

Ainsi les frais de transport pour chaque voiture s'élèvent à :

$$\left(\frac{2,57\,x \text{ schef. seigle} + 1,63\,x \text{ thlr.}}{5} \right) \frac{2400}{2400 - 30\,x} = (2,57\,x \text{ schef. seigle}$$

$$+ 1,63\,x \text{ thlr.}) \frac{16}{80 - x} = \frac{41\,x \text{ schef.} + 26\,x \text{ thlr.}}{80\,x} \text{ N'oublions pas que}$$

le prix du scheffel de seigle à une distance de x milles de la Ville $= \frac{273 - 5,5\,x}{182 + x}$.

En intercalant ce prix dans la formule ci-dessus, nous aurons :

$$\frac{11193\,x - 225\,x^2}{(182 + x)(80 - x)} + \frac{26\,x}{80 - x} = \frac{15925\,x - 199,5\,x^2}{(182 + x)(80 - x)}$$

Cette formule se réduit, à quelques légères différences près, à la formule suivante :

$$\frac{199,5\,x}{182 + x}.$$

J'admettrai donc dans tous les calculs suivants cette dernière formule, comme représentant le prix des frais de transport d'un chargement de 2,400 livres. Par conséquent,

Si la distance de la Ville est représentée par		Les frais de transport d'une voiture chargée de grains seront de :	
$x = 1$		1,09 thlr.
$x = 5$	,	5,33 »
$x = 10$		10,04 »
$x = 20$		19,08 »
$x = 30$		28,02 »

§ V *a*. — Définition de la rente foncière.

Le revenu d'un domaine est et doit être parfaitement distinct du produit que donne la terre.

Un domaine est toujours pourvu de constructions, de clôtures, d'arbres et autres objets, dont la valeur est séparée de celle du sol ; par conséquent, les revenus que donne un domaine ne proviennent pas seulement du sol proprement dit ; ils se composent aussi des intérêts du capital représenté par ces objets.

Ce qui reste du rendement du domaine, après en avoir retranché l'intérêt de la valeur des bâtiments, des clôtures, et en général de tous les objets *qui peuvent être séparés du sol*, je l'appelle *rente foncière*.

Quand on achète un domaine sur lequel toutes les constructions, les arbres et les clôtures ont été incendiés ou détruits, on calculera dabord, en estimant le prix d'acquisition, à combien s'élèvera le rendement net du fonds quand il aura été pourvu à nouveau de bâtiments, etc. ; ensuite on évaluera l'intérêt du capital employé pour construire ces bâtiments, etc. ; et après l'avoir retranché du rendement net, on fixera le prix d'acquisition d'après ce qui reste.

Cette opération, si simple en pratique, a rencontré des difficultés dans la démonstration scientifique et a occasionné de graves erreurs. Suivant Adam Smith (1), qui, sur ce point, a servi de guide à tous les économistes, la rente foncière est

____

(1) Voir ses *Recherches sur la richesse*, au chap. II.

formée par ce qui reste du produit du domaine ou de la réalisation de ce produit en argent, après que le cultivateur a payé sa main-d'œuvre, ses autres frais de culture, et qu'il a prélevé l'intérêt légal du capital employé.

Ainsi Adam Smith, surtout par la manière dont il emploie ce mot, semble appeler rente foncière le revenu que le propriétaire retire d'un bien affermé. Mais ce revenu, que j'appellerai désormais rente du domaine, est composé, comme nous avons vu, de la rente du fonds, et de l'intérêt de la valeur des bâtiments, clôtures, etc. Or, entre le chiffre du capital appliqué sous cette dernière forme à un domaine, et la rente même du sol ou fonds, il n'y a pas de rapport déterminé ; une multitude de rapports résultent de la diversité du prix des produits, de la constitution physique du sol, etc. Il n'y a donc dans la rente foncière d'Adam Smith aucune mesure pour la rente foncière ou la rente du sol proprement dite. Du moment que d'un côté l'on divise le prix des produits en trois parties : salaire du travail, intérêt du capital et rente foncière, et que, d'un autre côté, la rente foncière, suivant Adam Smith, contient une portion indéterminée d'intérêt du capital, toute clarté et toute rigueur d'appréciation disparaissent.

Veut-on faire voir dans ce cas comment un changement dans l'intérêt du capital, le salaire du travail et la rente foncière restant les mêmes, réagit sur le prix des produits? alors la partie de l'intérêt du capital, comprise dans la rente foncière (rente du domaine), se trouve omise. Veut-on montrer, au contraire, comment une élévation de la rente foncière, le salaire du travail et l'intérêt du capital demeurant invariables, change le prix des produits? alors on élève la rente foncière, et avec elle la partie de l'intérêt du capital qu'elle contient, et qui, cependant, devrait toujours rester fixe, de sorte qu'en ces deux cas on arrive à des résultats inexacts.

Adam Smith, dans sa définition de la rente foncière, se base sur les considérations suivantes :

Le capital enfoui dans les bâtiments d'un domaine ne peut

en être distrait pour être engagé ailleurs. Il fait donc, pour ainsi dire, partie intégrante du sol, et ne peut porter intérêt que lorsque ce dernier est cultivé. Si, par suite de la baisse des produits de la terre, la rente du domaine tombe tellement, qu'elle devienne inférieure à l'intérêt du capital représentant la valeur des bâtiments, alors, non-seulement la rente foncière disparaît, mais elle devient négative. Cette circonstance néanmoins ne doit pas empêcher le propriétaire de continuer à cultiver son sol, car sans cela il perdrait la totalité des revenus du capital engagé. Qu'au contraire, la rente du domaine reste invariable pendant qu'il y a hausse dans le taux de l'intérêt, alors la rente foncière baisse d'une valeur précisément égale à celle dont s'est accru l'intérêt du capital enfoui. Entre ces deux espèces de rentes, il existe une action réciproque ; et comme la culture du sol continue, lors même que la rente foncière est devenue négative, il semble que la division de la rente du domaine en rente du sol et en rente du capital soit indifférente et en même temps inutile, puisque la rente du domaine (rente foncière d'après Adam Smith) reste en définitive le vrai régulateur.

C'est ainsi que l'on raisonne, quand les recherches se bornent à quelques cas et à de courtes périodes ; mais il en est autrement quand le regard embrasse la généralité des choses et qu'il saisit le résultat final.

Imaginons, par la pensée, qu'un capital nouvellement créé par le travail et l'épargne ne trouve pas, dans certaines industries, un emploi qui lui fasse produire le *taux ordinaire de l'intérêt* ; et que le possesseur de ce capital se décide à cultiver une pièce de terre restée jusque-là sans utilité et sans valeur ; qu'il y construise des bâtiments, et qu'ainsi ce capitaliste ne retire de son argent que juste le revenu que l'on en retire dans le pays, — alors, pour ne pas être obligé de considérer à la fois deux puissances parfaitement indépendantes l'une de l'autre, si nous faisons abstraction des frais de la mise en culture du sol, la rente du domaine se composera entièrement de l'intérêt du capital, et la rente foncière sera $= 0$.

Maintenant admettons, les revenus du domaine restant fixes, que le taux de l'intérêt monte de 4 p. cent à 5, la rente du sol sera négative ; mais comme le capital engagé dans les bâtiments ne peut être enlevé pour d'autres usages, la culture du sol continuera malgré la perte de la rente foncière.

Un incendie, dans de pareilles conjonctures, venant à réduire en cendres tous ces bâtiments et à détruire le capital représenté par eux, on se gardera de consacrer un nouveau capital à leur reconstruction, et on laissera le terrain inculte.

Ce qu'un incendie détruit en une seule fois, la dent du temps le détruit aussi, mais avec plus de lenteur ; et quand les constructions seront tombées de vétusté, et devenues par là même impropres au service, on ne les relèvera pas, et la terre demeurera sans culture, comme dans le cas ci-dessus. Par conséquent, si, dans le courant d'un siècle, cent exploitations ont été fondées successivement dans ces conditions, avec des constructions capables de durer cent ans, alors chaque année verra tomber l'une d'elles ; et lorsqu'un second siècle sera révolu, toute cette création aura disparu. Ce n'est donc pas le chiffre de la rente du domaine, mais celui de la rente foncière seul qui engage à continuer la culture des terres.

Plusieurs erreurs découlent du système sur la rente foncière d'Adam Smith, qui veut que l'intérêt du capital employé aux constructions fasse partie du rendement du sol ; les voici :

1° Le sol donne un revenu, partout où il est cultivé ; 2° les travaux qui ont pour but la culture du sol sont plus avantageux et plus productifs que ceux qui sont consacrés à l'industrie ; 3° en agriculture, la nature travaille, tandis qu'elle ne fait rien dans une manufacture. On peut répondre en quelques mots à ces trois assertions de la manière suivante :

1° Quand de la valeur des bâtiments dans lesquels une manufacture exécute ses opérations, on ne retranche pas les intérêts du capital que cette valeur représente, l'industrie donne un revenu tout aussi bien que la culture du sol ;

2° Si cette soustraction n'a pas lieu, l'entrepreneur ayant retranché l'intérêt ordinaire tant pour payer sa peine que pour payer l'intérêt du capital représenté par les machines, les matières premières en magasin, etc. (à l'exception des bâtiments), il reste en produits du travail des ouvriers, beaucoup plus que la valeur représentée par leur consommation ; le travail est donc ici tout aussi productif ;

3° Sans l'auxiliaire des forces de la nature, on ne peut pas plus faire de l'industrie que de l'agriculture.

Comment se fait-il qu'un penseur profond comme Adam Smith, dont les recherches sur la richesse des nations sont une source inépuisable d'enseignements, soit resté si obscur sur la question de la rente foncière, pendant qu'il répandait une lumière si vive sur tant d'autres points de l'économie politique? Je ne puis me l'expliquer qu'en songeant que le système d'Adam Smith prend son origine dans le système des physiocrates. Adam Smith, il est vrai, a rectifié leur principe si faux, suivant lequel ils prétendent que le travail employé à la culture du sol est le seul productif ; malheureusement il n'a pas assez connu la nature intime de l'agriculture pour pouvoir s'affranchir complétement par un examen personnel de l'erreur de Quesnay.

Ricardo, dont les ouvrages m'étaient inconnus, lorsque j'ai fait paraître ce livre pour la première fois, cherche à rectifier l'erreur d'Adam Smith sur la rente foncière. Il émet en principe que la rente du sol est la somme en argent que retire le propriétaire de l'emploi des forces originelles et indestructibles de sa terre. D'après cette définition, il distingue et sépare les intérêts du capital en bâtiments du rendement du sol.

Jean-Baptiste Say, dans ses notes sur Ricardo et dans son *Traité d'économie politique*, cherche à combattre cette définition si juste, et s'efforce de défendre l'autre qui est fausse.

Une telle erreur commise par un homme d'intelligence lucide comme Say doit nous servir de leçon ; tenons-nous en garde contre les abus de la liberté d'esprit. Nous devrions toujours avoir la force d'oublier ce que nous savons, afin de

mieux saisir et nous assimiler une vérité contraire à nos pré-
ventions personnelles.

Comme l'opinion d'Adam Smith sur la rente foncière conserve encore beaucoup de partisans, qu'elle pourrait obscur-
cir l'idée que je rattache à ce que j'appelle la rente foncière,
et faire faussement interpréter ce que j'en pourrais dire dans
la suite, j'ai cru devoir présenter contradictoirement les défi-
nitions des hommes les plus accrédités : c'est le moyen le plus
sûr de répondre d'avance aux objections.

§ V *b*. — Influence du prix des grains sur la rente foncière.

Nous arrivons au point où ont commencé nos recherches
proprement dites.

Poussé par un besoin irrésistible, nous avions senti combien il était nécessaire d'éclaircir la question de l'influence
du prix des grains sur la culture du sol, et de fixer les lois
qui règlent ce prix.

Il était indispensable, pour arriver à la solution de la question, de prendre, dans la réalité, le calcul exact des frais de
culture et des branches qui s'y rattachent. Cette tâche nous
a été facilitée par nos calculs très-détaillés établis sur le domaine de Tellow.

Dans le journal des travaux de ce domaine, on consigne
chaque travail qui y est exécuté. A la fin de l'année, ce journal se réduit en un tableau, au moyen duquel on trouve combien d'hommes ont été nécessaires pour le labour, pour le
fauchage, etc.; quelle a été la somme du travail d'un ouvrier, d'un attelage de chevaux, etc.

Les comptes d'argent et de grains reliés au compte des
travaux fournissent des données pour le calcul des frais des
forces vives, tels que frais d'une famille de journaliers, d'un
attelage, etc.

De la quantité de travail nécessaire pour la préparation
d'un champ, pour rentrer une récolte, et des frais des travaux, on tire les frais de production de cette récolte; enfin

ces frais de production retranchés du produit brut donnent le rendement net.

J'ai tenu un compte exact du rendement net pour chaque récolte, pour la fruiterie, pour la bergerie, et pour toutes les branches spéciales de la culture sur le domaine de Tellow pendant cinq ans, de 1810 à 1815. Tous ces comptes spéciaux réunis, comparés au rendement total, n'ont donné qu'une différence annuelle de 29,8 thlr.

Ce sont les résultats de ces comptes qui vont servir de base à tous les calculs et à toutes les conclusions que nous aurons à présenter dans cet ouvrage. Mais si nous nous basons ainsi sur les expériences faites pendant une certaine période sur un seul domaine, nous aurons à résoudre, en premier lieu, la question suivante : Comment doivent se comporter et se modifier la rente foncière et le système de culture du domaine de Tellow, étant donnés des prix de grains soumis à une baisse constamment progressive ?

L'État isolé, dans cette recherche entièrement appuyée sur la réalité, n'est qu'un tableau, une figure, qui facilite et agrandit le coup d'œil (1) ; mais ce tableau sera pour

(1) Un ami, à qui je communiquai ce manuscrit, fit à propos de ce passage l'observation que voici :

L'État isolé est un miroir que nous présente la théorie, afin d'y réfléchir clairement en perspective de nombreuses lignes qui se croisent dans toutes les directions. C'est une figure au moyen de laquelle nous supposons avoir rencontré le foyer d'un phénomène ; en sorte que nous pouvons, pour ainsi dire, analyser, d'après elle, les diverses directions des lignes, tout en reconstruisant l'ensemble par une synthèse intellectuelle.

Au fond, nous prenons un point déterminé dans la réalité : un domaine, par exemple ; nous l'élevons ensuite à une hauteur scientifique, c'est-à-dire à une hauteur générale : car, dans le fait, chaque partie d'un tout organique doit présenter, jusque dans ses détails, les signes caractéristiques de ce tout ; et ce n'est qu'autant qu'il nous est possible de saisir le caractère de la loi générale sur une partie quelconque de ce même tout, ou de reconstruire avec détail toute une création primitive, que nous pouvons dire que nous comprenons le monde des phénomènes et ses lois. Cette méthode est obligatoire dans toutes les considérations de cette nature. Ainsi la société et l'État ne forment pas une machine dans laquelle la cause est séparée de l'effet ; au contraire, ils constituent un édifice organique ; d'où il suit que chaque chose y est déterminée, et pareillement a qualité de déterminer : bref, il y a effet réciproque.

Mais quand il y a effet réciproque, il est clair que chaque point, chaque

nous un puissant instrument d'investigation. On verra les nombreux résultats qu'il nous donnera dans la suite.

Dans l'Etat isolé, le prix des grains fléchit proportionnellement à la distance qui sépare le domaine de la ville. En calculant pour le domaine de Tellow, à quel degré les prix, successivement abaissés, influent sur son système de culture, nous arriverons, pour chaque prix supposé dans l'Etat isolé, à indiquer une localité correspondante où ce prix aura cours. Nous pourrons alors transporter par la pensée le domaine successivement dans chaque localité, et nous aurons un tableau, ou plutôt une carte des modifications éprouvées par ce domaine sous l'influence de l'abaissement du prix du grain.

Les travaux relatifs à la production des grains se divisent en deux classes, savoir :

1° Travaux proportionnels à l'étendue des terres ;
2° Travaux proportionnels à la grandeur des récoltes.

A la première classe appartiennent : les labours à la charrue, au hacken, les hersages, les semailles, le curage des fossés, etc. Pour un sol donné, ces travaux restent toujours les mêmes, que les récoltes soient riches ou pauvres. Ils sont plus ou moins considérables, suivant la constitution physique du sol, et n'ont aucun rapport avec le produit. Je les appelle travaux de préparation proprement dits, et leurs frais, frais de préparation du sol.

Dans la seconde classe viennent se ranger la rentrée des grains, le transport des engrais, le battage, etc. La rentrée des récoltes et le battage sont proportionnels à l'importance des récoltes; et il en est de même pour le transport des engrais : car le sol est épuisé en proportion de ce qu'il a pro-

---

moment, dès qu'il est en mouvement dans le tout de relation, doit par là même porter l'empreinte du principe virtuel de ce tout; ce n'est qu'ainsi, qu'il pourra avoir une action quelconque.

Savoir comprendre un tout ou un ensemble de relation à son point de vue particulier, voilà le devoir de l'agronome intelligent qui, poussé par l'enchaînement des choses, ira chercher des règles jusque dans la sphère de l'économie politique. Quand il en sera venu là, ce qui pouvait lui sembler une chose imparfaite ou contraire à ses intérêts personnels, deviendra loi vitale et nécessaire de ce grand tout dont il n'est qu'une imperceptible unité.

duit, et il faudra lui restituer des principes fertilisants en raison de son épuisement (1). Les frais de ces travaux seront désignés sous la dénomination générale de : frais de récolte.

Pour un même sol, le rendement en grain plus ou moins grand, étant supposé que le système de culture et les autres puissances actives ne changent pas, dépend de la richesse du sol en matières nutritives pour les végétaux (2).

Comme les frais de préparation restent toujours les mêmes, et que les frais de récolte augmentent ou diminuent en raison directe du produit en grain, il nous est possible, en distinguant rigoureusement ces deux catégories de frais, de calculer le rendement en argent d'un domaine pour tous les degrés de fertilité du sol.

Les données empruntées aux expériences du domaine de Tellow, appliquées à un terrain d'orge de première classe (3)

---

(1) Ceci est parfaitement vrai. Cependant la rentrée des grains, le transport des fumiers sont, pour une part, proportionnels à l'étendue du champ. Il serait peut-être plus exact de dire que les frais de ces transports s'évaluent en multipliant le nombre d'unités transportées (mètres cubes de fumier, gerbes de céréales, bottes de foin) par la contenance du champ (L.).

(2) Il est toujours question ici d'une seule et même espèce de terrain placée à différents degrés de richesse.

n système de culture épuisant peut amener un terrain, qui produisait 10, à ne produire que 4. Avec un produit ainsi abaissé, les frais de récolte diminuent, mais le sol demande les mêmes frais de préparation qu'auparavant.

Des terrains qui diffèrent par leur constitution physique, peuvent, en ayant les mêmes proportions *d'engrais* et *d'humus*, fournir des chiffres de production très-variables : le terrain argileux 10, par exemple, le terrain sablonneux 6 ; mais le premier exige beaucoup plus de préparation que le second. Ces effets sur la production et les frais de culture, dus à des différences de constitution, n'ont pas été examinés dans cet ouvrage. Je ferai remarquer que les nombres que nous présentons sont empruntés à un seul point expérimental, et ne sont applicables conséquemment qu'à ce seul cas. Si l'on veut prendre un autre point de départ, le calcul doit se servir de nombres différents, et amener ainsi d'autres résultats. Mais la méthode peut s'employer partout indifféremment, et donnera toujours, en langage général, les mêmes conclusions.

(3) La terre d'orge présente les caractères suivants :

Sol riche, profond, composé d'argile siliceuse mélangée d'humus, ou d'argile marneuse avec humus ; à l'abri des inondations ; non resserré dans des vallées trop étroites ; soumis à une bonne culture continue ; net de mauvaises herbes ; ayant une couche arable fumée de 6 pouces au moins ; plus propre aux céréales d'été qu'aux céréales d'hiver (L.).

et à l'assolement pastoral de sept ans du Mecklenbourg (1) :

1° Jachère ;	5° Pâturage ;
2° Seigle ;	6° Pâturage ;
3° Orge ;	7° Pâturage.
4° Avoine ;	

présentent les résultats suivants :

Une superficie de 100,000 verges carrées Mecklenbourg, quand le rendement en grain pour 100 verges carrées est de 10 schef. berlinois de seigle (2), et que la valeur du seigle sur

. (1) On distingue dans le Nord trois espèces d'assolement pastoral :

1° L'assolement pastoral du Holstein ;

2° L'assolement pastoral du Mecklenbourg ;

3° L'assolement pastoral de la Marche.

Chacun de ces assolements répond à des exigences locales.

Dans une contrée comme le Holstein, formant une langue étroite entre deux mers, baignée d'une atmosphère humide, et traitée depuis des siècles par une culture soignée, la production des herbages est très-favorisée. Les bestiaux bien nourris y donnent des produits dont la réputation est répandue dans toute l'Europe. Comme tous les systèmes d'exploitation s'y basent su r une forte végétation herbagère, on s'arrange de manière à ne jamais la détruire entièrement par des labours, et à faire en sorte que le sol soit toujours disposé à se convertir facilement en pâturage. Toutes les terres sont entourées de haies, afin d'abriter le bétail contre les vents orageux, et pour faciliter la surveillance. Ces diverses circonstances ont donné lieu à la rotation suivante :

1. Avoine.	4. Céréales d'été.
2. Jachère fumée.	5. Céréales d'hiver et d'été.
3. Céréale d'hiver.	6, 7, 8, 9, 10. Pâturage.

L'assolement pastoral du Mecklenbourg fera l'objet d'une note spéciale. Nous y reviendrons.

L'assolement pastoral de la Marche diffère complétement des deux précédents, en ce que non-seulement il adopte les plantes sarclées sur ses principales soles, mais qu'il en fait le pivot de sa culture. Dans ce pays, le sol est pauvre et sablonneux, et l'on y a remarqué que la pomme de terre donnait une quantité de matières alimentaires quatre à cinq fois plus forte que tout autre produit à surface égale de même terrain. La culture de ce tubercule combinée avec celle des céréales, de manière à ce qu'elles ne se nuisent pas, a singulièrement amélioré les conditions de fertilité de la Marche. On y est parvenu par l'intercalation des pâturages, et l'on a adopté la rotation suivante qui est la plus générale :

1. Pommes de terre fortement fumées.	4, 5, 6. Pâturage.
2. Seigle de printemps.	7. Jachère.
3. Avoine avec trèfle.	8. Céréales d'hiver.
	9. Avoine et sarrasin (L.).

(2) Comme l'expression : « le sol donne par 100 verges carrées un produit

le domaine, soustraction faite des frais de transport, est de 1,291 thlr. or par schef. berl., donne un produit brut de 5,074 thlr. or.

Les frais se composent de :

1° Prix de la semence pour les trois céréales et pour le trèfle. 626 thlr. or.

2° Frais de préparation............................ 873 »

3° Frais de récolte............................... 765 »

4° A. Frais généraux de culture non répartissables sur une branche seule de la culture.

a. Frais d'administration.

b. Frais d'entretien des bâtiments.

c. Assurance contre l'incendie, contre la grêle.

d. Frais de pasteur et de maître d'école.

e. Intérêt du capital d'exploitation. (Les intérêts de la valeur du mobilier d'inventaire sont répartis.)

f. Entretien des pauvres du domaine.

g. Entretien du crieur de nuit.

h. Frais d'entretien des chemins, des ponts, des rivières et des fossés de limites.

i. Frais mixtes qui concernent l'ensemble de l'exploitation.

B. Intérêt de la valeur des bâtiments et des clôtures. (Les frais indiqués à 4° B seront compris à l'avenir dans les frais généraux de culture.)

Tous ces frais généraux de culture, y compris l'intérêt de la valeur des bâtiments, etc., au taux de 5 p. $^0/_0$ font une somme de... 1,350 thlr. ou 26,6 p. $^0/_0$ du rendement brut, avec lequel ces dépenses sont à peu près dans un rapport proportionnel.

La somme des quatre espèces de frais ci-dessus, s'élève à .... 3,614 »

celle du produit brut................................ 5,074 »

Il reste comme rendement ou rente foncière........... 1,460 »

Je dois faire remarquer que, parmi ces frais, on n'a pas fait mention des impôts à payer à l'État. Le but de nos recherches exige que nous considérions l'État isolé sous un point de vue général, et sa culture au point de vue particulier, sans nous préoccuper d'impôts. Pour le moment il n'y en a pas. Ce que nous appelons rente foncière est donc le produit net

de tant de schef. berl. » est trop embarrassante, et qu'elle reviendra souvent, j'ai préféré, dans la suite, donner directement le produit en grains. Par produit en grains, j'entendrai toujours le produit que donnent 100 verges carrées en schef. berl.; nous éviterons ainsi tout mal entendu.

en argent du sol, duquel on n'a rien encore retranché pour les impôts.

Actuellement, nous pouvons aussi calculer la rente foncière du même sol, mais placé à un degré inférieur de fertilité, parce qu'il est supposé contenir moins de matières nutritives.

Soit, par conséquent, le rendement en grain du seigle $= 8$ schef. Ce rendement donne la mesure du degré de réussite des deux céréales suivantes et du pâturage qui leur succède. Il est donc en rapport avec le rendement brut total.

Pour 10 grains le rendement brut a été de 5,074 thlr.; pour 8 grains il sera de $\frac{8}{10} \times 5{,}074 = \ldots\ldots\ldots\ldots\ldots\ldots\ldots\ldots$ 4,059 thlr.

Les frais de semence restent les mêmes, ils sont de 626 thlr.

Les frais de préparation également $= \ldots\ldots$ 873 »

Les frais de récolte proportionnels au produit s'élèvent à $\frac{8}{10} \times 765 = \ldots\ldots\ldots\ldots\ldots$ 612 »

Les frais généraux de culture, y compris l'intérêt de la valeur des bâtiments, sont proportionnels au produit brut, et par conséquent égalent $\frac{8}{10} \times 1{,}350 = \ldots\ldots\ldots\ldots\ldots\ldots$ 1080 »

Somme des frais$\ldots\ldots\ldots\ldots\ldots\ldots\ldots\ldots$ 3,191 »

La rente foncière s'élève à$\ldots\ldots\ldots\ldots\ldots$ 868 thlr.

Mais dans ces calculs, le numéraire sert d'unité de mesure; ils ne sont donc valables que pour un seul point et pour un prix donné des grains. En ce moment le schef. est supposé valoir 1,291 thlr. Pour peu que ce prix change, le résultat change pareillement. Or, comme dans l'Etat isolé le seigle varie de prix avec chaque cercle, il faut, si nous voulons poser des formules générales, prendre le seigle lui-même comme unité de mesure, en tant que les dépenses et les recettes peuvent s'y soumettre.

Le produit brut d'un assolement pastoral de sept ans, semblable à celui que nous avons cité, se compose partie en grains, partie en produits animaux.

Outre le seigle, cet assolement produit de l'orge et de l'avoine, que nous pouvons réduire en seigle d'après les rapports proportionnels de leur valeur intrinsèque et de leur faculté nutritive, de sorte que toute la récolte en céréales pourra s'exprimer en scheffels de seigle.

Quant au rapport de prix qui existe entre le seigle et les produits animaux, tels que beurre, lait, viande, etc., on peut supposer deux cas :

1º Si la viande, par ses qualités plus nourrissantes, remplace une plus grande quantité de pain, il y aura entre la viande et le pain un rapport fixe de prix ;

2º Si, relativement à la production des céréales, la production des substances animalisées coûte plus ou moins cher, on pourra porter ces dernières au marché à un prix plus ou moins élevé par rapport aux prix des céréales.

Nous prendrons pour base le premier cas, et nous admettrons que dans chaque localité de l'État isolé, le prix des produits animaux soit toujours dans un même rapport avec le prix des grains.

Il s'ensuit que la valeur des produits animaux fournis par l'agriculture peut aussi s'exprimer en scheffels de seigle, et la totalité du produit brut s'indiquer en seigle.

La suite de nos recherches fera voir si cette supposition pour l'État isolé est juste ou non.

Parmi les dépenses de l'agriculture, il en est une, celle des semences, qui se compose de grains ; sa réduction en seigle n'offre donc aucune difficulté.

Une partie des frais de préparation, de récolte et des frais généraux de culture s'acquitte directement en grains, comme par exemple le salaire des batteurs, la nourriture du personnel, la nourriture des chevaux, etc.

Une autre partie des mêmes frais se paye à la fois en grains et en argent. Le salaire des journaliers et le prix du travail des ouvriers industriels ne se règlent-ils pas tout-à-fait sur le prix des grains ? Néanmoins, ils sont *plus chers* dans les localités où le prix moyen du grain est élevé, *moins chers* dans les localités où il est plus bas. Ces dépenses seront exprimées en seigle et en numéraire, suivant la mesure où chacun de ces deux modes de payement entre dans le prix du travail.

La troisième et dernière partie de ces frais, tels qu'achat de sel et de métaux, est complétement indépendante du prix des grains. Bien que le sel et les métaux aient, dans la localité où on les prépare, certains rapports avec le prix des grains, il n'en est pas moins vrai que ce prix ne donne en général aucune base d'appréciation de leur valeur vénale. Il peut même arriver dans certains pays, où les grains sont à très-bon marché, que le sel et les métaux y soient très-chers, lorsque, par exemple, on est obligé d'aller les chercher à une grande distance. Cette partie des dépenses doit donc être toujours exprimée en numéraire.

Quelle partie de la dépense totale faut-il payer en grains, laquelle faut-il payer en argent? Cela doit varier nécessairement pour chaque contrée, même pour chaque province. Plus un État se suffit, plus les frais de transport, occasionnés par l'échange des marchandises, sont diminués, parce qu'il y a égale répartition des fabriques et de l'industrie des mines sur tout le territoire ; plus aussi le seigle pourra servir de base d'appréciation de la valeur des choses, et plus la partie des dépenses concernant l'agriculture, susceptible d'être réduite en seigle, pourra être grande. Qu'un pays, au contraire, soit pauvre en fabriques, et que, pour satisfaire ses besoins, il soit obligé d'échanger ses produits contre des denrées et des marchandises venant d'une grande distance, qu'en un mot les consommateurs et les producteurs soient éloignés les uns des autres, alors c'est la portion des dépenses à exprimer en argent qui, indiquée plus haut, sera grande.

Ces proportions existent partout. Mais elles sont dffférentes pour chaque point d'observation, de sorte que leur expression en nombres varie à l'infini. La méthode seule, au moyen de laquelle on les calcule, reste la même. Il n'est donc pas de localité où les dépenses puissent être entièrement exprimées en grains ou en argent.

Dans les calculs suivants, nous supposerons un point d'observation où le quart des frais est représenté en argent et les trois autres quarts en grains.

Alors le calcul ci-dessus, sur le rendement de 100,000 verges carrées de terre arable, se modifie comme il suit :

Le produit brut pour un rendement de 10 schef. était de 5,074 thlr. Cette valeur en argent s'obtient, quand le schef. de seigle vaut sur le domaine 1,291 thlr.

Exprimé en seigle, le produit brut $= \dfrac{5074}{1,291} = 3,930$ schef. seigle.

La valeur des frais de semailles s'élève à 626 thlr., ou $\dfrac{626}{1,291} = 485$ schef. de seigle.

Les frais de préparation du sol = ...	873 thlr.
Retrancher 1/4 en argent = ...	218 »
Reste à exprimer en grains = ...	655 thlr.

655 thlr. $= \dfrac{655}{1,291} = 507$ schef. de seigle.

Les frais de récolte sont de.....................	765 thlr.
Dont 1/4 en numéraire à retrancher.....................	192 »
Resle à exprimer en grains.....................	573 thlr.

573 thlr. $= \dfrac{573}{1,291} = 444$ schef. de seigle.

Les frais généraux de culture sont de.....................	1,350 »
Dont 1/4 en argent à retrancher (1).....................	337 »
Reste à exprimer en seigle.....................	1,013 »

1013 thlr. $= \dfrac{1013}{1,291} = 784$ schef. de seigle.

Ces quatre espèces de frais font un total de 2,220 schef. de seigle, et de 747 thalers ; en le retranchant du produit brut = 3,930 schef. de seigle, il reste un excédant en grains de 1,710 schef. de seigle, dont nous aurons à défalquer la valeur de 747 thalers. Nous aurions ainsi trouvé la rente foncière ; mais comme cette soustraction ne peut réellement pas avoir lieu ici, nous l'indiquerons par ce signe spécial —.

La rente foncière s'élèvera donc à 1710 schef. de seigle —

(1) Pour faciliter le calcul, nous avons négligé et nous négligerons à l'avenir les fractions, pour n'exprimer que des nombres ronds. Comme nos opérations portent sur des nombres considérables, la justesse des résultats n'en sera que peu altérée.

747 thalers. Avec une formule aussi simple, nous pouvons facilement indiquer en argent le chiffre de la rente foncière pour un prix donné de grains quelconque.

a. Si le schef. de seigle vaut 2 thlr., la rente foncière vaudra 1710 schef. de seigle à 2 thlr. $= 3420$ thlr. — 747 thlr. $= 2673$ thlr.

b. Au prix de 1 1/2 thlr., la rente foncière $= 1710 \times 1\ 1/2 = 2565$ — 747 $= 1818$ thlr.

c. Au prix de 1 thlr., la rente foncière $= 1710 \times 1 = 1710 - 747 = 963$ thlr.

d. Au prix de 1/2 thlr., la rente foncière $= 1710 \times 1/2 = 855 - 747 = 108$ thlr.

On voit que la rente foncière baisse en beaucoup plus forte proportion que le prix du grain ; elle finirait par disparaître entièrement, si 1710 schef. de seigle équivalaient à 747 thlr., ce qui arrive lorsque le schef. de seigle ne vaut plus que 0,437 thlr.

Voici un tableau qui représente le chiffre de la rente foncière pour des terrains à différents degrés de fertilité.

a. *Pour un produit de 10 grains.*

	schef. seigle.	thlr.
Produit brut...........................	3,930	000
Semences.............................	485	000
Frais de préparation du sol.............	507	218
— de récolte.......................	444	192
— généraux	784	337
Frais....	2,220 $+$	747
La rente foncière égale.................	1,710 —	747
La rente foncière disparaît quand un schef. vaut.....		0,437
Lorsque le rendement en grain diminue de 1/10, il y a une diminution proportionnelle dans : 1º le produit brut de.................... 393 schef.		
2º Les frais de récolte, de 44 schef..... 19 thlr.		
(Rigoureusement 44,4 schef. et........ 19,2 »		
3º Les frais généraux, de 78 schef..... 34 »		
(Rigoureusement 78,4 schef. et........ 33,7 »		
4º La rente foncière, de 271 schef. — .. 53 »		

b. *Pour un produit de 9 grains.*

	schef. seigle.	thlr.
Produit brut..............................	3,537	000
Semences...............................	485	000
Frais de préparation du sol....................	507	218
— de récolte............................	400	173
Frais généraux	706	303
FRAIS....	2,098 +	694
La rente foncière égale......................	1,439 —	694
La rente foncière disparaît quand 1 schef. vaut......		0,482

c. *Pour un produit de 8 grains.*

	schef. seigle.	thlr.
Produit brut..............................	3,144	000
Semences	485	000
Frais de préparation du sol...................	507	218
— de récolte............................	356	154
— généraux	628	269
FRAIS.....	1,976 +	641
Rente foncière	1,168 —	641
La rente foncière = 0 quand le schef. de seigle descend à		0,549

d. *Pour un produit de 7 grains.*

	schef. seigle.	thlr.
Produit brut.............................	2,751	000
Semences	485	000
Frais de préparation du sol....................	507	218
— de récolte	312	135
— généraux...........................	550	235
FRAIS.....	1,854 +	588
Rente foncière	897 —	588
La rente foncière = 0 quand le schef. de seigle descend à		0,656

e. *Pour un produit de 6 grains.*

	schef. seigle.	thlr.
Produit brut......	2,358	000
Semences	485	000
Frais de préparation du sol....................	507	218
— de récolte..........................	268	116
— généraux...........................	472	201
FRAIS....	1,732 +	535
Rente foncière....	626 —	535
La rente foncière disparaît quand le schef de seigle descend à...........		0,855

f. *Pour un produit de 5 grains.*

	schef. seigle.	thlr.
Produit brut..	1,965	000
Semences	485	000
Frais de préparation du sol..........................	507	218
— de récolte..	224	97
— généraux...	394	167
FRAIS.....	1,610 +	482
Rente foncière...	355 —	482

La rente foncière disparaît quand le schef. de seigle
descend à.. 1,358

g. *Pour un produit de 4 1/2 grains.*

	schef. seigle.	thlr.
Produit brut...	1,769	000
Semences	485	000
Frais de préparation du sol..........................	507	218
— de récolte..	202	87
— généraux...	355	150
FRAIS.....	1,549	455
Rente foncière...	220 —	455

La rente foncière disparaît quand le schef. de seigle
descend à.. 2,068

Ces exemples constatent une loi générale.

Plus la fertilité du sol diminue, plus la production du
grain coûte cher, et l'on ne peut s'y livrer sur les terrains de
fertilité minime que lorsque le prix des grains atteint un
chiffre élevé.

Avant de procéder plus loin, jetons un coup d'œil rétrospectif sur les opérations que nous venons de faire, et voyons
si les observations faites, en nous appuyant sur un point quelconque, nous permettent de développer des lois générales. —
On peut dire et l'on dira sans doute : Les calculs sur les frais
de travail, sur les rapports entre le produit brut et le produit
net, peuvent avoir été empruntés à la réalité, et avoir été
faits avec la plus grande exactitude ; mais ils ne sont appli-

cables que sur un seul point , un seul domaine. Tout change déjà sur le domaine voisin ; là, le terrain et les ouvriers sont différents ; le terrain sera plus ou moins facile à travailler ; les ouvriers, plus ou moins actifs, plus ou moins vigoureux : par conséquent, le premier exigera une quantité de travail plus ou moins considérable que le second. Ce travail même pourra être plus ou moins cher, suivant l'intensité des forces qui y seront appliquées ; en sorte que les calculs empruntés au premier domaine se trouveront complétement faux pour le second : leur exactitude dépend entièrement de la localité où ils ont pris naissance. Il est donc impossible de tirer une loi générale de ce qui n'est bon que pour un cas spécial.

A cela je réponds :

On peut nier que nos calculs ne sauraient être exacts pour les exploitations voisines, à plus forte raison pour les exploitations situées à une grande distance, sous un climat différent, et cultivées par des travailleurs d'un caractère national opposé. Mais je demanderai à mon tour : Si le cultivateur, qui aura longtemps habité son domaine, et qui, après avoir tenu note exacte de toutes ses expériences, sera parvenu à connaître au juste les frais et le produit net de sa culture, ne pourra se servir de ces connaissances laborieusement acquises, en supposant qu'il soit transporté sur une autre exploitation ? Chaque cultivateur sera-t-il obligé de recommencer toutes ses études, toutes les fois qu'il changera de pays , ou lui faudra-t-il apprendre seulement la culture de la localité qu'il doit habiter dans l'avenir ? Personne n'admettra cela. Il y a donc dans les études d'une seule localité quelque chose de général, d'indépendant du temps et du lieu, qui peut servir partout. C'est ce quelque chose que nous cherchons.

Trois principes généraux, de l'exactitude desquels dépend l'exactitude de toutes nos recherches, ont été précédemment posés. Qu'on nous permette de les reproduire.

1er *Principe*. — La valeur du grain sur le domaine diminue, à mesure qu'augmente la distance qui sépare ce dernier du marché.

Plus le domaine est éloigné du marché, plus les frais de

transport du grain sont élevés, par conséquent, plus sa valeur sur le domaine est petite.

Comme toute autre marchandise, le grain n'a pas de valeur s'il ne trouve pas de consommateurs. Dans l'Etat isolé, il n'y a pas d'autres consommateurs, pour l'excédant de grain qui reste après la satisfaction des besoins de la campagne, que les habitants de la Ville. Quand les grains menés à la Ville partent d'une distance telle, que les attelages de transport absorbent pendant le voyage la moitié du chargement ou de sa valeur, et qu'il ne parvient à la Ville que l'autre moitié, pour être vendue ou consommée, il est clair qu'on ne se procurera pas plus d'argent sur le domaine avec 2 schef. de seigle qu'avec *un seul* schef. à la Ville.

Au surplus, ce principe n'a besoin ni d'explications ni de preuves.

2ᵉ *Principe.*— Les prix des choses nécessaires aux cultivateurs ne sont pas tous en rapport avec le prix du grain, c'est-à-dire les frais qu'exige la culture du sol ne peuvent pas être, dans plusieurs contrées différentes, payés avec une seule et même quantité de grain.

Ce principe est la conséquence du premier; car une marchandise qui, à la Ville, vaudrait autant qu'un schef. de seigle, devra en valoir deux lorsqu'elle aura été transportée dans une contrée éloignée où le seigle n'a plus que la moitié de la valeur qu'il aurait à la Ville. Il est bien entendu, dans ce cas, que cette marchandise ne peut venir que de la Ville même.

Nous avons déjà compris dans cette catégorie de marchandises le sel et les métaux ; il faut y joindre le drap et les autres objets qui ne se fabriquent pas dans la campagne.

On doit l'étendre encore aux traitements et honoraires des carrières libérales. En effet, le médecin, le magistrat, etc., ne peuvent recevoir leur éducation que dans la Ville. Le capital qu'ils ont employé à leurs études se règle d'après les prix de la Ville ; et pour que ce capital leur soit remboursé, il ne faut pas que leurs services soient payés en raison de la valeur qu'a le siegle dans les localités qu'ils habitent.

3e *Principe.* — Une partie des frais de la production des grains est proportionnelle à l'étendue cultivée, une autre partie à la grandeur des récoltes.

J'ai rangé dans la première les frais de semailles et de préparation du sol; dans la seconde, les frais de récolte et les frais généraux.

La justesse de ma classification peut être révoquée en doute; on peut dire que les frais de semailles et de préparation ne restent pas constants quand le produit de la surface donnée change, et que les frais de récolte varient quand une même récolte est obtenue sur une surface plus ou moins grande. Mais jamais on ne prétendra que les travaux de labour sont, en raison de la récolte, ou que les travaux de la rentrée des grains soient entièrement proportionnels à l'étendue du champ. De quelque manière qu'on modifie la classification que j'ai choisie, on sera toujours obligé de convenir qu'une partie des travaux se règle sur l'étendue des terres cultivées, une autre sur la grandeur des récoltes. Cela étant admis, le principe ci-dessus est reconnu.

Actuellement, si quelqu'un prenait un autre domaine placé dans d'autres circonstances que celui de Tellow pour point d'observation; s'il calculait les frais de travail, les frais de la production du grain, la rente foncière, etc., d'après les données prises dans la réalité; qu'enfin il tirât des conséquences en s'appuyant sur les principes et sur la méthode précédemment développés, il aurait fait un calcul nouveau dont les nombres différeraient de ceux du premier cas posé, mais dont l'expression en mots serait absolument la même.

La même opération appliquée sur un troisième, un quatrième domaine, etc., constatant toujours le même résultat parfaitement identique, ce résultat acquerrait force de loi. Car un effet considéré de plusieurs points différents, qui reste constant et fixe dans son expression, doit être général et ne dépend pas du lieu et du temps.

Rien ne serait plus facile que de produire ici, comme exemples, plusieurs résultats développés plus tard dans cet ouvrage;

mais ce serait prématuré. D'ailleurs, nous pouvons à la rigueur argumenter d'une loi déjà connue ; cette loi nous dit que la production des grains est d'autant plus chère que le sol est pauvre.

Puisque ces lois sont générales, elles doivent influer sur chaque exploitation, sur chaque domaine. La grandeur de la récolte, du produit net, etc., est l'expression visible de ces lois modifiées par les influences locales.

Toutes les fois que, pour un point donné, nous puisons dans la nature (sans les supposer arbitrairement) des grandeurs qui expriment ses propriétés, que de grandeurs ainsi connues, de principes généraux, nous tirons des conséquences et des résultats, alors nous sommes certains que ces résultats, qui découlent en même temps de l'observation du point donné, portent les signes caractéristiques de l'influence des lois générales. Et cependant, il est non moins certain que chaque résultat trouvé n'est pas une loi générale ; c'est tout au plus s'il peut servir de règle locale.

Comme les nombres ne sauraient représenter les résultats des expériences entreprises sur plusieurs points, et encore moins sur chaque point supposable, nous chercherons des signes au moyen desquels l'observateur puisse distinguer la loi générale de la règle purement locale.

Ces signes nous sont fournis par l'algèbre. En effet, si la nature du sujet permet qu'au lieu de chiffres on emploie des lettres, et si les résultats provenant d'un calcul fait au moyen des lettres s'expriment comme les résultats provenant de chiffres, alors nous aurons trouvé une loi générale et non une règle dépendante d'un lieu quelconque.

Pour montrer la manière de procéder dans ces calculs, cherchons à représenter, par exemple, la rente foncière et le prix du seigle au moyen d'une formule générale, en admettant que la rente foncière $= o$. Supposons :

$$
\begin{aligned}
\text{Le produit en grain} \quad &= \quad x \\
\text{Le produit brut} \quad &= a\,x \ \text{thlr.} \\
\text{Les frais de semailles} \quad &= b \quad \text{»} \\
\text{Les frais de préparation} &= c \quad \text{»}
\end{aligned}
$$

Soit entre le produit brut et les frais qui sont proportionnels à la grandeur des récoltes (frais de récolte et frais généraux de culture), un rapport représenté par $1 : q$; q est une fraction, parce que les frais généraux ne peuvent absorber qu'une partie de la récolte, et non la récolte entière. Comme $1 : q = a$ $x : a q x$, il s'ensuit que les frais, proportionnels au produit brut, sont $= a q x$ thlr.

Soit la partie des frais de main-d'œuvre et des frais généraux à exprimer en argent, représentée par p. La partie à exprimer en grain sera alors représentée par $1 - p$, et p est une fraction. Soit enfin la valeur du seigle sur le domaine $= h$ thlr.

En exprimant à la fois les frais en grain et en argent, et cela dans les proportions où chacun de ces deux signes représentatifs y sont contenus, nous aurons :

$$\text{Le produit brut} = \frac{a\,x}{h} \text{ schef. de seigle.}$$

$$\text{Les frais de semailles} = \frac{b}{h} \text{ schef. de seigle.}$$

$$\text{Les frais de préparation} = \frac{(1-p)\,c}{h} \text{ schef.} + p\,c \text{ thlr.}$$

Le frais de récolte et de culture seront de :

$$\frac{(l-p)\,a\,q\,x}{h} \text{ schef.} + a\,p\,q\,x \text{ thlr.}$$

La rente foncière est alors égale à :

$$\left(\frac{a\,x}{h} - \frac{b+(1-p)\,c+(1-p)\,a\,q\,x}{h}\right) \text{ schef.} - p\,(a\,q\,x+c) \text{ thlr.}$$

Si la rente foncière égale 0, alors nous aurons :

$$\left(\frac{a\,x}{h} - \frac{b+(1-p)\,c+(1-p)\,a\,q\,x}{h}\right) \text{ schef.} = p\,(a\,q\,x+c) \text{ thlr.}$$

Par conséquent :

$$\Big(a\,x-b-(1-p)\,(a\,q\,x+c)\Big) \text{ schef.} = h\,p\,(a\,q\,x+c)\text{thlr.}$$

Par conséquent :

$$1 \text{ scheff.} = \frac{h\,p\,(a\,q\,x+c)}{a\,x-b-(1-p)\,(a\,q\,x+c)} \text{ thlr.}$$

Le but de cette opération a été de rechercher quelle était,

sur le prix du grain, l'influence de sa plus ou moins forte production, la rente foncière étant $= o$.

Dans la formule ci-dessus, x se trouve au numérateur et au dénominateur. On ne peut donc savoir si le prix du seigle hausse ou baisse, quand x ou le produit en grain s'élève.

Cette circonstance nous obligera à faire subir à cette formule quelques transformations :

$$\text{Le prix de 1 schef.} = \frac{h\,p\,(a\,a\,x+c)}{a\,x-b-(1-p)\,(a\,q\,x+c)} \text{ thlr.}$$

$$\text{Il est aussi} = \frac{h\,p}{\dfrac{a\,x-b}{a\,q\,x+c}-(1-p)}$$

Supposons maintenant $a\,q\,x+c = z$; lorsque z augmente, x augmente aussi, et réciproquement. Alors $x = \dfrac{z-c.}{a\,q}$ Intercalons cette nouvelle expression de x dans la formule ci-dessus, nous aurons :

$$\frac{h\,p}{\dfrac{a\,z-a\,c-b\,a\,q}{a\,q\,z}-(1-p)} = \frac{h\,p}{a-\left(\dfrac{a\,c+b\,a\,q}{z}\right)-(1-p).}$$

Or, $\dfrac{a\,c+b\,a\,q}{z}$ deviendra toujours plus petit, quand z grandira ; plus la partie négative du dénominateur diminuera, plus le dénominateur entier augmentera. Mais, comme x croît en même temps que croît z, et que, lorsque x augmente, le dénominateur devient plus grand pendant que le numérateur ne change pas, il s'ensuit que la fraction qui exprime la valeur ou le prix du seigle devient de plus en plus petite, à mesure que x augmente, et réciproquement ; plus x diminue, plus le prix du seigle tend à augmenter.

Ce raisonnement confirme la loi suivant laquelle le prix de la production des grains est d'autant plus élevé que le degré de la fertilité du sol est plus bas.

Il n'eût pas valu la peine de prouver par un calcul détaillé un principe si simple déjà connu, qui se prouve par le raisonnement seul, si nous n'avions eu l'intention de montrer la méthode par laquelle on parvient aux preuves, et de fixer une fois pour toutes les points de vue sous lesquels nous devons entreprendre plus tard d'autres recherches.

Problème. — Déterminer la rente foncière sur un domaine, dont le rendement en grain $= 8$, quand ce domaine est à x milles de la ville.

Pour 100,000 verges carrées de terre arable, dont le produit en grain $= 8$, la rente foncière $= 1,168$ sch. seigle — 641 thlr.

Le scheffel de seigle, d'après le § IV, sur un domaine à x milles de la Ville, vaut : $\dfrac{273 - 5,5\,x}{182 + x}$ thalers. Donc, la rente foncière égale

$$\frac{1168 \times (273 - 5,5\,x)}{182 + x} - 641 \text{ thlr.} = \frac{202202 - 7065\,x}{182 + x} \text{ thalers.}$$

Si x ou la distance du marché	Alors la rente foncière, sur 100,000 v. carrées, à produit de 8 grains, sera
égale 1 mille	de : 1,066 thalers.
» 5 »	892 »
» 10 »	685 »
» 15 »	488 »
» 20 »	301 »
» 25 »	124 »
» 28,6 »	0 »

§ VI. — Influence du prix des grains sur les systèmes de culture.

Hypothèse. — Admettons que dans l'État isolé, le terrain ait partout, à l'exception du premier cercle, un degré de fertilité telle, que le seigle venu sur jachère en *assolement pastoral de sept ans* donne un produit de 8 grains (8 schef. par 100 verges carrées). Admettons encore que le désert non cultivé qui limite l'État isolé ait partout un sol de même constitution physique, de même richesse en matières nutritives, conséquemment de même puissance productive que le sol de la plaine déjà cultivée.

D'après le § 5ᵉ, la rente foncière, sur 100,000 verges carrées, pour un terrain à 8 grains, s'élève à 1,168 schef. de seigle — 641 thlr.

La rente foncière disparaît, ou = 0, quand 1,168 schef. de seigle sont descendus à la valeur de 641 thlr., ou à 0,549 thlr. par schef de seigle.

Mais dans quelle partie de l'Etat isolé le schef. de seigle aura-t-il une valeur de 0,549 thlr. ?

Nous avons trouvé dans le § 4ᵉ que sur un domaine situé x milles de la Ville, le schef. de seigle valait :

$$\frac{273 - 5,5\,x}{182 + x}\ \text{thlr.}$$

Si $0,549 = \dfrac{273 - 5,5\,x}{182 + x}$, nous aurons, après calcul de l'équation, $x = 28,6$; ce qui nous prouve que lorsque la distance de la Ville sera de 28,6 milles, le prix du schef. de seigle sur le domaine aura descendu à 0,549 thlr.

Ainsi un domaine placé dans les circonstances fixées plus haut, et situé à 28,6 milles de la Ville, ne donne plus de rente foncière.

A une distance plus grande que 28,6 milles, la rente foncière devient négative, c'est-à-dire la culture du sol ne se fait plus qu'avec pertes, et doit être abandonnée.

Mais, si ce point est la limite de la *culture pastorale*, il ne s'ensuit pas qu'il soit la *limite absolue* de *toute* culture ; car, s'il existait un autre système agricole, au moyen duquel les travaux de la terre coûtassent moins que dans le système pastoral, il se pourrait qu'au prix de 0,549 thlr. par schef. de seigle, il restât un excédant, et même une rente foncière, et qu'ainsi, la culture du seigle fût possible à une distance de la Ville encore plus grande que 28,6 milles.

C'est ici le moment d'examiner les variations que subit la valeur d'un champ qui, tout en faisant partie d'un même domaine, tout en ayant la même constitution, la même puissance productive que les autres champs, est cependant plus ou moins déprécié, suivant qu'il est plus ou moins loin de la ferme. Les frais de transport des engrais, et les frais de rentrée des produits, sont en raison directe de la distance du champ à la ferme. Relativement aux travaux exécutés sur le champ lui-même, la fraction de temps employée aux allées et venues des hommes et des attelages est complétement perdue ; et cette fraction croît également en raison directe de la distance des champs à la ferme. Donc les frais de travaux sont moins forts pour le champ rapproché de la ferme que pour celui qui en est éloigné, et le premier doit donner un plus grand rendement net que le second, en supposant que la fertilité du sol soit égale de part et d'autre.

Si au prix de 0,549 thlr. le schef. de seigle, le rendement en numéraire d'un domaine entier soumis à la culture pastorale $= 0$, et si la partie des terres rapprochées de la ferme rend plus que la partie éloignée, il s'ensuivra que : *le produit net de la première moitié est positif, que celui de la deuxième doit être négatif ; que le bénéfice obtenu par la culture des terres rapprochées est annulé par la perte qui résulte de la culture des terres éloignées, et qu'en fin de compte, le produit net du total doit être $= 0$.*

La culture pastorale qui, dans ce cas, donne un produit net $= 0$ parviendra cependant à donner un produit net de quelque valeur en abandonnant les champs plus éloignés, et en se concentrant sur les champs voisins des bâtiments de l'exploitation. A cette condition, la culture pourrait s'étendre plus loin que 28,6 milles de la Ville.

Mais cette culture pastorale, ainsi restreinte aux champs voisins de la ferme, trouvera nécessairement à une distance plus grande du marché central, ou, ce qui revient au même, sous l'influence d'un prix encore plus bas des grains, un point où son produit net disparaît, ce qui nécessiterait une seconde restriction dans les travaux, si l'on voulait continuer la culture du sol.

En culture pastorale, le défrichement du pâturage et sa préparation pour la céréale d'hiver sont très-coûteux. Pour une jachère friable, c'est-à-dire pour celle qui, au lieu d'être précédée par un pâturage, est précédée par une récolte quelconque, on économise le labour du rompu et la moitié des hersages. Une culture avec jachère friable peut donc rendre quelque chose là où la culture pastorale est improductive, toujours en supposant un égal rendement en grain, que l'on peut obtenir au moyen d'une certaine proportion établie entre les terres labourées et les pâturages.

Toutefois une culture avec jachère friable n'est praticable qu'à la condition que les terres ne sont plus mises périodiquement en pâturage; il faut que tous les champs soumis à la charrue, soient labourés chaque année, et que les champs éloignés de la ferme restent en pâturages *permanents*. De là résulte encore une économie spéciale, puisqu'on n'a plus à supporter les frais de semence du trèfle.

D'après ces modifications nécessairement survenues par la force des choses, notre culture s'est transformée, et présente les caractères de la culture triennale, ce qui nous conduit naturellement à nous occuper de ce système si répandu.

Avant de comparer la culture pastorale à la culture triennale, nous devons répondre aux quatre questions suivantes :

1° De combien les cultures de la jachère friable seront-elles moins chères que celles de la jachère sur pâturage ?

2° Quels sont les rapports qui existent entre les frais de travail pour la culture du sol et la distance du champ à la ferme ?

3° Dans quel rapport doivent se trouver, en culture triennale, les terres labourées et le pâturage, si l'on veut que ce système se maintienne, comme l'assolement pastoral, en égale force d'engrais, sans tirer des fumiers supplémentaires du dehors ?

4° Lorsque deux champs contiennent une égale richesse en substances nutritives pour les végétaux, que l'un est cultivé par le système pastoral, et l'autre par le système triennal, quels sont les rapports entre les rendements en grain de seigle du premier et du second de ces systèmes ?

Les réponses à la troisième et quatrième question supposent des connaissances en statique agricole, sans lesquelles il est impossible de les comprendre et de les résoudre.

Je me vois donc forcé de mentionner ici quelques principes fondamentaux de la statique agricole ; mais, comme leur exposition trop développée nous prendrait trop d'espace, je me contenterai de les indiquer sans autres commentaires. Quant à ceux de mes lecteurs qui ne connaissent pas cette nouvelle branche de notre science, et qui voudraient l'approfondir, je les renvoie aux ouvrages de MM. Thaer, de Wulffen, de Rièse, Burger, de Voght, Seidel (1), et à mon mémoire imprimé dans la huitième année des *Annales du Mecklembourg*.

§ VII. — Principes tirés de la statique agricole.

La production des récoltes de céréales occasionne une diminution des substances nutritives contenues dans le sol. Un champ qui a donné 100 schef. de seigle s'est appauvri de la quantité des substances nutritives nécessaires à la production de ces 100 schef.

Il n'est aucune récolte qui puisse s'approprier en une *seule année toute* la richesse en substances nutritives présente dans une terre.

J'appelle *épuisement relatif*, le rapport qui existe entre la quantité de substances nutritives enlevée au champ en une seule année par une récolte, et la richesse entière de ce champ. Cet épuisement relatif se manifeste par la diminution du rendement de plusieurs récoltes successives. Ainsi, par exemple, le produit d'une première récolte de seigle ayant été de 100 schef., si la seconde n'est que de 80, en supposant même préparation de sol, même température, et toutes les autres circonstances semblables, nous dirons que l'épuisement relatif du seigle a été de 1/5.

(1) Je n'ai eu connaissance, qu'après avoir terminé cet ouvrage, du livre de M. le professeur Hlübeck, sur la nutrition des plantes et la statique agricole ; je regrette ici de n'avoir pu m'en servir et m'en inspirer.

(Le mérite de l'ouvrage de Hlübeck a été confirmé d'ailleurs par le troisième congrès des agriculteurs de l'Allemagne, réunis à Potsdam, en 1839 ; il a été couronné, et il a obtenu le prix de 100 ducats, offert par le prince Guillaume de Bade au meilleur livre sur la statique agricole) (L).

De l'épuisement relatif, nous concluons à la richesse totale du champ. Si la première récolte du seigle a été de 100 schef., et l'épuisement relatif de 1/5, cela nous prouve que le champ, avant la récolte, contenait des substances nutritives pour 500 schef. de seigle, et qu'après la récolte il n'en contient plus que pour 400.

La quantité de substances nutritives enlevée au champ par la récolte de 1 schef. berl. de seigle équivaut à un degré, et se désigne par 1° (1).

(1) L'exposition comparée des divers points de vue auxquels se sont placés les agronomes les plus remarquables de l'Allemagne pour déterminer 1° de richesse, ne sera peut-être pas dénuée d'intérêt; je l'emprunte à l'ouvrage de Hlübeck telle qu'il la donne :

THAER. — 2 1/4 voitures de fumier d'étable décomposée, à 18 1/2 quintaux, = 10° Richesse.

L'épuisement occasionné par un schef. de froment est de $^{13}/_{20}$ de voiture à 20 quint., ou simplement, 1 schef. absorbe 13 quint. de fumier décomposé, 1 schef. de seigle 10 ; 1 schef. d'orge 7 ; 1 schef. d'avoine 5.

En évaluant le schef. de froment à 86 liv., celui du seigle à 80, de l'orge à 70, de l'avoine à 50, il faudrait pour produire :

100 livres	de froment	15,11 quintaux de fumier.		
100 »	de seigle	12,50	»	»
100 »	d'orge	10,00	»	»
100 »	d'avoine	10,00	»	»

Il est à remarquer que l'orge et l'avoine exigent autant l'un que l'autre, ce qui contredit la proportion d'absorption ci-dessus, qui est de 7 à 5.

KREYSSIG. — Une récolte de céréales enlève au sol autant d'engrais que l'on en produit en poids par la consommation, au moyen des bêtes de rente, de la paille de cette récolte, à laquelle on ajoute un poids de foin de prairies égal à celui de la paille. Comme le grain est à la paille comme 1 : 2, il faut réparer l'épuisement déterminé par 1 liv. de grains, au moyen de 2 liv. de paille + 2 liv. de foin = 4 liv. matières sèches.

BLOCK. — 10 voitures de fumier à 18 quint., ou à 40 pieds cubes, produisent en moyenne 1,825 liv. de grains, ou 100 liv. grains exigent 9,86 quint. de fumier ou 4,28 quint. de matières sèches.

BURGER. — L'absorption du fumier par les céréales égale en poids le produit brut en grain et paille, c'est-à-dire 100 liv. de récolte doivent être remplacées par 100 liv. de fumier décomposé. Comme le grain est à la paille :: 1 : 2, il faudra alors pour 100 liv. de grains 294 liv. de fumier d'étable, ou 127 liv. de foin et de litière.

WULFFEN. — 1° de Richesse est la quantité de substances nutritives qui produit indistinctement 100 liv. de grains.

Cette quantité de substances nutritives est ainsi déterminée :

La restitution d'engrais pour une récolte de grains se compose de la paille

L'épuisement déterminé par les autres céréales est fixé d'après leur valeur et leurs facultés nutritives comparées à la

de cette récolte et d'une quantité de fourrage égale en poids à celui du grain, le tout converti en fumier par l'intermédiaire des bestiaux.

En réunissant ce qui précède, et en y faisant figurer les données de Thünen, on trouve que pour produire 100 liv. de grains, ou que pour réparer l'épuisement occasionné par 100 liv. grains, il faut :

1	suivant	THAER :	11,90	quintaux de fumier ou	7,06	quintaux substance sèche.
2	—	THUNEN :	8,04	»	3,54	»	»
3	—	KREYSSIG :	10,62	»	4,00	»	»
4	—	BLOCK :	9,86	»	4,28		»
5	—	BURGER :	2,94	»	1,27	»	»
6	—	WULFFEN :	8,05	»	3,05	»	»

Il ressort de cinq données les plus élevées que pour 100 liv. de grains de toute espèce on emploie 9,2 quint. de fumier d'étable fait, ou 4 quint. de substances sèches, afin de maintenir le sol en même richesse, et qu'en moyenne des six auteurs : 1° *de Richesse* = 6, 3 *livres de fumier d'étable*, ou 2,3 *livres de substances sèches*, ou 7 *livres de grains*.

A l'aide de ce résultat, continue Hlübeck, on évalue la *Richesse* relative. On estime d'abord le rendement en grain (les plantes commerciales sont considérées comme aussi épuisantes que les céréales), on cherche ensuite quelle es$_t$ la production d'engrais des différents fourrages et litières, et on la compare au rendement, pour s'assurer si la restitution peut être effectuée, sans tenir compte toutefois de la force restée au sol après la rotation.

Mais cette méthode pèche en plusieurs endroits :

1. La perte en matières nutritives occasionnée par la fermentation n'est pas comptée, ce qui rend inexacts les rapports entre le produit en grain et la restitution en matières sèches.

(On suppose le fumier gras contenir 70 p.°/₀, le fumier frais 80 p.°/₀ d'humidité.)

2. On compare des corps humides avec des corps secs sans se servir d'une même unité de mesure.

3. On prend pour mesure de l'épuisement des plantes, leur faculté nutritive.

4. Dans toutes les données, on n'indique nulle part la richesse absolue du sol, et l'on omet les circonstances tirées du climat, du sol, de la culture, de la rotation.

5. On ne tient pas compte de l'épuisement de la paille.

Ces considérations ont amené Hlübeck à déterminer d'une manière *une*, la Richesse du sol comme il suit :

1 quintal de fumier gras d'étable réduit à l'état sec = 1° Richesse.

a. Cette expression a l'avantage de considérer le fumier d'étable sec comme égal à l'humus. Le fumier forme alors avec l'humus une grandeur homogène, ce qui permet de déterminer la richesse absolue du sol. Supposé un sol contenant 200 quint. d'humus, et recevant 100 quint. de fumier d'étable à l'état sec, alors sa Richesse = 300°.

b. Toutes les circonstances qui agissent sur la végétation restent sans influence sur le calcul, parce qu'on ne dit pas combien on peut produire avec 1° de Richesse.

c. La statique agricole n'a plus besoin de se préoccuper de la nature de

valeur et aux facultés nutritives du seigle. En conséquence, j'admettrai que :

1 schef. de froment détermine un épuisement de 1 $\frac{1}{3}$°.

1 schef. d'orge à deux rangs   »   » $\frac{3}{4}$°.

1 schef. ras d'avoine   »   »   » $\frac{1}{2}$°.

Pour une culture pastorale de sept ans sur terrain d'orge de première classe, et d'après les expériences et observations faites sur le domaine de Tellow, je suppose que les différentes soles produisent dans les proportions suivantes : Si, sur 100 verges carrées,

Le produit de la 1re sole a été de   100 schef. de seigle,

Il sera sur la 2e sole de........   100 schef. d'orge,

Et sur la 3e de..............   120 schef. d'avoine.

Les 4e, 5e et 6e soles donnent, en moyenne, sur chaque superficie de 270 verges carrées, le pâturage nécessaire à une vache consommant journellement une quantité d'herbe dont la valeur est représentée par 17 livres de foin, et trouvant sa nourriture pendant 140 jours sur la jachère qui succède à la dernière année de pâturage (non compris le parcours des chaumes et des prairies).

La septième sole en jachère ne produit que la cinquième partie de l'herbe d'une sole de pâturage.

D'après les expériences de pesage entreprises à Tellow de 1811 à 1816 pour reconnaître les rapports du grain à la paille, comparées à des expériences analogues faites sur d'autres domaines du Mecklembourg, j'ai trouvé qu'en moyenne :

1 schef. de seigle correspondait à 190 livres de paille.

1 schef. de froment — quand le froment était parfaitement venu, à 190 livres de paille.

1 schef. de froment — quand le 1/3 de la récolte avait versé, à 200 livres de paille.

---

la restitution qui se compose de fumier, parce que le fumier convient à toutes les plantes, et que son état plus ou moins avancé de décomposition doit seulement être réglé sur la consistance des terres.

d. Enfin il n'y a plus qu'à réduire à l'état sec un petit nombre de plantes cultivées, pour avoir un terme rationnel de comparaison entre leur rendement, leur production d'engrais, leur épuisement et leur capacité de restitution (L).

1 schef. d'orge à deux rangs, à 93 livres de paille.

1 schef. d'avoine, à 64,5 livres de paille.

A égale production de grains, le froment donne en volume moins de paille que le seigle ; mais la paille de froment a un poids spécifique supérieur à la paille de seigle ; et j'ai trouvé plus tard que le poids de paille qui correspondait à un schef. de froment équivalait à peu près à celui de la paille du seigle. Cependant ce rapport peut ne pas être vrai pour les froments faibles à paille courte.

Des calculs faits avec soin sur le domaine de Tellow, de 1810 à 1815, dans lesquels la paille pour fourrage et pour litière, les foins et grains donnés en nourriture, ont été comparés au nombre des voitures de fumier sorties des étables, nous ont appris qu'une voiture de fumier était produite par la consommation et la mise en litière de 878 livres de matières sèches, et que le poids d'une voiture de fumier à quatre chevaux était ordinairement de 2,000 livres ; par conséquent, 1 livre de matières sèches, fourrage et litière, a donné 2.28 livres de fumier. Ce résultat coïncide à peu près avec le chiffre adopté par le conseiller d'Etat Thaer, lequel, guidé par des observations en grand, avait fixé à 2. 3 le facteur pour la production des engrais.

Prenons le facteur 2.3 ; dans ce cas, il faut pour une voiture de fumier de 2,000 livres, $\frac{2,000}{2.3} = 870$ livres de matières sèches. Une voiture de fumier nous représentera donc toujours la masse d'engrais provenant de 870 livres de matières sèches, fourrage et litière, dont 2/5 en foin et 3/5 en paille.

Nous pouvons à présent calculer les quantités d'engrais que les récoltes de céréales rendent à la terre par leur paille.

Pour 100 schef. de seigle le produit en paille $= 100 \times 190 = 19000$ livres de paille, qui à leur tour produisent $\frac{19000}{870} = 21,8$ voitures de fumier.

Pour 100 schef. d'orge, il y a une production en paille de

$93 \times 100 = 9300$ livres, et une production en fumier de

$$= \frac{9300}{870} \; 10.7 \text{ voitures de fumier.}$$

120 schef. d'avoine donnent $120 \times 64.5 = 7740$ livres de

paille, et $\frac{7740}{870} = 8.9$ voitures de fumier (1).

Il est généralement reconnu que le pâturage enrichit le sol.

Mes observations, pendant un grand nombre d'années, me montrent comme vraisemblable que les substances nutritives absorbées par les graminées et les légumineuses d'un pâturage sont rendues au sol par leurs racines qui restent sur place, et qui se décomposent sous l'influence du rompu et de la jachère ; de sorte que tous les engrais tombés sur le sol pendant les parcours des animaux peuvent être regardés comme augmentation réelle des matières fertilisantes contenues dans le sol, à condition toutefois que le pâturage ne dure pas plus de trois ans.

Le nombre de vaches nourries sur un pâturage nous donne le moyen de calculer la production herbagère. Une vache de 500 à 550 livres, poids vif, consomme en 140 jours, à 17 livres par jour, 2380 livres d'herbe réduite en foin. Cette quantité s'obtient sur 270 verges carrées de pâturage. Cela

posé, la production de 1000 vergés carrées $= \dfrac{2380 \times 1000}{270}$

$= 8815$ livres de foin, et la quantité de fumier produite en

un an sur 1000 verges carrées de pâturage sera de $\dfrac{8815}{870} =$

10.1 voitures de fumier pour une terre d'orge à rendement de seigle de 10 grains.

J'attribue à la jachère une double propriété : d'abord, elle donne un plus haut degré d'action aux matières nutritives qui se trouvent dans le sol ; ensuite, elle augmente réellement la richesse du sol par sa végétation, en partie enfouie par les

(1) Ce calcul repose sur l'hypothèse que 100 livres de paille consommées et mises en litière donnent plus de fumier que la simple consommation de 100 livres de foin, et que la qualité du fumier provenant de la paille, inférieure en qualité à celle provenant du foin, est compensée par sa quantité.

labours, en partie broutée par les bestiaux qui la convertissent en engrais.

Sous le rapport de l'augmentation de richesse, la jachère qui suit le pâturage vaut un 1/5 du pâturage lui-même, et la jachère morte de l'assolement triennal, rompue à la fin de juin, 1/3 seulement.

Dans une culture qui reste à l'état stationnaire, c'est-à-dire qui se maintient en produits et en richesse du sol, l'épuisement (1) doit être équilibré par la restitution. Si nous réduisons en schef. de seigle le rendement des céréales épuisantes, et si nous exprimons en voitures de fumier la restitution que reçoit la terre par la fumure et le pâturage, nous trouverons, en supposant l'épuisement égal à la restitution, pour combien de schef. de seigle il y a de substances nutritives dans une voiture de fumier, ou, ce qui revient au même, combien il faut de schef. de seigle pour absorber une voiture de fumier incorporé au sol.

Plusieurs espèces de terres ont été soumises à ce calcul; nous avons toujours trouvé que les rapports étaient proportionnels à la bonté du sol. La production d'une récolte donnée coûte moins de fumier à un bon terrain qu'à un mauvais.

Dans les calculs suivants, nous avons pris pour base un terrain soumis à l'assolement pastoral de 7 ans, et se maintenant en force d'engrais sans secours extérieurs. Sur ce terrain, qui correspond probablement aux terrains d'orge première classe, la production de 3.2 schef. de seigle coûte au sol une voiture de fumier, autrement dire une voiture de fumier $= 3.2^\circ$.

(1) La partie de la richesse convertie en matière assimilable par l'activité du sol (*voir* ci-après au § 7, b.) se divise en trois autres parties :

 1. Partie assimilée par les plantes.
 2. Partie volatilisée.
 3. Partie retenue par les particules constitutives du sol.

Les proportions de ces parties nous sont inconnues. Néanmoins voici ce que l'expérience nous apprend :

1° La volatilisation des matières nutritives atteint son maximum dans les

ÉTAT DE FERTILITÉ

D'un assolement pastoral de 7 ans dont chaque sole à 1000 verges carrées.

	RENDEMENT EN SCHEF.	DEGRÉS D'ÉPUISEMNET.	DEGRÉS DE RICHESSE.	RESTITUTION en VOIT. D'ENGRAIS
Richesse au commencement de la rotation...................	....	....	500°	
1re sole, seigle...............	100	100°	400°	21,8
2e — orge.................	100	75°	325°	10,7
3e — avoine..............	120	60°	265°	8,9
4e — pâturage............				
5e — id.............	....	....		30,3
6e — id.............				
7e — jachère.............	....	....	....	2,0
Somme des engrais produits....	....	....	....	73,7
L'avoine a laissé dans le sol....	....	....	265°	
73,7 voit. d'engrais à 3,2° égalent.	....	....	235°,8	
La 2e rotation commence avec..	....	....	500°,8	

État de fertilité d'un assolement triennal dont chaque sole à 1000 verges carrées.

	RENDEMENT EN SCHEF.	DEGRÉS D'ÉPUISEMNET.	DEGRÉS DE RICHESSE.	RESTITUTION en VOIT. D'ENGRAIS
Richesse au commencement de la rotation...................	....	....	500°	
1re sole de seigle..............	100	100°	400°	21,8
2e — orge..................	100	75°	325°	10,7
3e — jachère..............	....	....	....	4,1
Somme des engrais produits...	....	....	....	36,6
L'orge a laissé au sol..........	....	....	325°	
36,6 voit. d'engrais à 3°,2 égalent.	....	....	117°,2	
La 2e rotation commence avec..	....	....	442°,2	

terres à rapide activité, mais n'ayant pas de bases pour l'acide humique ; elle atteint son minimum dans les terres à lente activité, et contenant beaucoup de bases pour l'acide humique ;

En assolement pastoral, la production d'engrais d'une sole de pâturage était de 10,1 voitures pour une richesse du sol de 265°. Un terrain dont la richesse $= 325°$, ce qui a lieu après la récolte d'orge en assolement triennal, produirait, converti en pâturage $\frac{325}{265} \times 10.1 = 12.4$ voitures d'engrais. Or, comme on a supposé que la production d'engrais d'une jachère friable n'était que 1/3 de celle d'une sole de pâturage, on n'ai pu admettre dans le calcul pour l'assolement triennal que $\frac{12.4}{3} = 4.1$ voitures.

§ VII b. — Exposition de quelques autres parties de la statique agricole.

Une même quantité de substances nutritives étant donnée à deux terres, une voiture de fumier par exemple, on voit souvent l'une produire de plus fortes récoltes que l'autre; cette différence résulte d'une propriété spéciale de l'une de ces deux terres, propriété que j'appelle *qualité du sol;* j'en détermine le degré par le nombre de schef. de seigle, dont la production coûte au sol une voiture de fumier. Ainsi, le sol argileux a plus de qualité que le sol sablonneux, et pendant

2° Plus le terrain est cultivé avec soin, plus il y a de la Richesse dissoute et par conséquent volatilisée.

(D'après Block, un terrain susceptible de produire 1,450 liv. de seigle n'en produit plus que 870 liv., lorsqu'on y a fait jachère pendant trois années consécutives. D'un autre côté, tout le monde sait que la culture en ligne exige plus de fumier que la culture ordinaire.)

3° Plus le climat est chaud, plus la Richesse se décompose, et plus les sels d'humus se dissolvent; c'est pourquoi la volatilisation est plus forte dans les pays chauds que dans les pays froids, en sorte que les terres doivent être plus fumées dans les premiers que dans les derniers.

4° Les plantes qui ombragent le sol complétement, et qui étouffent les mauvaises herbes, empêchent la volatilisation des matières nutritives, de sorte qu'elles semblent devoir une grande partie de leurs substances à l'atmosphère, tandis qu'elles se les sont appropriées par l'absorption, au moyen de leurs feuilles, des particules tenues de la Richesse volatilisée (L).

que la qualité des terres à froment de première classe s'élève
à 3.8°, peut-être même à 4°, celle des terrains à avoine de
première classe n'est que de 2 1/2°, diminue à mesure que
la proportion de sable augmente, et finit par tomber à 0 dans
les sables mouvants.

Nous savons, par l'expérience, que la diminution relative
du rendement de deux récoltes successives, ayant reçu les
mêmes préparations sans répétition de fumure, varie beaucoup sur les différentes espèces de terrains, et qu'elle est plus
forte sur les sables que sur les argiles (1).

La propriété du sol par laquelle ce phénomène est produit,

(1) La Richesse, dit Hlübeck, n'est pas toujours propre à être assimilée par
les plantes : elle doit subir, dans son *état d'agrégation* et dans *ses rapports
de composition*, des changements pour devenir la nourriture proprement dite
des plantes. Ces changements s'opèrent sous l'influence de la chaleur, de l'air
et de l'humidité qui déterminent la décomposition ou pourriture. Mais, pour
que ces agents puissent entrer dans le sol, il faut que ce dernier ait une certaine *constitution*. La *faculté*, dépendante de la constitution du sol, de
laisser pénétrer plus ou moins les agents de décomposition, est ce qu'on
appelle l'*activité*.

(Il est clair que le temps, la température et la constitution du sol ont une
grande influence sur la décomposition. Mais, en réalité, on ne peut que poser
la question suivante : dans quels rapports sont les divers terrains entre eux
au point de vue des modifications résultant de la rétention et de la volatilisation de la Richesse sous des influences données : climat, marche de la température, fumure, préparation du sol, rotation ?)

Hlübeck distingue :

1. Terre d'activité rapide : sables presque sans cohésion, graviers calcaires crayeux.

2. Terre d'activité lente : glaise, argile, argile ferrugineuse.

3. Terre d'activité moyenne : terres argilo-siliceuses, calcaires, marneuses.

(Wulffen divise le sol en terres à céréales de printemps, à céréales d'hiver,
à céréales de printemps et d'hiver ; cette classification n'est que locale, car
une terre à céréales de printemps dans une localité peut porter des céréales
d'hiver dans une autre localité.)

Le degré d'activité se trouve par le temps que la Richesse met à se décomposer.

Le caractère de l'activité se manifeste par l'espèce des produits immédiats
de la décomposition.

CARACTÈRES DES TERRES N° 1. — Leurs parties constitutives se combinent
peu ou pas avec les produits de la décomposition, car la silice ne s'unit pas
à l'acide humique pour former des sels, et l'humate de chaux se dissout seulement dans 2,000 parties d'eau.

(Dans les sables sans cohésion et dans les graviers, tous les fumiers sont

M. de Wulffen la nomme *activité du sol*. Mais avec des circonstances égales d'ailleurs, la diminution du rendement des récoltes provient aussi de la diminution des matières nutritives contenues dans le sol, et M. de Wulffen, à qui la statique est tant redevable, a fondé sur ce fait le principe, que la fertilité doit être considérée comme le produit de deux facteurs qui sont : l'activité et la richesse du sol. Mais la fertilité (1) se mesure exactement sur la récolte, et si l'on désigne l'*activité* par T, la *richesse* par R, et la *récolte* par E, nous aurons $E = TR$. L'*activité* montre quelle est l'aliquote de matières nutritives absorbé par la production d'une récolte. Cette activité du sol augmente en même temps que la proportion de sable de ce dernier devient plus forte ; elle est donc en raison inverse de la qualité du sol. Si l'on prend le seigle

décomposés pendant la première année. A Laybach, Hlübeck a remarqué sur le domaine expérimental que, dans un sable argileux, le fumier des chevaux n'offrait plus la moindre trace à partir de la deuxième année.)

Caractères des terres N° 2. — L'alumine forme avec l'acide humique des sels insolubles ou à peine solubles dans l'eau. Ces terres sont ferrugineuses, et il se forme beaucoup d'humate de protoxyde de fer qui est insoluble. Elles ont des propriétés contraires de celles des terres N° 1.

(Sprengel affirme que l'humate neutre d'alumine n'est soluble que dans 4,200 parties d'eau ; l'humate d'alumine basique ne l'est pas du tout.)

Caractères des terres N° 3. — Outre l'alumine, on y trouve la chaux qui forme des sels avec l'acide humique, ce qui donne à ces terres des propriétés intermédiaires à celles des deux précédentes.

Pour produire un poids donné de céréale quelconque, 100 par exemple, les circonstances climatériques étant identiques, le N° 1 a besoin de 200 de substances nutritives ;

N° 2 —	150	id.
N° 3 —	100	id. (L).

(1) La fertilité est la réunion, suivant Hlübeck, de toutes les conditions favorables à la végétation. Mais comme, toutes circonstances égales d'ailleurs, une plante vient d'autant mieux qu'elle trouve plus de nourriture dans le sol, alors la fertilité doit être considérée comme une *fonction de la nutrition*. La quantité de nourriture constitue la Richesse, qui ne devient assimilable que lorsqu'elle est aidée par la *fermentation*.

(La fermentation dans les phénomènes de la nature joue un rôle plus important que celui de former de l'alcool et de l'acide acétique. Elle est l'opération fondamentale de la vie organique dont le principe inconnu est désigné par nous sous le nom d'acte vital. Elle remplace, pour les plantes, la digestion des animaux, puisqu'elle a comme elle pour résultat final de rendre les substances assimilables aux plantes.) (L).

après jachère comme mesure de la grandeur de l'activité, on trouve qu'elle est, sur une terre à orge, de 1/6 à 1/5 ; sur une terre à seigle de 1/4 à 3/10.

Une même quantité de matières nutritives, 10 voitures de fumier par exemple, enfouie dans divers terrains tels que :

> Terre argileuse à   3. 8° de qualité,
> Terre sablonneuse à   2. $\frac{1}{2}$° de qualité,

fournira à la première de quoi produire $10 \times 3.8 = 38$ schef. de seigle et à la seconde seulement $10 \times 2.5 = 25$ schef. de seigle ; ce qui veut dire que la richesse de la première aura été élevée à 38°, celle de la seconde à 25° seulement. Par conséquent, la richesse du sol est le produit de deux facteurs, et si l'on désigne par H le contenu du sol en engrais et en humus, et la qualité par Q, nous aurons $R = QH$.

La richesse du sol n'est pas de la matière, mais de la puissance de production. Le fumier n'est pas de la richesse ; pour le devenir, il lui faut l'influence du sol. La même quantité d'engrais produit, sur des terrains différents, différents degrés de richesse.

Sur un seul et même terrain, la quantité d'engrais, ou mieux, de matières nutritives solubles, est proportionnelle à la richesse ou puissance de production, et réciproquement. Il n'y a donc aucun inconvénient, dans ce cas, à ce que matière et puissance de production soient confondues dans le même mot *richesse* ; les résultats n'en souffriront aucunement, pourvu qu'il ne soit question que d'une *seule* espèce de terrain, comme cela arrive dans le courant de cet ouvrage.

Dès qu'on parle, au contraire, de statique en général, que l'on veut examiner toutes les espèces de terrains, alors il est indispensable de distinguer directement la matière et la puissance de production par des dénominations particulières.

Dans ce cas, j'appellerai la première *humus* (1), et la seconde,

---

(1) Suivant Hlübeck, il y a quatre espèces d'humus : l'humus doux, l'acide, le terreux, le carbonique.

(Hermbstaedt divise l'humus : **a.** en neutre, qui n'a ni réaction acide ni réaction alcaline, et qui est insoluble ; **b.** en oxydulé, qui n'a pris à l'atmo-

avec M. de Wulffen, *richesse proprement dite. Par humus, je n'entends pas toutes les substances brûlables qui peuvent se trouver dans le sol, comme : racines de bois et de bruyères, chevelus de gazon, détritus limoneux, etc. Je restreins la signification du mot* humus *aux débris laissés par des fumures antérieures, et par la décomposition du gazon d'un pâturage de* 2 *à* 3 *ans au plus.* Comme conséquence, j'admets encore dans toutes les recherches statiques un sol qui, sous l'influence d'une culture continuée pendant cent ans, a perdu les substances végétales qu'il tenait de la nature, qui n'a été fumé qu'avec des engrais ordinaires, et qui, dans une rotation, n'est jamais resté en pâturage plus de deux ou trois ans.

Actuellement, remplaçons dans l'équation $E = TR$, R par la valeur QH, nous aurons $E = TQH$.

Dans cette nouvelle expression de la récolte, T et Q appartiennent principalement au sol, c'est-à-dire représentent les

sphère qu'une quantité d'oxygène suffisante pour être soluble ; **c.** en oxydé, qui est le précédent plus de l'oxygène, et qui redevient insoluble ; **d.** en acide, qui rougit le papier de tournesol.)

L'humus doux se compose de fibres de ligneux, d'acide humique, de sels d'humus et de silice. Soluble dans l'eau et susceptible d'être assimilé par les végétaux, il se forme dans les endroits où les conditions de pourriture sont convenables.

Quand il provient de matières animales, d'après Schübler, il contient en outre de l'ammoniaque uni à l'acide humique ; il se reconnaît à son odeur ammoniacale.

L'humus acide a beaucoup d'acide humique libre et rougit le tournesol ; il se forme dans les endroits humides où les bases manquent pour faire des sels, dans les marais, les lieux chargés de tan, les bas-fonds siliceux. Il correspond aux variétés Juncus, Carex, Scirpus qui forment les foins acides. Il est nuisible aux plantes cultivées. Celles qui le supportent le mieux sont : le seigle, l'avoine, le chanvre, le riz et le sarrasin.

L'humus carbonique se caractérise par son excès de carbone ; il est peu soluble. Il se forme en l'absence de l'air, dans les lieux profonds et très-humides ; les plantes qui peuvent y prospérer sont les tubercules, les végétaux raviformes, et les oignons, qui semblent ne pas exiger de décarbonisation dans l'acte vital.

Sur les tourbes de Laybach, les racines réussissent supérieurement. Les plantes sauvages qui y croissent sont surtout la *fritillaria meleagris* et la *stellaria bulbosa.* Ce terrain contient 25 p. 100 d'acide carbonique.

L'humus terreux ou de bruyères est combiné avec des substances résineuses. Il est inutile à la végétation, à moins que l'on n'emploie des cendres, de la chaux et du fumier pour le modifier (L).

particules minérales, tandis que le facteur H désigne particulièrement l'humus, ou le reste des substances animales et végétales. Ainsi l'action totale du sol sur la production de la récolte s'exprime par TQ, ou par le produit des deux facteurs T et Q.

Prenons un sol quelconque A pour point d'observation, comparons-lui un autre sol B, doué d'une constitution physique différente; que dans ces deux terrains le contenu d'humus soit égal, et que l'humus ait les mêmes propriétés et la même origine. Si ces deux terrains, traités et travaillés de même manière, donnent des récoltes inégales, il faut nécessairement attribuer ce fait aux différences dans la constitution physique du sol.

L'action totale d'un terrain sur la grandeur des récoltes, *comparée* à un autre terrain pris comme base et comme unité, je l'appelle avec M. de Voght, *l'énergie du sol*, et je la désigne par V.

Plus haut, nous avions déjà trouvé que l'action totale du sol était $= TQ$; par conséquent, $V = TQ$, ou l'énergie du sol est égale à son activité multipliée par sa qualité.

Supposons, le contenu d'humus étant égal de part et d'autre, que la récolte du terrain B ne soit que les 9/10 de la récolte du terrain A, alors l'action du terrain sur la grandeur de la récolte, ou l'énergie du sol du champ A est à celle du champ B comme 1 est à 9/10.

Mais 1 : 9/10 : : 10 : 9, ou comme 100 : 90, et nous pourrons représenter à volonté l'énergie du sol en A par 10 ou par 100, en B par 9 ou par 90. Les nombres entiers substitués aux fractions rendront le calcul plus facile sans lui ôter de sa valeur, car il ne s'agit ici que d'indiquer des rapports.

Cela justifie l'hypothèse d'un nombre entier par M. de Voght pour représenter l'énergie du sol. Seulement, il ne faut pas oublier un seul instant que l'emploi arbitraire d'un nombre entier dans ce cas n'est possible que lorsqu'il y a comparaison entre deux champs. Aussitôt que la comparaison disparaît, le nombre adopté perd toute signification, et le calcul devient obscur.

Exemple. — Soit un champ dont l'activité $= 1/6$, la qualité $= 3^{\circ}$; soit un autre champ dont l'activité $= 1/8$, la qualité $= 3,6^{\circ}$. Dans le premier champ, l'énergie du sol $= 1/6 \times 3^{\circ} = 0.50$; dans le second, elle est égale à $1/8 \times 3.6^{\circ} = 0.45$, et le rapport proportionnel entre les deux sera comme $0.50 : 0.45 = 10 : 9$.

Si un champ D a la même constitution physique que le champ A, mais si le contenu d'humus dans les deux champs est inégal, alors la différence dans la grandeur des récoltes, en admettant que les deux champs aient été traités semblablement, sera causée par l'inégalité du contenu d'humus.

Hypothèse. — Supposons même espèce de substances nutritives, mais en inégale quantité ; supposons en même temps identiques : le sol, le climat, la récolte antérieure, le traitement, la profondeur de la couche végétale, et toutes les autres puissances actives sur la végétation : alors, la grandeur des récoltes sera en raison directe de la quantité des matières nutritives solubles contenues dans le sol.

D'après cette hypothèse, les champs A et D de constitution physique semblable étant, sous le rapport des proportions d'humus, comme $1 : 8/10$, il s'ensuit que leurs récoltes sont également comme $1 : 8/10$, ou comme $10 : 8$.

Problème. — Chercher le rapport entre les récoltes A et D, lorsque dans les champs A et B l'énergie du sol est différente, mais le contenu d'humus égal, et qu'au contraire dans les champs B et D l'énergie du sol est égale, et les contenus d'humus différents.

Que l'énergie du sol B, qui est équivalente à celle de D, soit égale aux 9/10 de l'énergie du sol de A. Que le contenu en substances nutritives de D soit à celui de B et de A comme $8/10 : 1$. Nous aurons, pour les récoltes, les proportions suivantes :

$$A : B :: 1 : {}^{9}/_{10}$$
$$B : D :: 1 : {}^{8}/_{10}$$
$$\overline{A : D :: 1 : {}^{9}/_{10} \times {}^{8}/_{10} :: 1 : {}^{72}/_{100}.}$$

Pour exprimer plus généralement, supposons un instant que :

		La puissance du sol.	Les contenus d'humus.	La récolte.
Du champ A =		V	H	E
» B =		v	H	
» D =		v	h	x

Nous aurons les proportions :

$$A : B :: V : v$$
$$B : D :: H : h$$
$$\overline{A : D :: VH : vh}$$

La récolte D est par conséquent égale à $\dfrac{vh}{VH}$ multipliant la récolte de A ou $x = \dfrac{vh}{VH}.E$.

Exprimée en langue ordinaire, cette proposition nous apprend que les récoltes de deux champs sont réciproquement proportionnelles, comme le sont vis-à-vis l'un de l'autre les produits des deux facteurs, énergie du sol et contenu d'humus.

L'expression $\dfrac{vh}{VH}.E$ peut être présentée sous diverses formes sans que sa valeur soit altérée.

$$\text{Ainsi :} \quad \frac{vh}{VH} \cdot E = vh \cdot \frac{E}{VH} = vh : \frac{VH}{E}.$$

La dernière formule dit :

Que l'on divise par la récolte E du champ A le produit des deux facteurs (V, H) de ce champ, le quotient donne combien il faut d'unités de produit pour exprimer une quantité de seigle, un schef. par exemple, pris comme mesure, et ce quotient divisant le produit des deux facteurs (v, h) du champ D, donne le chiffre auquel s'élève la récolte de ce champ.

Cette manière de procéder a été employée d'abord par M. de Wulffen, et, plus tard, abandonnée par lui; M. de Voght l'a reprise et l'a conservée en dépit de toutes les objections.

Sans doute ce procédé peut-être juste, à condition que l'on accepte toutes les suppositions précédentes; mais M. de Voght confond la proportion d'humus contenu dans le sol avec la richesse ; car ce qu'il appelle énergie d'engrais ne peut être, à cause de la nature même de la méthode : $R = QH$; elle doit être au contraire $R = H$; d'un autre côté, l'énergie du sol n'est pas représentée pour lui par TQ, mais par T multiplié par 60. Pour faire harmoniser les formules de M. de Voght avec la méthode ici exposée, il faut diviser par Q l'énergie de l'engrais exprimée en degrés, et multiplier l'énergie du sol par Q, et ensuite diviser par 60, parce que M. de Voght multiplie par 60 l'énergie du sol, afin de l'élever à un nombre entier.

On n'a pas encore fait beaucoup d'observations sur la grandeur de l'énergie du sol dans les terrains divers. J'ai lieu de croire que son maximum ne se trouve ni dans les terrains sablonneux, ni dans les terrains argileux, mais dans ce que l'on appelle les terrains moyens, peut-être dans les terres d'orge de 2e classe. S'il y avait possibilité de séparer, dans le fumier frais, l'action qu'il exerce comme ferment sur l'humus contenu dans la terre de l'action qu'il exerce directement comme nourriture des végétaux, d'isoler ainsi complétement et de se représenter cette dernière, alors on pourrait adopter pour mesure de l'énergie du sol le surplus de récolte obtenu par l'apport d'une voiture de fumier, et le sol qui, dans ces conditions, aurait donné la plus grande augmentation de récolte, pour une même quantité de fumier, serait celui qui aurait le maximum d'énergie.

En appliquant des considérations semblables à des terrains de qualité et d'activité diverses, nous aurons les résultats suivants :

Soit, sur les terrains A et B, l'activité T et le contenu d'humus H égaux, mais la qualité de chacun comme $Q : q$.

Sur les terrains B et C, la qualité p et le contenu d'humus H égaux, mais l'activité de l'un à l'autre comme $T : t$.

Sur les terrains C et D, la qualité q et l'activité T égales ; mais les contenus de l'humus de chaque champ comme $H : h$.

Alors nous aurons, pour les récoltes, les proportions suivantes :

$$A : B :: Q : q$$
$$B : C :: T : t$$
$$C : D :: H : h$$

$$\text{et} \quad A : D :: T\,Q\,H : t\,q\,h.$$

Ce qui veut dire que les récoltes des champs A et D sont entre elles comme les produits des trois facteurs : activité, qualité, contenu d'humus des deux espèces de terrains.

Mais la qualité, multipliant par le nombre de ses unités le contenu d'humus, = richesse, et si nous remplaçons Q H par R et $q\,h$ par r, alors les récoltes de A et D seront entre elles comme T R : tr, et x ou la récolte du champ

$$D = \frac{t\,r}{T\,R}E.$$

Nous arrivons, par ces opérations successives, à la formule de Wulffen, d'après laquelle les récoltes de deux champs sont entre elles comme les produits des deux facteurs : activité et richesse.

En suivant notre raisonnement, nous aurons pour x ou la récolte de D, trois expressions différentes, c'est-à-dire :

$$1^{\text{re}} \quad x = \frac{v\,h}{V\,H} \cdot E$$

$$2^{\text{e}} \quad x = \frac{t\,q\,h}{T\,Q\,H} \cdot E$$

$$3^{\text{e}} \quad x = \frac{t\,r}{T\,R} \cdot E$$

Ces trois expressions d'x ont la même source et sont toutes exactes; leur diversité d'expression vient de ce que les trois facteurs T Q A, dans le premier et le troisième cas, sont disposés deux à deux et dans des combinaisons variées; ainsi, dans le premier cas, T et Q sont combinés, et le produit = V; dans le troisième cas, Q et H sont combinés et sont considérés comme = R.

De ce que les auteurs qui s'occupent de statique ne s'accordent pas, on aurait tort de croire qu'ils diffèrent grandement d'opinion sur le fond des questions ; la cause de leurs dissidences gît entièrement dans la diversité de leurs méthodes. Mais la raison principale doit être attribuée, à mon avis, à ce qu'ils n'admettent pas dans leurs formules tous les facteurs qui influent sur la puissance productive, et qu'ils ne font entrer dans leurs combinaisons que les uns ou les autres, chacun suivant ses idées.

Le désir de ramener un peu d'unité dans les opinions, et surtout d'engager à quitter la discussion de la forme pour se préoccuper du fond, m'a engagé à traiter ce sujet d'une manière plus détaillée que je n'aurais dû le faire dans un ouvrage dont l'objet n'est pas la statique.

Nous savons qu'un blé d'hiver, semé sur chaume d'une céréale, ne donne que 70 à 80, tandis que, semé sur jachère pure, il donnerait 100, le sol et la richesse étant les mêmes. Nous savons aussi que l'avoine sur trèfle ou sur légumineuses donne, toutes conditions égales d'ailleurs, un produit plus élevé qu'après une céréale.

Je représenterai l'influence de la récolte antérieure conjointement à l'action que doit exercer la préparation de terrain que cette récolte exige, par un facteur spécial, que j'appelle facteur de la culture, et que je désigne par K ; je le regarde comme égale 1 pour la récolte venue immédiatement après jachère pure. Nous obtiendrons ainsi, pour exprimer la grandeur des récoltes, en année de fertilité moyenne, l'équation suivante :

$$E = T\,Q\,H\,K.$$

M. de Wulffen exprime l'action de la récolte antérieure par une modification du facteur T ; mais il s'attire ainsi le reproche suivant ; on lui dit : Puisque T représente l'activité du sol, ce facteur étant appliqué à un seul et même terrain, ne doit pas être traité comme une grandeur variable.

Pour moi, le sujet semble gagner en clarté quand, pour l'influence de la récolte antérieure et pour la préparation du sol, qui dépendent tout à fait du cultivateur, on adopte un facteur particulier, et que l'on considère l'activité comme une propriété inhérente au sol. D'ailleurs, en statique agricole, on ne fait pas plus entrer en ligne de compte, l'influence des saisons sur les récoltes qu'on ne le fait dans les estimations de production d'un domaine, ou dans la détermination des prix d'achat ou de louage de ce domaine basée sur l'estimation de ses produits. On suppose toujours des années d'une fertilité moyenne, dont la mesure est fondée sur le rendement moyen d'une longue série d'années.

On appelle puissance productive le rendement d'un champ pendant une année de fertilité moyenne.

Tous les systèmes de statique agricole reposent sur l'hypothèse : que la puissance productive est en raison directe de la richesse du sol, et par conséquent de son contenu d'humus ; en sorte qu'un terrain qui a deux fois plus d'humus donne un rendement double.

Sans cette hypothèse on n'aurait su comment entamer la discussion scientifique.

Cependant des observations subséquentes ont fait voir :

1º Que si, sur plusieurs champs de même constitution de sol et de même richesse, on conduit 3, 4, 5, 6, etc., voitures de fumier pour 100 verges carrées, chaque voiture de fumier ajoutée donne un rendement correspondant de plus en plus petit ;

2º Que la culture continue du sol avec des plantes épuisantes, sans aucune restitution d'engrais, ne peut, en aucun cas, réduire le rendement à *o*, mais que ce rendement se rapproche de plus en plus d'un degré fixe, qui varie suivant la constitution physique des terres.

Cette dernière observation s'est trouvée confirmée d'une manière frappante sur le domaine de Tellow. Une terre destinée à des constructions a donné un produit encore assez remarquable à la douzième récolte après la fumure, sans que le sol ait obtenu d'autre engrais que celui d'un pâturage retourné de temps en temps ; on n'avait pas remarqué de diminution sensible pendant les six dernières récoltes.

Si nous possédions assez de faits pour pouvoir saisir dans leur enchaînement la loi générale de la série de ces faits, et pour la déterminer mathématiquement (1), il serait indifférent, en statique, d'en connaître les causes ; mais tant que les faits manqueront et que nous ne pourrons marcher sur le terrain mathématique, nous sentirons le besoin de chercher une explication ; voilà comment mes observations m'ont conduit à me former l'opinion suivante :

Le fumier, l'humus et même les meules de foin exposés pendant plusieurs années à l'influence de l'atmosphère finissent par disparaître presque entièrement, et ne laissent plus que des quantités comparativement insignifiantes de matières minérales. Nous voyons clairement s'effectuer ici la volatilisation progressive des matières qui composent ces substances. Mais il est un phénomène que nos sens ne peuvent percevoir, et qui, jusqu'à présent, a échappé à l'analyse chimique ; c'est la quantité de gaz nutritifs que le sol reçoit de l'atmosphère ; je désignerai ces gaz sous le nom de *gaz humiques*. On prouve cette absorption en ramenant à la surface de la terre crue prise dans le sous-sol ; dans le commencement, elle se montre complétement improductive; mais, après avoir été remuée pendant plusieurs années et exposée à l'air sans recevoir aucun engrais, elle finit par nourrir des plantes. Même les sables que l'on retire des fossés tracés autour des sapinières, et qui, après avoir été mis en tas pendant dix ans, sont reportés dans les fosses, ont donné un

(1) Beaucoup de personnes se récrient contre l'emploi des mathématiques en agriculture et en statique. On prétend que les phénomènes de la nature, si capricieux, si divers, ne se laissent pas soumettre à l'appréciation du chiffre. D'ailleurs, ajoute-t-on, l'agriculture doit être la science d'observation de la nature, non une science de teneur de livre ; il suffit de travailler le sol d'une manière convenable et de le bien fumer ; avec cela on fait toujours une bonne culture. Si Pascal, Fermat, Laplace, Quételet avaient raisonné ainsi, quelles notions aurions-nous du calcul des probabilités appliqué aux facultés humaines, aux mortalités, etc.? Les expériences agricoles seraient-elles plus incertaines que les hasards du jeu, que la théorie sur l'activité musculaire et nerveuse?

Les mathématiques matérialisent nos pensées. Par les chiffres et les lignes, elles donnent du corps à nos idées, nos jugements, nos appréciations; les combinaisons variées qu'elles permettent conduisent l'intelligence de l'homme aux déductions rationnelles. A ce point de vue, elles forment le pivot de toutes les sciences (L).

exemple remarquable de fertilité, qui cependant n'a duré que quelques années. D'un autre côté, les recherches statiques sur les causes de la qualité du sol ont donné *à priori* des principes qui s'accordent avec ce qui s'observe dans la nature.

Comme il y a toujours entre le sol et l'atmosphère une tendance à équilibrer l'humidité et la température, de sorte que le sol desséché soutire à l'air l'humidité, et que le sol mouillé dégage au contraire de la vapeur d'eau, on peut conclure qu'il y a, sous le rapport du contenu en gaz humiques, également échange perpétuel entre le sol et l'atmosphère, et qu'il y a tendance à l'équilibre ; et de même que plus le sol est chargé d'eau, plus il en évapore, et que lorsqu'il est sec, il absorbe d'autant plus d'humidité que la différence hygroscopique entre le sol et l'atmosphère est plus grande, de même, plus le sol est riche en humus, plus il en donne à l'atmosphère sous forme de gaz ; et réciproquement, il absorbe une plus grande quantité de ces derniers lorsqu'il est pauvre en humus. Ainsi, l'atmosphère agit sur les terrains riches en les dépouillant, et sur les terrains pauvres en les fertilisant.

D'après ce raisonnement, on peut supposer que le sol, continuellement cultivé en céréales, sans recevoir d'engrais, peut être amené à un certain degré fixe de rendement. Dans ce cas, le sol, devenu plus pauvre en humus, absorbe fortement les gaz de l'atmosphère, tout en profitant de la décomposition des chaumes et des racines des céréales.

Mais s'il n'y a aucun rapport direct entre le contenu d'humus et la production du sol, il faut cependant qu'il y ait entre eux une liaison et un rapport quelconques, puisque chaque augmentation du contenu d'humus entraîne une augmentation correspondante du produit.

Quel est ce rapport ?

Hypothèse. — Sur deux champs de même terrain, mais contenant de l'humus en quantités différentes, traités de la même manière, les produits sont entre eux comme les racines carrées des nombres qui expriment les contenus d'humus dans les deux champs.

Exemple. — Soit dans le champ A une quantité d'humus par 100 verges carrées contenant autant de substances nutritives que 36 voitures de fumier ; soit le rendement en grain de ce champ $= 10$. Soit dans le champ B, la valeur du contenu d'humus équivalente à 25 voitures de fumier ; les récoltes de A et de B sont entre elles comme

$$\sqrt{36} : \sqrt{25} = 6 : 5.$$

Comme A produit 10 grains, le produit de B égale 5/6 $\times 10 = 8\ 1/3$ grains.

De la même manière on trouve :

Pour un contenu d'humus.		Un produit de :	
$= 16$......	$^4/_6 \times 10 =$	$6\ ^2/_3$ grains.	
$= 9$......	$^3/_6 \times 10 =$	5	»
$= 4$......	$^2/_6 \times 10 =$	$3\ ^1/_3$	»

Ni l'atmosphère, ni les plantes ne sauraient ravir au sol le dernier reste de son contenu d'humus. Quand l'humus contenu sera tellement diminué que le peu de substances nutritives que les plantes pourront absorber aura été restitué par leurs racines, leurs chaumes et le pâturage, alors l'état stationnaire sera commencé. Dans ce cas, la puissance productive du sol n'est due qu'à l'absorption des gaz atmosphériques, et je l'appelle puissance productive immanente.

Cette puissance productive immanente dépend complétement de la constitution physique, et surtout de la force hygroscopique du sol; elle tombe presque à 0 dans les terrains sablonneux, tandis que dans les terrains argileux elle s'élève à 3 et 4 grains, et probablement à plus en présence des atmosphères riches en gaz humiques.

Mais les variations que subit la puissance productive immanente dans les différents terrains donne lieu à un résultat non moins important : la nutrition des plantes sur un sol pauvre en humus s'effectue non-seulement par l'absorption des gaz atmosphériques au moyen des feuilles, mais encore, et à un degré considérable, par l'absorption au moyen du sol.

Je suis loin de croire que l'hypothèse ci-dessus, d'après laquelle la puissance productive est en raison directe de la ra-

cine carrée du chiffre des proportions en humus, soit là loi
même suivie par la nature. Seulement cette hypothèse, jointe
à l'opinion que le sol absorbe d'autant plus de gaz humiques
qu'il est plus pauvre en humus, fait accorder et justifier les
deux faits cités plus haut, qui se trouvent en contradiction
avec la théorie. Pour le moment nous nous en contenterons,
jusqu'à ce que des recherches et des observations ultérieures
aient fourni des données qui puissent nous conduire plus près
de la connaissance de la loi.

On peut encore trouver une application de l'hypothèse : le
produit est en raison directe de la richesse, dans les tableaux
statiques d'une rotation, où il s'agit de savoir si la rotation
est épuisante ou enrichissante, et quelle est la richesse dans
toutes les soles ; car la différence entre la richesse de chaque
sole en particulier et la richesse moyenne n'est pas tellement
considérable, que l'emploi de cette hypothèse puisse donner
lieu à une erreur de quelque importance.

Mais, si l'on veut savoir combien se paye l'enrichissement
du sol, et où se trouve la limite extrême où l'enrichissement
du sol cesse d'être avantageux, alors l'emploi de cette hypothèse devient insuffisant et peut conduire à l'erreur.

Quand le rendement et le contenu d'humus sur le même
sol ne sont pas réciproquement en raison directe l'un de
l'autre, alors l'activité, la qualité, le contenu d'humus, et par
conséquent aussi l'activité et la richesse ne sont pas des grandeurs indépendantes l'une de l'autre, mais des grandeurs correspondantes. Nous nous bornons à indiquer ces règles, parce
qu'il ne nous est pas possible de les développer. C'est une
tâche qui reste confiée à la génération nouvelle, qui trouvera
devant elle un vaste champ d'observations, d'essais et d'ex-
plorations. Du moment que les données seront accumulées
en quantité suffisante, la statique agricole ne tardera pas à
trouver son Euclyde.

Les découvertes de la chimie, et surtout les recherches intéressantes du docteur Sprengel, ont prouvé que, dans toutes

les plantes, se rencontraient des matières minérales telles que : la chaux, la potasse, l'acide sulfurique, la magnésie, etc. ; que ces corps devaient être regardés comme éléments nutritifs des plantes, et que dans beaucoup de cas le champ croissait en fertilité quand on lui apportait ces matériaux de toutes pièces (1).

Ces faits ont été confirmés par la pratique agricole : tout le monde connaît l'action remarquable de la marne, du plâtre et de plusieurs autres minéraux.

Mais en statique, nous considérons, avec M. de Wulffen, la terre comme le laboratoire où se prépare la nourriture des plantes, et nous n'admettons, comme source véritable de nutrition, que les résidus de substances organiques animales et végétales en voie de décomposition.

Ainsi la terre et l'humus nous apparaissent comme des op-

---

(1) La marne améliore considérablement les propriétés physiques de plusieurs espèces de terrains.

D'après Binder, elle reste sans effet sur les prairies ; le lin, les pommes de terre, l'avoine, ne réussissent avec elle que lorsqu'on a préalablement fumé. Selon lui, 100 à 120 charges à deux chevaux par 0,255 hectares suffisent ; au delà ou en deçà, on aurait un résultat défavorable. Il prétend, avec cette quantité sur sol sablonneux, avoir poussé le rendement de 0,098 hectolitres à 2,745 hectolitres.

Selon Bœnninghausen, la marne est le meilleur moyen de détruire le chrysanthème (*chrysanthemum segetum*).

Koppe a remarqué que la marne ne produisait pas toujours de l'effet sur les terres riches en matières organiques, tandis qu'elle était très-active sur certaines terres pauvres.

Enfin Hlübeck pose les conclusions suivantes :

1. Ne marner que là où il s'agit de développer l'activité du sol, et par conséquent la fermentation, ce qui favorise la solubilité et l'assimilation des matières nutritives.

2. Marner les terres sablonneuses et chaudes avec de la marne argileuse, afin d'augmenter leur faculté d'absorber et de retenir l'eau, et d'empêcher ainsi qu'elles ne se dessèchent promptement.

3. Augmenter la production des engrais d'étable, afin d'en répandre de fortes quantités quand on marne.

4. Suivant le sol, la nature de la marne et le climat, répandre 20, 30, 40 et même 50 voitures de marne par 0,575 hectares, et répéter l'opération tous les 10, 15, ou au plus les 20 ans.

5. Ne pas oublier que, dans le Brabant, on regarde le lin, le trèfle, l'avoine l'orge et les navets comme les plantes qui réussissent le mieux immédiatement sur marnage (L).

positions. Les recherches chimiques ont fait , à la vérité, tomber cet antagonisme, et l'édifice de la statique semble être ébranlé jusque dans ses fondements (1). On est même amené à douter non-seulement de l'existence de la statique , mais même à nier qu'elle soit possible.

Un reproche aussi grave a besoin de prouver ses motifs et surtout sa justice. C'est pourquoi je prends la liberté de communiquer au lecteur mes expériences sur les conditions et les circonstances dans lesquelles les engrais minéraux ont une forte action, et de les faire suivre de mes conclusions.

J'ai trouvé, d'après les expériences faites à Tellow, que la marne avait peu ou point d'effet sur le sable sec, sur l'argile crue, et sur les terres riches et énergiques du voisinage de la ferme cultivées depuis des siècles ; tandis qu'au contraire l'action de la marne était extraordinaire sur les terres moyennes humides, où croît la grande oseille (*rumex*) , au point que les récoltes en augmentaient de 30 à 40 p. 0/0. Cette expérience, rattachée au fait de la disparition complète de l'oseille sur les terres où le marnage avait été convenablement exécuté, m'a conduit, même avant que je connusse les recherches de Sprengel , à soupçonner que l'action de la marne était due à la présence d'un acide dans le sol. J'ai fait insérer mes idées à se sujet dans les annales mecklenbourgeoises de l'année 1829.

(1) **M.** de Thünen est certainement débarrassé à l'heure qu'il est de cette crainte. Sans doute les substances inorganiques sont indispensables à la végétation, mais elles ne sont pas des aliments pour les plantes. Les expériences les plus soigneuses et les plus récentes, faites par les sommités scientifiques, démontrent surabondamment que le rôle des substances inorganiques par rapport aux végétaux consiste en dernière analyse :

1. A fortifier la fibre ligneuse ;

2. A fournir, par l'intermédiaire de leurs combinaisons et de leurs réactions, les substances élémentaires, particulièrement le carbone, l'azote et aussi le soufre.

3. A neutraliser l'influence nuisible des acides libres.

4. A accélérer l'élaboration des sucs, en réagissant sur eux d'une manière catalytique.

5. A changer la couleur, le goût et l'arome de certaines parties des plantes

6. A favoriser par leurs réactions électriques tous les phénomènes qui ont lieu dans le sein de la terre (L).

Cette opinion engagea M. Schroeder de Quitzenow, si prématurément enlevé à la science, à entreprendre une série d'expériences sur différentes terres. On peut en lire la relation dans les *Annales agricoles de Mecklenbourg*, année 16, page 620.

Ce savant, en plongeant le papier de tournesol dans une terre réduite à la consistance de pâte, obtint les résultats suivants :

Le terrain riche du voisinage de la ferme rougissait légèrement le papier de tournesol ; mais à mesure qu'en s'éloignant de la ferme la richesse du sol diminuait, la teinte rougeâtre devenait de plus en plus foncée ; enfin, parvenu à un champ qui avait été précédemment en pâturage, la coloration en rouge fut très-forte. Sur les terres marnées, et sur les terres où la marne refusait d'agir, la couleur bleue du papier changeait à peine.

Il fut constaté par là que le degré d'action de la marne était en rapport avec le degré de coloration en rouge du papier de tournesol, c'est-à-dire avec les proportions plus ou moins grandes d'acides contenues dans la terre, et qu'on pouvait conclure d'avance des suites d'un marnage par la manière dont le terrain agissait sur le tournesol.

En poursuivant ses expériences, M. Schroeder trouva qu'une addition de marne à la terre qui avait rougi le papier de tournesol rétablissait la couleur bleue de celui-ci lorsqu'on l'y replongeait, et qu'une addition de fumier produisait le même effet, quoiqu'à un degré plus faible que la marne. Sous ce rapport, le fumier des moutons était le plus rapproché de la marne, ensuite venait le fumier des chevaux, puis enfin celui des bêtes à cornes.

Il ressort de ceci la conséquence importante que le fumier, et surtout celui de moutons, neutralise les acides contenus dans le sol, ce qui nous explique le peu d'effet de la marne sur des terrains richement fumés.

D'après ces expériences et ces recherches, la présence d'un acide, probablement l'acide humique, serait cause des propriétés fertilisantes de la chaux. Dans ce cas, la chaux n'est que le véhicule au moyen duquel l'acide humique se transforme en nourriture soluble pour les plantes.

Cette opinion, puisée dans les expériences sur le marnage n'a point été contredite, mais plutôt corroborée par les recherches de M. Sprengel. D'après lui, l'humate de chaux est une excellente nourriture pour les plantes (1), parce qu'il devient facilement soluble en contact avec l'ammoniaque du fumier, tandis que l'acide humique est difficilement soluble dans l'eau.

Un fait très-remarquable vient en outre montrer la différence entre les engrais minéraux et les engrais organiques; c'est celui-ci : Lorsque le sol a reçu une certaine quantité de matières minérales, si on en ajoute une nouvelle quantité, elle se montre sans aucune influence sur la végétation. Mais qu'au contraire on augmente progressivement les quantités d'engrais organiques données à la terre, et la végétation croît en richesse, sans être pour cela toujours plus avantageuse.

A Tellow et sur d'autres domaines du Mecklenbourg, on n'a pas remarqué de différence lorsqu'on a conduit sur une verge carrée dix, vingt ou quarante mètres cubes de marne. Deux espèces de marne, contenant 11 et 30 pour cent de calcaire, ont été répandues en dose égale et côte à côte sur un champ, sans produire d'effet sensible ni d'un côté ni de l'autre sur la récolte suivante. Un second marnage dans les endroits où le premier avait été bien exécuté, n'a pas eu la moindre influence, excepté cependant quand le terrain souffrait de l'humidité et que l'oseille repoussait.

(1) Cela est vrai; mais l'humate de chaux ne semble surtout favorable à la nutrition qu'à cause du carbone qu'il leur apporte. Il partage cet avantage avec d'autres sels d'humus que l'on rencontre ordinairement dans l'humus et dans le sol, et dont les bases se retrouvent dans les cendres des plantes.

Ces sels sont :

L'humate de potasse.	Acide humique.	79,05.	20,97 potasse.
— de soude.	—	85,04.	14,96 soude.
— de chaux.	—	86,90.	13,10 chaux.
— de magnésie.	—	90,58.	9,42 magnésie.
— d'alumine.	—	91,80.	8,20 alumine.
— de fer.	—	88,19.	11,81 fer.
— de manganèse.	—	81,10.	18,90 manganèse (L).

Les mêmes observations s'appliquent à l'emploi du plâ-
re (1). D'après les expériences de Tellow, on a remarqué
qu'un trèfle, plâtré avec une demi-livre par verge carrée, ne
différait aucunement d'un trèfle plâtré avec douze livres. Cet
amendement semblait perdre son effet sur une étendue qui
était recouverte annuellement, depuis neuf ans, d'une demi-
livre de plâtre par verge carrée.

Tous ces phénomènes trouvent leur explication dans la
chimie moderne. Le contenu des plantes en substances minérales est très-minime ; une légère dose de ces substances en-

(1) Voici, d'après l'expérience, quelles sont les propriétés du plâtre :

1. Le plâtre se montre principalement actif dans les terres qui ne contiennent pas de sulfate de chaux.

1. Il lui faut, pour agir, une atmosphère humide pendant le printemps. Le
mois de mai semble l'époque la plus favorable.

3. Son effet est d'autant plus fort que les terres ont été plus fumées.

4. Son effet est à peine perceptible sur les terrains secs et quand il est
répandu pendant un printemps sec, lors même que l'été serait humide après.

5. Plus les plantes (légumineuses, trèfle) sont avancées, plus le plâtrage
est tardif, plus son action est grande.

Le professeur Koerte de Maglin a trouvé qu'un trèfle avait donné :

$$
\begin{array}{llll}
100 \text{ livres} & \text{non plâtré.} \\
132 & — & \text{plâtré au 50 mars.} \\
140 & — & — & \text{au 15 avril.} \\
156 & — & — & \text{au 26 —}
\end{array}
$$

6. Le plâtre réduit en poudre doit être répandu sur des plantes humides,
par conséquent après une abondante rosée.

7. Toute quantité qui dépasse 150 à 200 livres par 0,575 hectares est inutile.

8. Mélangé à un peu de sel de cuisine, il est beaucoup plus efficace.
Hlübeck.)

Koppe cependant n'a pas remarqué de différence entre les champs plâtrés
sur une rosée et sur plante sèche. En outre, il conseille de plâtrer de bonne
heure, afin que l'humidité froide de la fin de l'hiver agisse sur le plâtre. Il ne
pense pas que le plâtre n'ait d'action que sur les feuilles, car il a observé
des champs plâtrés se maintenir plus fertiles pour toutes les plantes pendant
plusieurs années que d'autres champs non plâtrés. Cela s'expliquerait sans
doute parce que les fourrages plâtrés ont mieux réussi, et qu'ils ont laissé
une plus forte proportion de détritus organique au sol. D'après Koerte, les
racines laissées par le trèfle plâtré sont à celles du trèfle non plâtré comme
98 : 72.

Quelques expériences tendent à prouver que le plâtre agit plutôt par l'acide
sulfurique qu'il contient que par la chaux. L'acide sulfurique étendu d'eau le
remplace, dit-on, avantageusement, surtout sur les terrains calcaires (L).

fouie dans le sol suffit pendant plusieurs années aux besoins des végétaux. Si on en apporte plus qu'il n'en faut pour la constitution chimique des plantes et la neutralisation des acides présents dans le sol, alors le reste devient indifférent pour la végétation, et n'agit plus que physiquement comme l'argile et le sable.

Il existe toutefois des terres sur lesquelles la plupart des engrais minéraux sont sans effet. Ainsi, sur une terre voisine du domaine de Tellow, la marne n'a montré aucune action sur les hauteurs et très-peu dans les bas-fonds; de même le plâtre n'agit aucunement sur cette terre, tandis qu'il agit beaucoup sur un champ qui est éloigné de la ferme. La poudre d'os (1) et le sel commun n'ont pas eu non plus jusqu'ici plus de succès sur ce champ que sur le reste du domaine.

Ce ne sont donc pas les engrais minéraux, mais de fortes quantités de fumier d'étable qui peuvent amener un terrain pareil à un haut degré de rendement.

Les engrais minéraux n'agissent que peu ou point, surtout sur les terrains qui sont en culture depuis longtemps, qui sont parfaitement égoutés et richement pourvus de fumier.

D'ailleurs, les analyses chimiques montrent que dans le fumier, c'est-à-dire dans la paille à litière, entremêlée d'ex-

(1) Il n'est peut-être pas sans importance de rappeler qu'il ne faut pas ranger parmi les engrais minéraux, mais bien parmi les engrais organiques, les corps contenant de l'azote, tels que l'acide nitrique, l'ammoniaque et leur combinaison avec d'autres substances.

(Il importe de distinguer ce que l'on appelle improprement les engrais minéraux.)

Certains corps, quoique ne contenant aucun des quatre corps fondamentaux : oxygène, hydrogène, carbone, azote, favorisent cependant la végétation, et bien qu'ils possèdent les éléments du squelette des plantes, leur action n'est aucunement proportionnelle à celle des corps qui forment dans le sol la Richesse proprement dite. Ces corps sont connus sous le nom d'*excitants*. Ce terme n'est pas juste non plus, car leur action ne se borne pas à exciter les plantes, et par conséquent les actes de la végétation, parce qu'alors l'assimilation, devenue plus forte en présence d'une même quantité de substances à absorber, n'aboutirait à rien. Il faut chercher leur véritable action dans leur propriété de déplacer les éléments de la nourriture des plantes, de déterminer par là des réactions particulières, et de créer ainsi de nouveaux corps, sans que pour cela ils aient cédé la moindre particule. C'est ce que Berzélius appelle action catalytique (L).

créments d'animaux, on trouve toutes les substances minérales que la plante exige pour sa constitution. On conçoit alors qu'un champ régulièrement et richement fumé possède, après une certaine période, tout ce qui lui est nécessaire en substances minérales, et que ce serait s'exposer à des frais en pure perte que de vouloir y conduire ces dernières de toutes pièces.

Enfin, d'après notre définition ci-dessus, l'humus se compose des résidus de fumures antérieures. Par conséquent, *on trouve dans l'humus, toutes les substances minérales nécessaires à la nutrition de toutes nos plantes cultivées.*

Mais, quand une plante cultivée, qui absorbe de préférence certaines parties de l'humus, revient trop souvent à la même place, l'humus s'épuise de ces mêmes parties; ainsi la culture du colza, prive l'humus de sa potasse, le trèfle de son plâtre, le lin de sa magnésie. Par ces cultures, les proportions normales des parties constitutives de l'humus sont détruites. L'humus tourne à l'acide lorsque la terre reste longtemps en pâturage sans être parfaitement égouttée; enfin, il peut perdre les sels qu'il contenait primitivement, par l'effet des eaux qui les dissolvent et les entraînent. Dans tous ces cas, mais dans ces cas seulement, suivant mon opinion, l'apport de substances minérales sera couronné d'un grand succès.

Que l'on se garde bien de confondre en statique ce qu'on appelle humus, avec ce que les chimistes désignent sous le même nom : ces derniers regardent comme humus toutes les matières organiques décomposées sans tenir compte de leur origine. L'acide humique est une des principales parties constitutives de l'humus; on le rencontre dans la tourbe aussi bien que dans les résidus de fumier ; cependant il importe beaucoup pour la réussite de nos plantes cultivées de savoir si l'acide humique contenu dans le sol provient de la tourbe ou de fumures antérieures, car on a remarqué que l'état de la végétation, en présence de ces deux acides désignés sous le même nom, n'était nullement identique. C'est pour avoir négligé cette considération que les analyses chimiques du sol ne nous ont encore donné aucun renseignement sur les proportions de véritables matières nutritives des terres. Et l'avenir ga-

gnera beaucoup à ce que les chimistes aient reconnu, d'après
le professeur Liebig, que l'acide humique, suivant qu'on le retire de la tourbe ou de l'amidon, se compose de proportions
tout à fait différentes de carbone, d'hydrogène et d'oxygène.

Puisqu'on trouve dans l'humus tel que nous le comprenons en statique toutes les substances minérales nécessaires à
la nutrition des plantes quand il est à l'état normal ; puisque,
dans ces circonstances, une quantité additionnelle de ces minéraux agit mécaniquement et physiquement comme toute
autre terre, il s'ensuit que l'opposition de terre et d'humus
est parfaitement justifiée.

La statique a pour objet de déterminer en nombres, pour
différentes espèces de terrains, la perte en puissance productive que les récoltes font supporter au sol, et l'augmentation
en puissance productive qu'il obtient par l'apport d'une quantité donnée de fumier.

Il est complétement indifférent en statique de savoir quelles
sont les parties constitutives du fumier et de l'humus qui
forment la nourriture des plantes ; de savoir si l'eau, d'après
Helmont, le carbone, d'après Hassenfratz, ou si, comme le
veut la chimie moderne, les parties minérales contenues dans
le fumier sont la cause de son influence favorable sur la
végétation. Elle ne doit se préoccuper que de la grandeur
mathématique de l'action sommaire de toutes les substances
nutritives contenues dans le fumier. Par là elle se distingue
complétement de la chimie agricole ; les chiffres trouvés par
l'observation et l'expérience pour l'action d'une quantité donnée
d'engrais restent inaltérés, quelle que soit la partie constitu-
tive du fumier que l'on reconnaisse ou que l'on reconnaîtra
comme propre à la nourriture des végétaux.

Si l'on n'avait voulu faire de l'agriculture qu'après s'être
assuré comment et par quelles parties le fumier agissait, la
famine aurait fait périr le genre humain depuis longtemps.
Or, la solution de ces questions ne doit pas plus empêcher le
développement de la statique qu'elle n'a empêché celui de
l'agriculture.

Néanmoins la chimie, quand elle est appliquée d'une ma-

nière fructueuse à l'agriculture, comme le fait le docteur
Sprengel, peut mettre d'un seul coup en lumière certains problèmes que la simple observation n'aurait peut-être résolus
qu'après plusieurs siècles, et par là aider beaucoup la statique. Elle peut nous montrer, quand les proportions normales
entre les parties constitutives de l'humus sont détruites, quelles
substances nous devons apporter à la terre pour la rendre plus
fertile, et rendre ainsi de grands services à l'agriculture pratique. Ainsi, le cultivateur rationnel ne saurait se dispenser
à l'avenir d'avoir quelques connaissances en chimie.

Le carbone constitue, sous le rapport de la quantité, les
principales parties de nos plantes cultivées ; on le trouve en
proportions dominantes dans le fumier et dans l'humus. Le
sol porte des récoltes d'autant plus riches, qu'il reçoit plus de
fumier, et par conséquent plus de carbone. Une culture continue fait diminuer progressivement le rendement des récoltes
successives ; mais le sol ne tarde pas à reconquérir toute sa
fertilité quand on lui apporte du fumier, c'est-à-dire du
carbone.

Ces simples faits ont fait croire que nos plantes cultivées
tiraient en grande partie du sol le carbone qui leur est nécessaire.

Mais le professeur Liebig, dans son ouvrage sur la *Chimie
organique*, page 60 (édition de la traduction française), a
proclamé récemment l'opinion suivante :

Dans l'état normal de la végétation, les plantes n'épuisent
pas le sol, elles le rendent, au contraire, de plus en plus apte à
servir à une nouvelle génération, car elles rendent à la terre
plus de carbone qu'elles n'en ont reçu.

Quoique cette opinion ne puisse en rien modifier la statique
agricole, nous ne pouvons la laisser passer sous silence, car
l'ouvrage de M. Liebig a excité trop d'attention, et le sujet
importe trop aux règles de la nutrition des plantes.

L'opinion ci-dessus se base principalement sur les deux
arguments suivants :

1° Selon Sprengel, une partie d'acide humique se dissout en 2,500 parties d'eau ; l'acide humique se combine avec les alcalis, la chaux et la magnésie, et forme, ajoute M. Liebig, *des combinaisons d'égale solubilité.*

L'auteur calcule ensuite combien d'acide humique et de bases alcalines peuvent avoir passé dans les plantes ; il trouve les bases par l'analyse des cendres, et conclut de là aux quantités d'acide. En comparant le carbone contenu dans cette quantité d'acide humique aux proportions de carbone trouvées par l'analyse directe de la plante, il prétend qu'elle est presque imperceptible.

D'après Sprengel, sur lequel l'auteur s'appuie, l'humate de potasse se dissout, non pas dans 2,500 parties, mais dans une demi-partie d'eau. Par conséquent l'assertion est inexacte ; les calculs qui en découlent sont donc sans valeur.

2° D'après le professeur Liebig, on obtient, sur 2,500 mètres carrés :

a. 2,650 livres de bois sec contenant 1,007 livres de carbone.

b. 2,580 livres de céréales, grains et paille contenant 1,020 livres de carbone.

c. 18 à 20,000 livres de betteraves, feuilles non comprises, contenant 936 livres de carbone.

d. 2,500 livres de foin de prairie, contenant 1,008 livres de carbone.

Le professeur Liebig fait suivre ce tableau des considérations et conclusions suivantes :

« Où l'herbe des prairies, les bois des forêts prennent-ils leur carbone, puisqu'on ne leur amène pas d'engrais qui pourraient leur servir d'aliment ? D'où vient que ces terrains, au lieu de s'appauvrir sous le rapport du carbone, s'améliorent au contraire d'année en année ?

Certes, personne ne peut contester l'influence de l'engrais sur le développement des plantes soumises à la culture ; mais ce qui est aussi positif, c'est que l'engrais ne concourt pas à la production du carbone dans les plantes, et qu'il n'y exerce aucune action directe, car, comme nous venons de le démontrer, la quantité de carbone qui résulte des terrains engraissés n'est pas plus élevée que celle des terrains non en-

graissés. Du reste, la question du mode d'action de l'engrais
n'a rien de commun avec le problème de l'origine du carbone
dans les végétaux. Où ces plantes ont-elles puisé leur carbone,
puisque ce n'est pas dans le sol? Il faut nécessairement que
ce soit dans l'atmosphère. »

L'auteur de la *Chimie organique* a oublié, dans son raisonnement, qu'une prairie qui ne reçoit aucune restitution
d'engrais par l'irrigation ou par les fumures ne se maintient
pas au produit de 2500 livres de foin par 2500 mètres carrés ;
qu'au contraire la récolte diminue d'année en année, et
qu'arrivée à l'état stationnaire, elle ne donne plus que le quart
de son produit primitif.

Cette diminution du produit en foin, et par conséquent du
carbone contenu dans une plus petite quantité de foin, ne
peut provenir, *en présence d'une atmosphère qui a toujours
les mêmes proportions d'acide carbonique,* que de la cause
suivante : c'est que la terre s'est appauvrie de carbone, que
les premières récoltes ont presque tout enlevé pour leur nourriture, et n'ont laissé que de petites quantités aux dernières.

Ainsi donc, ce que l'auteur a regardé comme la base sans
laquelle son opinion n'est pas valable sert précisément à
prouver le contraire.

Au reste, on a reconnu depuis longtemps en statique,
comme en agriculture pratique, que les proportions de carbone absorbées par les plantes dans l'atmosphère comme dans
le sol, différaient suivant leur variété, et que cette absorption
n'était pas la même pour les arbres, que pour les céréales
et pour les légumineuses. Connaître ces proportions est précisément l'un des plus importants et plus difficiles problèmes
imposés à la statique.

Depuis la première publication de cet ouvrage, il s'est
écoulé seize ans. En présence d'observations continuelles,
mes principes dans la science si nouvelle de la statique agricole
n'ont pas manqué depuis de se développer et de se modifier
en différents points. On a dû s'en apercevoir par ce qui pré-

cède. Mais le temps me manque pour changer tous les calculs basés sur les principes statiques de cet ouvrage, et sa seconde édition n'aurait pu se faire si mes opinions actuelles avaient dû donner lieu à des résultats modifiés dans leur essence.

Heureusement, nous n'avons pas à nous occuper ici des règles les plus difficiles et les plus contestées de la statique, telles que les rapports entre la richesse et la production pour différents degrés de la richesse, les degrés de modification de l'activité et de la qualité pour différentes variétés de terres. Il n'est jamais question que d'une seule espèce de terrain, dont la richesse est fixe, et qui, après jachère pure, donne 8 grains partout.

Nous avons sans doute à considérer ce terrain à différents degrés de production; mais il ne s'agit nullement de la richesse correspondante à ces divers degrés de production, et l'on peut toujours supposer que la richesse du sol qui produit plus ou moins de 8 grains est partout $= x$, sans que cela change le résultat. Ce n'est que dans les tableaux statiques sur la richesse du sol dans les différents systèmes de culture que nous avons dévié sur ce point. Tous les calculs de l'ouvrage se fondent sur ce principe, né de l'expérience, que dans une terre d'orge produisant 8 grains, l'épuisement relatif est de 1/5, et la richesse de 400° sur 1000 verges carrées. Nos tableaux statiques seuls ne sont pas, par exception, calculés pour un terrain à 8, mais pour un terrain à 10 grains, dont la richesse est évaluée à 500° ; ce qui suppose une richesse en raison directe du rendement, supposition contraire à mes opinions actuelles. Cependant, comme ces tableaux ne servent qu'à *des comparaisons*, qu'ils ont leur point de départ dans le rendement de 8 grains, et que plus tard ils s'y rallient, cette inexactitude reste sans importance.

Il eût été facile de substituer à ces derniers des tableaux pour un rendement de 8 grains, et pour une richesse de 400 ; mais cette substitution aurait nécessité, dans la suite de l'ouvrage, une multitude de corrections, sans changer le résultat des recherches.

Les expériences postérieures sur la partie de la statique que nous venons de traiter m'ont conduit également à quelques changements dans les rapports des chiffres. Ces changements ne sont pas non plus de nature à ébranler le résultat définitif de nos recherches exprimé en langue usuelle.

En revanche, j'ai eu lieu de m'apercevoir que la production et l'épuisement du colza différaient beaucoup de mes hypothèses d'autrefois. C'est pourquoi j'ai travaillé complétement à nouveau le chapitre sur la culture du colza.

Pour donner au lecteur une vue générale de mes principes de statique renouvelés, et en même temps de la forme de mes calculs, j'ai consigné à la fin de l'ouvrage, dans l'appendice N° 1, un tableau statique récemment tracé de l'assolement de dix ans, actuellement en vigueur, sur la partie des terres qui touchent aux bâtiments d'exploitation de Tellow.

§ VIII. — Quelles doivent être les proportions relatives de terre arable et de pâturage dans l'assolement triennal pour que le sol se maintienne en égale force d'engrais?

L'assolement triennal dont la richesse, au commencement de la rotation, était de 500°, n'est plus que de 442,2° à sa fin, (V. § 7 a); il perd conséquemment, pendant la rotation, 57,8°.

Puisqu'une voiture de fumier égale 3,2°, il faut, pour réparer la perte de 57,8°, $\frac{57,8}{3,2} = 18$ voitures de fumier. Ce sera le supplément annuel d'engrais que réclame l'assolement triennal pour se maintenir en force constante dans des terres arables.

Pour créer ce supplément d'engrais de dix-huit voitures au moyen des pâturages annexés aux terres labourables, combien faut-il de verges carrées de pâturages?

Comme ce pâturage n'est jamais rompu ni rajeuni, et que, par conséquent, il est très-inférieur au pâturage de l'assolement pastoral, nous trouverons que sa productivité est à celle de ce dernier comme 2 : 3. Une vache, ou un nombre correspondant de bêtes à laine, au lieu de 270 verges carrées, aura donc ici besoin de 405 verges carrées pour sa nourriture.

Dans l'assolement pastoral, 1,000 verges carrées produisent 10,1 voitures de fumier. Mais ici la production du fumier étant proportionnelle à la production de l'herbe, la même surface ne produit plus que les 2/3 de cette quantité, par conséquent, $2/3 \times 10,1 = 6\ 3/4$ voitures de fumier.

Dans le cas où le pâturage est utilisé par des bêtes à laine, on pourra faire profiter les terres arables de la moitié des fumiers que donne le pâturage en faisant parquer les animaux, pendant la nuit, sur les terres labourables en jachère. Dans ces conditions, 1,000 verges carrées de pâturage, produisent $6\ 3/4 \times 1/2 = 3\ 3/8$ voitures de fumier, et comme la quantité d'engrais nécessaires pour la terre arable est de dix-huit voitures, il faudra pour l'obtenir $\dfrac{18}{3,3/8} \times 1,000$ verges carrées $= 5,333$ verges carrées de pâturage.

Donc, l'assolement triennal dont il faudra maintenir la puissance d'engrais exigera, pour 3,000 verges carrées de terres labourables, 5,333 verges carrées de pâturage, ou sur 8,333 verges carrées, il faudra 3,000 verges carrées de terres, et 5,333 verges carrées de pâturage.

Pour une surface de 100,000 verges carrées, la division proportionnelle des terres aura lieu de la manière suivante :

$$8,333 : 3,000 = 100,000 : \dfrac{3,000}{8,333} \times 100,000 = 36,000 \text{ verges carrées}$$

de terres labourables ; pour les pâturages nous aurons :

$$\dfrac{5,333}{8,833} \times 100,000 = 64,000 \text{ verges carrées.}$$

Le système pastoral pur ne peut, pas plus que l'assolement triennal, subsister sans prairies, car il lui faut fournir le foin nécessaire au bétail pendant l'hiver ; sans cela on serait obligé de remplacer le fourrage par une nourriture en grains très-coûteuse.

Mais le but de notre recherche demande que nous considérions à part la terre labourable, aussi bien sous le rapport du rendement en argent que sous le rapport de la production en engrais, conséquemment tout à fait séparée des prairies ; mais alors, comment pourra-t-on distinguer séparément, dans le produit net d'un domaine composé de terres et de prairies, le produit net et la production en engrais de chacune de ces deux divisions.

La valeur du foin se divise en deux parties : d'abord, en valeur alimentaire ; ensuite, en valeur de l'engrais provenant de la consommation de ce foin. — On peut se rendre compte de la valeur alimentaire du foin par le bénéfice net que donnent les vaches laitières et les bêtes à laine. — Quant à la valeur de l'engrais provenant du foin consommé, j'ai cherché à le déterminer par le principe suivant : Que l'on suppose la superficie arable d'un domaine, de même bonté, de même richesse partout, divisée en deux parties : la première partie reçoit tout l'engrais provenant des prairies ; elle est cultivée par le système pastoral, avec une proportion de terres en blé telle que les fumiers n'y maintiennent qu'une force d'engrais permanente ; la seconde partie, également soumise au système pastoral, proportionne ses soles à céréales et ses soles à pâturages de façon à ce qu'elle se maintient, en et par elle-même, dans sa force d'engrais primitive, sans le secours d'aucune prairie.

En comparant, nous trouverons que la première partie, de superficie égale à la seconde, donnera un rendement net en argent plus élevé, qu'il faudra nécessairement attribuer au surplus d'engrais provenant des prairies ; et le chiffre de ce surplus, mis en regard du surplus du rendement en argent, donnera la valeur en numéraire d'une voiture de fumier. — En statique, on trouve des données pour ce calcul.

Mais quelles sont les modifications qui interviennent dans les rapports proportionnels des terres et des pâturages en assolement triennal quand les terres labourables reçoivent des prairies une partie des engrais nécessaires ? L'exemple suivant va nous le montrer :

Soit une superficie de 100,000 verges carrées de terres et de pâturages, à laquelle on joint des prairies dont le produit annuel est de 100 voitures de foin à 1,800 livres.

La consommation d'une voiture de foin de 1,800 livres,

donne : $\dfrac{1,800}{870} = 2,07$ voitures de fumier. Donc, 100 voitures de foin produiront pour les terres arables un supplément de 207 voitures de fumier.

Ces 207 voitures, en admettant une proportion annuelle de 18 voitures de fumier par 3,000 verges carrées, permettront de fumer $\dfrac{207}{18} \times 3,000 = 34,500$ verges carrées de terres labourables. Si l'on retranche 34,500 verges carrées de 100,000 verges carrées, surface totale, il reste 65,500 verg. carr. qui ne peuvent recevoir aucun supplément de fumure, et qui devront se soutenir elles-mêmes. Or, les terres arables, dans ce cas, forment, comme nous l'avons trouvé ci-dessus, les $\dfrac{36}{100}$ de la surface totale, et le pâturage les $\dfrac{64}{100}$; ce qui, pour la surface restante de 65,500 verges carrées, donne

En terres labourables...... $65,500 \times \dfrac{36}{100} = 23,580$ verges carrées.

Et en pâturages.......... $65,000 \times \dfrac{64}{100} = 41,920$ »   »

D'après cela, nous avons :

1º Terres labourables recevant un supplément d'engrais au moyen des prairies............ 34,500   »   »

2º Terres labourables recevant leurs engrais des pâturages............................ 23,580   »   »

Total..... 57,080 verges carrées.

3º En pâturages...................... 41,920   »   »

Un même supplément d'engrais peut suffire à une superficie plus étendue de terres dont le rendement en grain est inférieur.

§ IX. — Quel est le rapport entre le rendement en grains seigle de l'assolement pastoral (1) et le rendement en grains seigle de l'assolement triennal, quand les superficies arables sur lesquelles les deux assolements sont pratiqués contiennent une égale richesse en substances nutritives?

. Quand on transforme un assolement triennal en un assolement pastoral de sept ans, la masse d'engrais produite, au lieu d'être étendue sur le tiers, se concentre sur la septième partie des terres labourables.

Rien que par cette raison, le seigle doit, après la première année de la transformation, donner un produit plus élevé qu'en assolement triennal. Mais cette augmentation de pro-

(1) L'assolement pastoral du Mecklenbourg n'est pas comme celui du Holstein fondé sur les ressources d'une antique fertilité de la terre.

Au commencement du siècle passé, l'assolement triennal, qui régnait dans le Mecklenbourg, donnait de si tristes résultats, que les cultivateurs intelligents songèrent à l'abandonner pour le remplacer par un système d'exploitation qui se rapprochât sous plusieurs rapports de la culture du Holstein, pays voisin du leur.

Il ne leur était pas possible d'adopter en entier l'assolement du Holstein, à cause de l'état inférieur de fertilité de leurs terres; en effet, ces terres épuisées ne se seraient pas couvertes spontanément d'une riche végétation en herbe comme chez leurs voisins; il leur fallut donc accorder une plus grande attention à la culture des céréales, afin de conserver des revenus toujours suffisants.

La production de la céréale d'hiver devint ainsi l'affaire principale du système mecklenbourgeois par deux raisons. D'abord, parce que c'est la plante qui réussit le mieux, le plus sûrement sur une terre pauvre; ensuite, parce que c'est une denrée qui s'exporte facilement. Pour y parvenir, on s'appliqua beaucoup à perfectionner le traitement du sol par la jachère; aussi les Mecklenbourgeois sont-ils devenus célèbres dans toute l'Allemagne sous ce rapport. Dans la règle, on cherche à combiner la puissance des matières végétales provenant du rompu du pâturage avec celle du fumier; ce moyen, aidé d'une excellente préparation du sol, a fait obtenir de fortes récoltes de froment et de seigle.

Je ne dirai rien sur la division du domaine en soles intérieures et extérieures, ni sur les proportions de pâturage et de prairie nécessaires à la production des engrais pour une surface donnée en récoltes. M. de Thümen donne à ce sujet des développements dans le courant de son ouvrage.

Mais je rapporterai l'opinion la plus répandue sur les avantages et les inconvénients de l'assolement pastoral du Mecklenbourg.

Bien que cet assolement soit supérieur à l'assolement triennal pur, en ce qu'il nourrit son bétail sur ses terres arables, qu'il se passe de pâturage en

duit, ne prouve nullement l'augmentation de la richesse du fonds, qui n'a pu éprouver aucun changement pendant la première année ; elle provient simplement de l'accumulation des engrais sur une partie plus restreinte.

Il n'y a donc pas à comparer entre eux, les assolements pastoral et triennal, qui ont un même rendement en grains de seigle ; la question est de savoir quels sont réciproquement les rapports du rendement en grains, lorsque la richesse est égale dans les terres des deux systèmes.

La richesse totale de la surface entière se compose de la somme des richesses partielles de chaque sole. Pendant l'été, la quantité de matières nutritives contenue dans le sol est soumise à des modifications continuelles, parce que la croissance des plantes détermine de l'épuisement sur les terres à

dehors, qu'il augmente la fertilité par la production des céréales soutenue par le pâturage artificiel ; qu'il retire par la nourriture du bétail, sur le pâturage et sans grand travail, un certain revenu du sol, et qu'il concentre ses cultures et ses engrais sur une petite surface relative, il n'en partage pas moins plusieurs inconvénients de l'assolement triennal à grains. Il ne récolte pas par lui-même assez de fourrage pour l'hiver, ce qui lui rend les prairies nécessaires, et il ne jouit pas des avantages de l'alternance. Mais le plus grand reproche qu'on lui puisse faire, c'est d'exiger de grandes avances d'engrais quand on veut l'adopter après l'assolement triennal ; la transition est toujours accompagnée d'une diminution notable dans le revenu. Le but d'un changement c'est de diminuer l'épuisement de la terre, et de lui donner en même temps la faculté de produire des récoltes plus lucratives. On y parvient, lorsqu'on ménage la puissance du sol en restreignant la culture des céréales et en faisant pâturer pendant plusieurs années consécutives, ou lorsqu'on augmente directement la masse des engrais par la culture des fourrages. Or, dans la substitution de l'assolement du Mecklembourg à un assolement triennal pauvre, ces ressources ne sont accordées que par le temps. L'accumulation d'une richesse plus grande dans la couche végétale par le pâturage ne se manifeste qu'après que le pâturage a eu lieu pendant plusieurs années. Pendant la première rotation, la puissance du sol se fortifie peu à peu, et ce n'est qu'à la seconde qu'elle agit en produisant une plus forte récolte de grains. Il faut donc toujours dix et même vingt ans avant que l'assolement du Mecklembourg ne donne une bonne récolte de grains.

Sans doute, les frais de travail diminuent et le bétail est mieux nourri sur une plus grande étendue de pâturages ; cela constitue bien un bénéfice. Mais les céréales occupant moins de surface, on a moins de paille, de sorte que le bétail souffre de la disette en hiver, après avoir été bien nourri pendant l'été, et une partie du bénéfice certain qu'il a donné est absorbée par une perte et non moins certaine (L.).

céréales, et, sur les pâturages, occasionne une production jour-
nalière d'engrais. Cette saison est, par conséquent, peu propre à servir de base à un calcul. Choisissons donc le printemps
pour nos observations, parce qu'alors la végétation n'a point
encore commencé, et que toutes les soles ont encore le degré
de richesse si nécessaire à leur production.

Pour pouvoir comparer entre eux, sous ce rapport, plusieurs
systèmes de culture, il faut faire entrer en ligne de compte,
non-seulement la richesse qui est en terre, mais encore la
quantité de fumier dans les cours de la ferme, qui est produite ou à produire par la récolte de l'année précédente; car,
si dans l'un des systèmes de culture, on menait le fumier sur
la terre au printemps avant la semaille, dans l'autre après la
semaille, et qu'alors on ne tînt compte que de la richesse contenue dans le sol, il est certain que l'on ne saurait pas ainsi
quelle est la quantité de richesse qu'il faut en tout pour une
récolte donnée. Le dernier système de culture ne pourrait
livrer le produit supposé, sans le capital en engrais qui se
trouve encore à la ferme.

Le tableau du § 7, sur l'état de fertilité de l'assolement pastoral et de l'assolement triennal, présente des données pour le
calcul en question. Seulement il faut remarquer, que le pâturage étant admis dans l'assolement pastoral, le fumier produit
sur le pâturage même, y reste et n'est pas amené à la ferme.
Comme la production d'engrais d'une sole de pâturage est de
10,1 voiture, il s'ensuit que la richesse de cette sole s'augmentera chaque année de $10,1 \times 3,2° = 32,3°$.

Richesse d'un assolement pastoral de sept ans, à produit
de 10 grains.

1re sole, seigle, contient....................	500°
2e » orge............................	400°
3e » avoine	325°
4e » pâturage.......................	265°
5e » pâturage.......................	297,3°
6e » pâturage.......................	329,6°
7e » jachère	361,9°
Fumier provenant de la paille, 41,4 voit. à 3,2°	132,5°
7,000 verges carrées contiennent............	2,611,3°
Ce qui fait par 1,000 verges carrées.........	373°

Richesse d'un assolement triennal, à produit de 10 grains.

1re sole seigle............................	500°
2e » orge...............................	400°
3e » jachère	325°
Fumier provenant de la paille, 32 ¹/₂ voit. à 3,2°	104°
3,000 verges carrées contiennent	1,329°
Ce qui fait par 1,000 verges carrées.........	443°

Ainsi, pour produire 10 grains de seigle, l'assolement triennal a besoin de 443° de richesse par 1,000 verges carrées, tandis qu'à égale surface l'assolement pastoral n'exige que 373°. Mais une richesse de 373° par 1,000 verges carrées, ne produirait en assolement triennal que 8,4 grains; car,

$$443° : 373° = 10 : \frac{373}{443} \times 10 = 8,4.$$

Par conséquent, le même champ qui, en assolement triennal, donne 8,4 grains, en donnera 10 en assolement pastoral de sept ans, sans que la richesse intrinsèque du sol soit augmentée. En d'autres termes, l'assolement pastoral de 10 grains et l'assolement triennal de 8,4 grains ont le même degré de richesse.

Richesse d'un assolement alterne de six ans, quand les soles de pommes de terre et de seigle après vesces ont 500°.

1re sole, pommes de terre....................	500°
2e » orge	400°
3e » trèfle fauché.....................	325°
4e » seigle	299°
5e » vesces pour fourrage vert après fumure.	525°
6e » seigle	500°
6,000 verges carrées contiennent	2,549°
Ce qui fait par 1,000 verges carrées...........	425°

Le système alterne peut employer la presque totalité des engrais de l'année précédente à fumer au printemps les pommes de terre et les vesces ; c'est pour cette raison que l'on n'a pas tenu compte dans ce calcul des fumiers qui pourraient se trouver encore à la ferme.

Lorsque l'on compare le rendement en argent du système alterne à celui de l'assolement pastoral, et que l'on admet dans les deux systèmes le même rendement en grains de seigle, on calcule, dans le premier système, le produit d'un champ de 425°, et dans le second, celui d'un champ de 373° de richesse moyenne.

Cette circonstance négligée peut causer beaucoup d'erreurs.

En comparant deux systèmes de culture, il faut nécessairement admettre deux terres de même degré de richesse. Mais en assolement pastoral, la richesse moyenne est à celle de la sole de seigle : : 373° : 500, et en assolement alterne : :425₀ : 500. Avec un champ de 373° de richesse moyenne, la sole de seigle, dans l'assolement alterne, ne recevra que 439°, car 425 : 500 = 373 : 439 ; ou, en d'autres termes, quand un assolement pastoral est transformé en assolement alterne, la sole de seigle, au lieu de recevoir 500°, ne recevra que 439°, et pour cette raison seule le rendement en grain tombera de 10 à 8,8.

§ X. — Économie comparée des travaux dans l'assolement triennal,
et dans l'assolement pastoral.

Il ne me sera pas possible d'évaluer les frais de travail pour une jachère friable, en m'appuyant sur des comptes établis depuis plusieurs années, comme pour la jachère de pâturage. Cependant, je me suis procuré des notes empruntées à la culture de deux grands domaines que j'ai eus longtemps sous les yeux.

Plus tard, j'ai eu l'occasion de faire d'autres observations comparées, lesquelles, ajoutées à mes notes, m'ont enfin donné les comptes suivants :

Dans l'assolement pastoral, les cultures d'une jachère de pâturage de 10,000 verges carrées coûtent...................... 274,5 thalers.

Les travaux d'une jachère friable coûtent beaucoup moins ; ils s'élèvent pour 10,000 verges carrées à la somme de... 186 (2) thlr. (1).

La différence est par conséquent =.............. 88,5 thalers.

(1) Les chiffres en parenthèse sont des renvois aux observations qui sont reportées à la fin de l'ouvrage.

Cette différence provient des opérations suivantes, nécessaires pour la jachère de l'assolement pastoral, supprimées ou réduites pour la jachère de l'assolement triennal.

1° Rompu de pâturage......................	43	thalers.
2° Hersage du rompu	17,6	»
3° Le hersage de la jachère au lieu de 24 thalers, ne coûte que 6,5 thlr., en moins	17,8	»
4° Le hersage du labour de version, au lieu de 21,4 thlr., n'en coûte que 16, en moins................	5,4	»
5° Le curage des fossés au lieu de 9,3 thlr. ne revient qu'à 4,6 thlr., en moins......................	4,7	»
Somme égale économisée....................	88,5	» (1).

§ XI. — De l'influence qu'exerce sur les frais de travail la distance du champ à la ferme.

Sous ce rapport, les travaux se divisent en quatre classes, qui sont :

1re *classe*. — Travaux dont la grandeur dépend entièrement de la distance, tels que : transport des engrais, rentrée des moissons.

2e *classe*. — Travaux qui exigent dans la journée deux allées et venues, qui sont fréquemment interrompus par la pluie, tels que : fauchage, liage et autres travaux de récolte. Je suppose que ces interruptions n'aient lieu en moyenne qu'une fois par jour, de sorte que, en comprenant les allées et les venues pour repas, il n'y a que trois fois perte de temps.

3e *classe*. — Travaux qui exigent deux allées et venues, mais qui ne peuvent pas être facilement interrompus par la pluie, ou du moins pas aussi souvent que les travaux de récolte ; à cette classe appartiennent : le labour, le hersage, la semaille, le creusement des fossés, etc.

Il semblerait que le labour avec les bœufs n'appartienne pas

(1) La raison de cette différence s'explique par la plus grande facilité avec laquelle on exécute les travaux en assolement triennal. Dans ce système, toute la terre arable est labourée et hersée chaque année ; ces opérations de culture la maintiennent constamment à l'état meuble ; elle offre ainsi beaucoup moins de résistance aux instruments que les terres arables de l'assolement pastoral qui restent périodiquement en pâturage et qui prennent alors beaucoup de consistance sous l'influence de la végétation et du piétinement.

à cette classe, car les laboureurs partent dès le matin pour ne rentrer que le soir, en sorte qu'ils ne font qu'un seul voyage vers le point où on les occupe. Mais comme les bœufs sont relayés trois fois par jour, ils font le chemin quatre fois, ce qui les fatigue beaucoup, lorsque les distances sont grandes. Cette raison m'a décidé à comprendre ce labour dans cette classe.

4ᵉ *classe*. — Travaux qui s'exécutent dans la ferme même, tels que : battage, chargement du fumier, déchargement des récoltes, etc. Ces travaux restent toujours les mêmes, quelle que soit la distance du champ à la ferme.

Les frais de fumure d'un champ et la rentrée des céréales se décomposent en frais de plusieurs classes.

Dans l'opération de fumer un champ, il y a les travaux d'attelage qui appartiennent à la 1ʳᵉ classe, l'épandage du fumier qui appartient à la 3ᵉ, et le chargement du fumier à la ferme qui appartient à la 4ᵉ classe des travaux.

Une appréciation rigoureuse nous a démontré que, sur la totalité des frais de fumure d'un champ

$$\frac{7}{10} \text{ appartiennent à la 1ʳᵉ classe.}$$

$$\frac{1}{10} \qquad » \qquad \text{à la 3ᵉ} \qquad »$$

$$\frac{2}{10} \qquad » \qquad \text{à la 4ᵉ} \qquad »$$

Relativement aux travaux qui concernent la rentrée des céréales, les travaux d'attelage rentrent dans la 1ʳᵉ classe, le liage et le chargement aux champs dans la 2ᵉ; le déchargement et le tassage dans la 4ᵉ classe.

Ceux des travaux, compris dans mes calculs, sous le titre de chargement et de déchargement, se répartissent en :

$^1/_3$ pour les champs.
$^2/_3$ pour la ferme.

A Tellow, où le domaine forme une figure irrégulière, et où la superficie a 160,000 verges carrées de terres labourables, la distance moyenne du champ à la ferme, est d'environ 210 verges.

Si cette distance change, quel effet en ressentiront les frais de travail ; et quelle est la partie de ces frais qui restera quand même, lorsque la distance du champ à la ferme sera égale à 0 ?

Du 24 mars au 24 octobre, époque à laquelle on fait le plus de travaux dans les champs, la moyenne de la journée des ouvriers chez nous est de 10 heures 2/3. D'après mes observations, les ouvriers mettent 32 minutes environ pour parcourir une longueur de 210 verges, allée et retour.

Cette perte de temps se répète trois fois pour les travaux de la 2ᵉ classe, ce qui enlève par jour 3 × 32 = 96 minutes au travail intégral, ou les 3/20 de la journée.

Pour les travaux de la 2ᵉ classe, les allées et retours absorbent 2 × 32 = 64 minutes, ce qui raccourcit la journée active de 1/10.

La distance moyenne se règle sur la longueur d'une ligne droite partant du centre de la ferme, et aboutissant au point dont l'éloignement représente la distance moyenne. Mais les ouvriers et les attelages ne suivent pas cette ligne droite, parce qu'entre les deux points il y a des champs de blé, des prairies, des fossés profonds qui interceptent la circulation, de sorte que, pour aller d'un point à un autre, ils sont obligés de faire des détours plus ou moins considérables. En présence de ces difficultés, il n'est guère possible d'indiquer, avec quelque précision, le rapport qui existe entre la longueur de la ligne droite et le développement des détours pour le domaine entier ; et, sans une indication précise, il n'y aurait qu'un petit nombre de lecteurs, connaissant la localité où Tellow est situé, qui pourraient se servir utilement de ces calculs sur d'autres domaines. Je suis donc obligé d'adopter une estimation. D'après cette estimation, je suppose que, sur le domaine de Tellow, la longueur de la ligne droite, qui indique la distance moyenne, est à la longueur du chemin véritablement parcouru, comme 100 : 115.

Par suite de nos observations, les ouvriers qui parcourent en 32 minutes, allée et retour, une longueur en droite ligne de 210 verges, parcourent réellement dans le même espace de temps $210 \times \frac{115}{100} = 241\ 1/2$ verges.

Sur des figures semblables de surfaces différentes, les chemins à parcourir en réalité sont en rapport direct avec la distance moyenne dans les deux figures.

La division de la superficie d'un domaine et la situation des soles venant à recevoir quelques modifications, il se fait un changement correspondant dans les rapports entre la longueur de la ligne droite et celle du détour. Si les soles n'aboutissent pas à la ferme, et que l'axe de chacune d'elles vienne s'insérer en angle droit sur un chemin qui traverse le domaine, alors, pour une partie du moins de chaque sole, la direction droite est au détour, comme la longueur de l'hypoténuse d'un triangle rectangle est à la somme des longueurs des deux autres côtés ; et, par conséquent, pour le triangle équilatéral, comme :

$$\sqrt{2} : 2 = 1 : \sqrt{2} \text{ ou } = 100 : 141.$$

Ce point doit être étudié sérieusement, quand il s'agit de la division en sole des terres d'un domaine.

D'après les calculs déjà cités de Tellow, 70,000 verges carrées de terres labourables, à une distance moyenne de 210 verges, produisant 10 grains, occasionnent une dépense de :

569,8 thlr. N. $^2/_3$ en frais de préparation.
499,5 » » en frais de récoltes.

Suivant un calcul spécial dont les détails nous prendraient trop de place, ces frais peuvent être répartis de la manière suivante :

1re classe.   2e classe.   3e classe.   4e classe.

a. Les frais de préparation .... 568,3 thlr.   1,5 thlr.

Sur lesquels il faut attribuer à la distance .... $^1/_{10}$ »   0 »

Ce qui fait conséquemment .... 56,8 »

b. Les frais de récolte .... 160.1 thlr. 96,8 thlr. 13,8 thlr.   228,8 thlr.

Sur lesquels il faut attribuer à la distance .... 1 » $^3/_{20}$ » $^1/_{10}$ »   0 »

Ce qui fait par conséquent .... 160.1 » 14,5 » 1,4 »

Les frais de préparation, exigés par 70,000 verges carrées de terres labourables, à une distance moyenne de 210 verges de la ferme, et avec une production de 10 gr., étant de (en négligeant les fractions) .... 570 » N.$^2/_3$

10 p. %, devront être attribués à la distance de la ferme, soit .... 57 thlr. N.$^2/_3$

Le reste en sera indépendant, ci ...... 513 » »

Sur les *frais de récolte* .... 500 » »

Il faudra attribuer à la distance ...... 176 » »

Ou 35,2 p. % du total ; il reste comme indépendant de la distance .... 324 » »

La récolte de la surface indiquée, donne, après déduction des frais de travail et des frais généraux de culture, une rente foncière de .... 954 » »

En laissant de côté, pour un instant, les frais occasionnés par la distance, ou ce qui revient au même, en supposant la distance = 0, on pourra économiser, sur 570 thalers de frais de préparation, ... 57 » »

et sur 500 thalers de frais de récolte, ... 176 » »

De sorte que la distance étant = 0, la rente foncière sera 1,187 thlr.

Chaque fois que la distance augmente de 210 verges, la rente foncière diminue de .... 223 thlr.

D'après cela, pour une distance de

0 verges, la rente foncière sera de ..... 1187 »

210 .... 954 »

420 .... 721 »

630 .... 488 »

840 .... 255 »

1050 .... 22 »

1070 .... 0 »

Les frais de préparation ne changent pas sur un terrain à produit inférieur en nombre de grains ; mais les frais de récolte diminuent en proportion du produit. On retrouve les mêmes rapports pour les frais dépendants de la distance du champ de la ferme.

Pour un produit de 9 grains, il faut imputer à la distance :

a. sur les frais de préparation...... 57 thlr. N. $^2/_3$

b. sur les frais de récolte, $176 \times {}^9/_{10}$.   158 »   »

____

215 »   »

Ici la rente foncière hausse ou baisse de 215 thlr. par chaque distance de 210 verges.

Si le produit baisse de *un* grain, les frais proportionnels à la distance diminuent de :

18 thlr. (rigoureusement de 17,6 thlr.) et ces frais seront alors, pour un produit de 8 grains, $= 215 - 18 = 197$ thlr.

En poursuivant ces calculs, nous aurons le tableau ci-dessous :

	QUAND LA DISTANCE DU CHAMP DE LA FERME EST :				
	10 GRAINS Thlr. Nº $^2/_3$	9 GRAINS Thlr. Nº $^2/_3$	8 GRAINS Thlr. Nº $^2/_3$	7 GRAINS Thlr. Nº $^2/_3$	6 GRAINS Thlr. Nº $^2/_3$
$= 0$ V la rente foncière de 70000 V. carrées s'élève à..........	1187	975	763	551	339
Pour chaque augmentation de 210 V. de distance, la rente foncière diminue de........	(233)	(215)	(197)	(179)	(161)
210 V............	954	760	566	372	178
420 »	721	545	369	193	17
443 »	......	......	......	......	0
630 »	488	330	172	14	
646 »	......	......	......	0	
813 »	......	......	0		
840 »	255	115			
952 »	......	0			
1050 »	22				
1070 »	0				

A. *Sur la distance moyenne du champ à la ferme.* — L'expression *distance moyenne* exige une définition spéciale, puisqu'elle n'est pas prise dans le sens ordinaire.

Soit à fumer une sole à figure régulière, formant par exemple un triangle équilatéral, si dans ce cas on mesure la longueur du chemin parcouru à la première, deuxième, troisième, etc., voiture de fumier transporté par les chevaux, jusqu'à ce que la fumure soit achevée, qu'après cela on marque les nombres successifs des voyages, que l'on en fasse l'addition pour diviser enfin la somme trouvée par le nombre des voitures transportées, alors on obtiendra la distance moyenne telle que nous l'entendons. Que l'on prenne actuellement sur une ligne, qui, en se dirigeant de la ferme vers la limite extrême de la sole, divise cette dernière en deux parties égales, un point placé au lieu marqué par la distance moyenne trouvée, ce point sera le représentant de la distance de toutes les autres parties de la sole, et il sera tout à fait indifférent, sous le rapport du chemin à parcourir, qu'on répartisse les engrais sur toutes les parties de la sole, ou qu'on les accumule sur le point désigné.

Mais la proposition devient encore plus simple, quand on cherche la distance moyenne pour le transport de la marne. On peut supposer le champ à marner en forme de rectangle, divisé en petits carrés, sur le centre de chacun desquels on dépose un tombereau de marne. La somme des distances de chaque centre à l'un des coins du rectangle (où l'on suppose la marnière située), divisée par le nombre des centres, donne la distance moyenne.

Jusqu'ici les mathématiques n'ont pas encore cherché, que je sache, à déterminer la distance moyenne dans le sens que nous avons indiqué; nous manquons de formule générale. Pendant très longtemps, mes efforts, pour trouver cette formule, sont restés infructueux, et j'étais obligé de reconnaître dans la première édition de ce livre, que je ne pouvais indiquer de loi générale pour déterminer la distance moyenne.

Cet aveu a engagé M. Seidl à s'occuper de résoudre ce problème. Voici comment il y est parvenu (*Annales économiques*, année 1829, livraison 4) :

A B C est un triangle rectangle dont la base A B $= r$, la hauteur $= x$; la distance moyenne qui sépare tous les points du triangle du sommet

$$A = {}^2/_3 \sqrt{\left(r^2 + \frac{x^2}{3} \right)}.$$

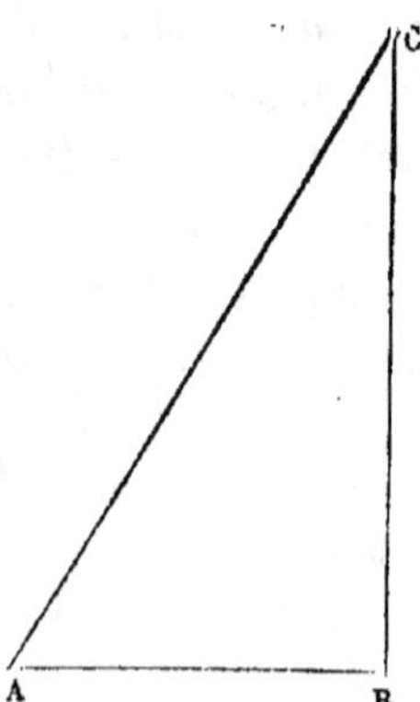

Je me suis assuré, guidé par les conseils d'un mathématicien éclairé, de la vérité de cette formule et j'ai trouvé que son auteur ne pourrait prouver rigoureusement son exactitude.

M. Seidl réunit, au moyen du calcul intégral, dans l'expression $\sqrt{(a^2 + y^2)}$, les membres de la série produite par la progression y ; cependant, chacun de ces membres est accompagné du signe potentiel, et l'auteur a procédé comme si ce signe n'existait pas, ce que l'on ne peut admettre.

Par la solution peu satisfaisante de M. Seidl, je fus entraîné à de nouvelles recherches, et je parvins enfin à atteindre le but, et à donner une formule dont la rigueur peut être prouvée avec toute la sévérité mathématique.

La méthode qui m'a aidé à trouver cette formule serait trop longue à présenter, et romprait le fil de notre travail. J'en remets l'explication détaillée à la seconde partie de cet ouvrage, et je me borne ici à n'indiquer que le résultat.

Pour le triangle rectangle A B C, dont la base $= R$, la hauteur $= X$, la distance moyenne entre tous les points du triangle et le sommet A $=$

$$\tfrac{1}{3} \sqrt{(r^2 + x^2)} + \frac{r^2}{3x} \text{ lg. nat. } \left(\frac{x + \sqrt{(r^2 + x^2)}}{r} \right)$$

Pour $R = 1$, cette formule est :

$$A = \tfrac{1}{3} \sqrt{(1 + x^2)} + \frac{1}{3x} \text{ lg. nat. } \left(x + \sqrt{(1 + x^2)} \right)$$

Lorsque R $= 1$, la formule de Seidl est :

$$A = \tfrac{2}{3} \sqrt{\quad} (1 + \tfrac{1}{3} x^2).$$

COMPARAISON DES RÉSULTATS DES DEUX FORMULES.

	POUR $R=1$, LA DISTANCE MOYENNE S'ÉLÈVE :		
	SELON LA FORMULE de Seidl.	SELON ma formule.	DIFFÉRENCE.
X étant $= \tfrac{1}{2}$..........	0,6939	0,6935	0,0004
X — $= 1$..........	0,7698	0,7652	0,0046
X — $= 20$........	7,7268	6,7365	0,9903

Nous voyons, d'après ces exemples, que la formule de Seidl diffère très-peu de la nôtre, pour les triangles dont la hauteur n'est pas plus grande que la base ; qu'elle en diffère considérablement, au contraire, pour les triangles dont la hauteur dépasse plusieurs fois la grandeur de la base. Ainsi, lorsque $x = 1$, la différence n'est que de 6/10 pour cent, et même de 6/100 pour cent, lorsque $x = 1/2$; mais lorsque $x = 20$, cette différence est de 14, 7 pour cent.

Quoique la formule de M. Seidl ne puisse prétendre à la rigueur mathématique, elle n'en est pas moins utile en plusieurs cas. Lorsqu'il ne s'agit pas d'une exactitude minutieuse, on peut s'en servir sans trop d'erreurs pour tous les triangles dont la hauteur est égale à la base ; elle a l'avantage d'être d'un usage plus commode que la mienne ; elle permet le simple emploi des opérations arithmétiques, tandis qu'on ne peut se passer de tables de logarithmes pour la mienne. La formule de Seidl reste donc, dans les cas précités, une chose utile pour l'agriculture pratique.

B. *De la situation des fermes dans le Mecklembourg.* — Ceux qui examinent la situation des fermes dans les domaines du Mecklembourg et d'une partie de la Poméranie, doivent avoir été frappés du peu de bon sens qui a présidé à leur fondation.

Elles portent évidemment la trace de leur origine ; on peut

les considérer comme les monuments historiques des premières colonisations.

Presque toutes les fermes d'aujourd'hui s'élèvent au bord d'un lac, d'une rivière, d'un ruisseau ; les terres arables s'étendent à une distance souvent très-grande vers un seul côté. Le premier cultivateur d'une contrée, jusque-là déserte et aride, faisait autrefois preuve d'intelligence en choisissant ainsi son emplacement ; il se procurait de cette manière, à peu de frais, l'eau qui lui est de première nécessité ; d'ailleurs, les terres qu'il soumettait à la culture pour ses besoins personnels et ceux de sa famille, n'étaient pas assez étendues pour que la distance pût avoir quelque influence. Plus tard, lorsque le bien-être et la population eurent augmenté, que la culture du sol et le nombre des bestiaux se furent étendus, alors le propriétaire conduisit ses troupeaux au loin, jusqu'à ce qu'il rencontrât un obstacle naturel, une rivière, un marais, etc., ou jusqu'à ce que son voisin limitrophe l'empêchât, par la violence, d'envahir les domaines que, de son côté, il s'était attribués. Plus tard, les pâturages ont été convertis en terres arables, qui sont en grande partie si éloignées, que le plus souvent elles n'ont donné qu'un rendement négatif.

C'est ainsi que nos domaines actuels se sont constitués et modifiés. Seulement, les bâtiments d'exploitation sont situés, pour la plupart, sur l'emplacement même où le premier colon avait construit sa hutte.

Dans les contrées où il n'y a ni lacs, ni rivières, le mal a été moins grand ; cependant on y voit fréquemment des terres appartenant à des propriétaires différents qui s'entremêlent, et il n'est pas rare que les champs d'un domaine aillent toucher aux bâtiments d'exploitation d'un autre domaine, et ainsi de suite.

Nos calculs précédents nous fournissent les moyens d'exprimer en chiffres la perte qui résulte de cette situation irrégulière des fermes ou bâtiments d'exploitation dans un cas donné ; le sujet est assez important pour fixer notre attention.

Supposons que le domaine A ait une pièce de terre arable de **70,000** verges carrées, produisant **8** grains. Cette terre est à 400 verges carrées de la ferme A, et à 100 verges seulement de la ferme voisine B. D'un autre côté, le domaine B possède une pièce de terre arable de même grandeur et de même bonté, qui, elle aussi, est éloignée de sa ferme de 400 verges, tandis qu'elle n'est qu'à 100 verges de la ferme du domaine C.

De combien montera la rente foncière du domaine B, s'il abandonne sa terre arable éloignée de 400 verges au domaine C, en échange de la terre arable du domaine A, qui est de même contenance, mais qui n'est éloignée que de 100 verges de ses bâtiments d'exploitation?

Pour le domaine B, 70,000 verges carrées, à produit de 8 grains, donnent:

1. À une distance de 100 verges,

$$\text{une rente foncière de } 763 - 197 \times \frac{100}{210} = \quad 669 \text{ thlr.}$$

2. À une distance de 400 verges,

$$\text{une rente foncière de } 763 - 197 \times \frac{400}{210} = \quad 388 \text{ »}$$

Par l'échange, B gagne............	281 thlr.
de rente foncière et en valeur capitale, par conséquent, sur le pied de 5 p. cent.	5620 »
Par la même raison le domaine C qui acquiert également 70,000 verges carrées de terre arable, à 100 verges de distance, gagne en rente foncière.	669 thlr.
par conséquent, en valeur capitale..........	13380 »
Ainsi, par ce changement nous voyons: que le domaine B gagne en valeur capitale.....	5620 thlr.
le domaine C.........................	13380 »
Ensemble...........................	19000 thlr.
Le domaine A en abandonnant 70,000 verges carrées de terre arable, perd au contraire une valeur de...............................	7760 »
Il reste.............................	11240 thlr.

De sorte que les trois domaines ensemble ont, en définitive, gagné une valeur capitale de **11,240** thlr. par une meilleure répartition des terres.

Il faut remarquer ici que le bénéfice qui ressort de cet

échange de fonds, ne peut être considéré comme un bénéfice que l'on retirerait d'un commerce ordinaire, d'une de ces bonnes affaires, comme on dit vulgairement, dans laquelle l'un des contractants perd exactement autant que gagne l'autre; cet échange est une augmentation réelle des revenus et de la richesse nationale.

Quand on songe qu'il y a peu de domaines qui aient leurs fermes au centre, que presque chaque propriété peut gagner en s'arrondissant et en faisant des échanges, on a lieu de s'étonner et de déplorer combien est considérable le capital perdu sans compensation pour la richesse nationale. Cette perte, évaluée en argent pour le Mecklembourg seulement, n'est pas moins de plusieurs millions de thalers, en estimant au plus bas.

Mais on peut et l'on doit demander : pourquoi il est si difficile de changer, de modifier cette délimitation des propriétés ?

Plusieurs raisons s'y opposent. La principale, c'est l'attachement que l'on éprouve pour un domaine patrimonial qui a toujours resté dans la famille. Nous sommes souvent portés à donner une valeur trop considérable à la terre qui nous appartient depuis longtemps, que nos ancêtres nous ont léguée, et que nous avons nous-mêmes améliorée à grand renfort de peine et d'argent. Cependant cet attachement, toujours contraire à l'opinion vraie et à l'intérêt bien compris, n'aurait point empêché les échanges pendant des siècles et des générations, si d'autres obstacles ne venaient s'y opposer.

Ces obstacles sont de plusieurs natures, et consistent :

1° Dans la grandeur des droits qui grèvent, dans le Mecklembourg, non-seulement la vente de domaines entiers, mais encore la vente des parcelles de terres ; ces droits doublent en cas d'échange, parce qu'alors chacun des deux propriétaires entre lesquels l'échange a lieu est obligé de les acquitter.

2° Dans les frais occasionnés par l'arpentage de la pièce achetée ou vendue, par son inscription au cadastre, etc.

3° Dans les charges de créances de domaines, qui empêchent qu'une pièce en soit démembrée pour la vente ou l'échange sans la volonté spéciale de tous les créanciers.

Les droits à acquitter en cas de vente de domaines entiers, au lieu d'être nuisibles à la culture du sol, lui sont plutôt favorables, en ce sens qu'ils empêchent une vente irréfléchie; mais les droits qui grèvent les échanges sont très-désavantageux au bien-être national.

Comme ce dernier inconvénient joint aux autres est assez fort pour interdire presque tout échange, il est évident qu'en le faisant disparaître, on ne ferait aucun sacrifice, et que les revenus de l'État en seraient fort peu diminués.

En supposant néanmoins qu'on voulût couvrir le déficit, on pourrait augmenter légèrement les droits concernant la vente des domaines d'un seul tenement, sans porter le moindre préjudice à la culture du pays.

Je ne me permettrai pas d'émettre un jugement sur le mode à employer pour surmonter la troisième difficulté causée par les droits des créanciers. Tout ce que je puis dire, et cela est facile à prévoir, c'est que si nous ne nous hâtons pas de nous affranchir des liens dont le temps et les coutumes de notre vieille Europe nous ont entourés, nous serons bientôt devancés, en agriculture et en prospérité nationale, par les États naissants et si florissants du Nouveau-Monde.

Dans les villages où les paysans sont agglomérés, et où les champs de chacun, au lieu de se tenir, sont parsemés, çà et là, par pièces et par morceaux, souvent à une grande distance, la perte en rente foncière est incomparablement plus grande que pour les domaines mal arrondis, mais d'un seul tenement. Ces villages sont assujettis à tous les maux des grands domaines, sans en avoir les avantages. Un État qui ne serait composé que de villages pareils, ne pourrait avoir qu'un revenu insignifiant, et serait très-faible pour se défendre contre un ennemi venant du dehors.

Sous de semblables influences, la force des hommes et des animaux de trait est inutilement prodiguée en allées et venues; et si, avec une meilleure distribution des terres, une famille de travailleurs cultivant un sol fertile pouvait créer aisément des moyens d'existence pour deux familles, elle est, dans le cas contraire, forcée de consommer à elle seule tout ce qu'elle produit par sont ravail, et ne peut porter aux habitants des villes, qu'un excédant à peu près nul.

Il est difficile d'indiquer ici le correctif convenable; les champs éloignés des villages sont ordinairement si maigres, qu'ils ne paieraient pas les constructions que l'on voudrait y faire, et qu'ils ne nourriraient même pas une famille qui chercherait à s'y établir. — Mais ce sujet nous a suffisamment occupé; poursuivons nos recherches.

§ XII. — Détermination de la rente foncière de l'assolement triennal.

Comme cette détermination repose entièrement sur des calculs fournis par l'expérience à Tellow dans une culture pastorale, je suis obligé de commencer par faire connaître d'abord les résultats de ces calculs.

ASSOLEMENT PASTORAL DE 7 ANS, SUR 70,000 VERGES CARRÉES,

TERRE ARABLE AU PRODUIT DE 10 GRAINS.

CHAQUE SOLE a 10,000 VERGES CARRÉES.	FRAIS de SEMAILLE. Thalers N. 2/3.	FRAIS de PRÉPARATION. Thalers N. 2/3.	FRAIS de RÉCOLTE. Thalers N. 2/3.	FRAIS GÉNÉRAUX de culture. Thalers N. 2/3.	PRODUIT BRUT. Thalers N. 2/3.	RENTE FONCIÈRE. Thalers N. 2/3.
1re sole jachère.		274,5			21,8	
2e » seigle	143,5	2,2	217,6		1274	
3e » orge	122,3	165,0	158,5		932,8	
4e » avoine	125,0	125,3	123,4		757,8	
5e » pâturage	18,5	2,8			109,4	
6e » id.					109,4	
id.					109,4	
Sommes	409,3	569,8	499,5	882	3314,6	954
Pour un grain, la différence est de			50	88,2	331,5	193,3
Pour 100,000 verg. carr., terre arable, cela fait en thlr. d'or.	626,4	872,2	764,6	1350	5073,4	1460,2

Ce calcul est le même que celui qui sert de base à la détermination de la rente foncière dans l'assolement pastoral du § 5.

Sur 10,000 verges carrées, les travaux de la jachère en défrichement, coûtent............	274,5 thlr. N.	$^2/_3$
La jachère friable économise, § 10,.........	88,5 »	»
Conséquemment une jachère friable de 10,000 verges carrées, coûte......................	186 »	»
Ce qui fait pour 12,000 verges carrées.....	223,2 »	»

Les frais de préparation pour la sole d'orge, les frais de récolte du seigle et de l'orge sont égaux dans l'assolement triennal et dans l'assolement pastoral, quand le produit en grain est le même.

ASSOLEMENT TRIENNAL SUR 100,000 VERGES CARRÉES, DONT 12,000 EN JACHÈRE,
12,000 EN SEIGLE, 12,000 EN ORGE ET 64,000 EN PATURAGE, AU PROFIT DE 10 GRAINS.

	FRAIS de SEMAILLE. Thalers N. $^2/_3$.	FRAIS de PRÉPARATION. Thalers N. $^2/_3$.	FRAIS de RÉCOLTE. Thalers N. $^2/_3$.	FRAIS de CULTURE. Thalers N. $^2/_3$.	PRODUIT BRUT. Thalers N. $^2/_3$.	RENTE FONCIÈRE. Thalers N. $^2/_3$
1re sole jachère		223,2			43,8	
2e » seigle	172,2	2,2	261,1		1528,8	
3e » orge	146,8	198,0	190,2		1119,4	
Pâturage sur 64,000 verges carrées					391 (1)	
Sommes	319	423,4	451,3	820	3083,0	1069,3
Ce qui fait en thlr. d'or, p. 100,000 v. carr.	341,8	453,6	483,5	878,6	3303,2	1145,7

(1) En assolement pastoral, sur 10,000 verges carrées.

    1. L'utilisation du pâturage est une valeur de.......... 91,7 thlr.

    2. L'économie des transports de fumier réalisés par la
production directe des engrais sur le pâturage s'élève à   17,7 »

                  ENSEMBLE..... 109,4 thlr.

En assolement triennal, cette économie n'a pas lieu, et l'utilisation du

§ XIII. — Influence de la distance du champ à la ferme sur les frais de travail en assolement triennal.

Pour 36,000 verges carrées terre arable, nous avons trouvé, d'après le § précédent, que :

les frais de préparations s'élevaient à.........   423,4 thlr. N. $\frac{2}{3}$
les frais de récolte........................   451,3   »   »

En nous servant de la classification du § 11, nous aurons les répartitions suivantes :

	1re classe. N. $\frac{2}{3}$	2e classe. N. $\frac{2}{3}$	3e classe. N. $\frac{2}{3}$	4e classe. N. $\frac{2}{3}$
a. sur les frais de préparations			423,4	1,2
dont pour la distance.....			$\frac{1}{10}$	
par conséquent...........			42,3	
b. sur les frais de récolte.....	145,9	86,8	12,3	206,3
dont pour la distance......	1	$\frac{3}{20}$	$\frac{1}{10}$	0
par conséquent...........	145,9	13	1,2	0

Pour chaque augmentation de 210 verges de distance de la ferme, les frais de préparation changent de............................   42,3 thlr. N. $\frac{2}{3}$
les frais de récolte........................   160,1   »   »

Ensemble...........   202,4 thlr. N. $\frac{2}{3}$

Si le produit est de 9 grains, nous trouvons déterminés par la distance,
pour les frais de préparation...............   42,3 thlr. N. $\frac{2}{3}$
les frais de récolte 160,1 $\times \frac{9}{10} =$...........   144,1   »   »

Ensemble...........   186,4 thlr. N. $\frac{2}{3}$

L'assolement pastoral étend successivement sa culture sur toutes les superficies arables, tandis que l'assolement triennal ne cultive que 36,000 verges carrées sur 100,000 verges carrées.

Quand la distance moyenne est de 210 verges pour l'assolement pastoral qui cultive 100,000 verges carrées, quelle

pâturage est à celle de l'assolement pastoral comme 2 : 3, pour une surface égale. Cette utilisation est donc sur 10,000 verges carrées de 91,7 $\times \frac{2}{3} =$ 61,1 thlr., ce qui fait **391** thlr. pour 64,000 verges carrées.

sera la distance moyenne pour les terres de l'assolement triennal qui ne cultive que 36,000 verges carrées?

Dans les figures semblables, les distances moyennes sont entre elles comme les racines carrées des surfaces de ces figures; ainsi nous aurons :

$$\sqrt{100,000} : \sqrt{36,000} :: 210 : x$$
$$316 : \qquad 190 :: 210 : \frac{190}{316} \times 210 = 126.$$

Ainsi la contenance totale étant égale de part et d'autre, la distance moyenne en assolement pastoral est à la distance moyenne un assolement triennal comme 210 : 126.

Les frais occasionnés par la distance sont de 202,4 thlr., N. 2/3, pour l'assolement triennal qui cultive 36,000 verges carrées de terre arable au produit de 10 grains et dont la distance moyenne $= 210$ verges.

Ces frais sont en raison directe de la distance ; ils sont par conséquent pour 126 verges de distance, comme 210 : 126

$$= 202,4 : \frac{126}{210} \times 202,4 = 121,5 \text{ thalers. N. } {}^{2}\!/_{3}$$

Sur cette somme, il revient aux

frais de préparation   25,5   »   »
  Aux frais de récolte.   96   »   »

L'assolement triennal ayant, comparativement à l'assolement pastoral, ses terres cultivées plus rapprochées de la ferme, économise, la surface totale étant égale :

en frais de préparation   42,3 — 25,5 = 16,8 thlr. N. 2/3
en frais de récolte. . . .   160,1 — 96   = 64,1   »   »
                                     Somme.   80,9   »   »

Au produit de 9 grains,
l'économie en frais de préparation est de.   16,8   »   »
en frais de récolte de 64,1 $\times$ 9/10 =.   57,7   »   »
                      En tout.   74,5   »   »

DANS L'ASSOLEMENT TRIENNAL AU PRODUIT DE DIX GRAINS, NOUS AVIONS :	FRAIS de SEMAILLE. Thalers N° 2/3.	FRAIS de PRÉPARATION. Thalers N° 2/3.	FRAIS de RÉCOLTE. Thalers N° 2/3.	FRAIS GÉNÉRAUX de culture. Thalers N° 2/3.	PRODUIT BRUT. Thalers N° 2/3.	RENTE FONCIÈRE. Thalers N° 2/3.
Pour une distance moyenne de 210 verges............	319	423,4	451,3	820	3083,0	1069,3
Avec une distance moyenne de 126 verges, on économise..	....	16,8	64,1			
Reste............................	319	406,6	387,2	820	3083,0	1150,2

Exprimé en thalers d'or, cela fait :

	FRAIS de SEMAILLE. Thalers N° 2/3.	FRAIS de PRÉPARATION. Thalers N° 2/3.	FRAIS de RÉCOLTE. Thalers N° 2/3.	FRAIS GÉNÉRAUX de culture. Thalers N° 2/3.	PRODUIT BRUT. Thalers N° 2/3.	RENTE FONCIÈRE. Thalers N° 2/3.
Pour 10 grains........................	341,8	435,6	414,8	878,6	3303,2	1232,4
Un grain de différence fait changer de..............	....	....	(41,5)	(87,8)	(330,3)	(201)
Pour 9 grains........................	341,8	435,6	373,3	790,8	2972,9	1031,4

Le schef. de seigle étant évalué à 1,291 thlr. or, si l'on veut exprimer entièrement en grain, les frais de semailles et le rendement brut, et n'exprimer que les 3/4 des frais de culture et des frais généraux en grain, et l'autre quart en argent, nous aurons le tableau suivant dans lequel nous avons négligé ou compensé les fractions.

ASSOLEMENT TRIENNAL SUR 100,000 VERGES CARRÉES.

RENDEMENT EN GRAINS.	SEMAILLE. schf. de seigle.	FRAIS DE PRÉPARATION schf. de seigle et thalers d'or.	FRAIS DE RÉCOLTE schf. de seigle et thalers d'or.	FRAIS GÉNÉRAUX de culture. schf. de seigle et thalers d'or.	RENDEMENT BRUT. schf. de seigle.	RENTE FONCIÈRE schf. de seigle et thalers d'or.
10 grains....................	265 schf.	254 schf. 109 thlr.	241 schf. 103 thlr.	510 schf. 220 thlr.	2560 schf.	1290 schf. ÷ 432 thlr.
Changement déterminé par un grain.........	....	....	(24 schf. 10 thlr.)	(51 schf. 22 thlr.)	(256 schf.).	(÷ 181 sc. + 32 th)
9 grains....................	265 schf.	254 schf. 109 thlr.	217 schf. 93 thlr.	459 schf. 198 thlr.	2304 schf.	1109 schf. ÷ 400 thlr.
8 id....................						928 schf. ÷ 368 thlr.
7 id....................						747 schf. ÷ 336 thlr.
6 id....................						566 schf. ÷ 304 thlr.
5 id....................						385 schf. ÷ 272 thlr.
4 id....................						204 schf. ÷ 240 thlr.
3 ½ id....................						113 schf. ÷ 224 thlr.

§ XIV a. — Comparaison de la rente foncière en assolement pastoral
et en assolement triennal.

Si nous voulons comparer l'une à l'autre la rente foncière
de ces deux systèmes de culture, nous devons non-seulement
supposer un même sol et une même superficie de part et
d'autre, mais encore une égale richesse moyenne de la terre
arable.

Nous avons vu au § 9, qu'un champ qui donne un rendement de 10 grains en assolement pastoral, n'en donne que
8,4 en assolement triennal, la richesse étant la même.

Pour savoir quel est le système de culture le plus avantageux dans un cas donné, nous devons comparer la rente foncière de l'assolement pastoral qui donne 10 grains à la rente
foncière de l'assolement triennal qui n'en donne que 8,4.

D'après le § 5, la rente foncière de 100,000 verges carrées en assolement pastoral au produit de 10 grains, est de
1,710 schef. seigle — 747 thlr.

D'après le § précédent, la rente foncière
en assolement triennal, au produit de 8,4
grains, est de....................... 1,000 schef. seigle — 381 thlr.
   Pour 8 grains, la rente foncière sera de   928 »   »   — 368 »
Une différence de 1 grain fait hausser
ou baisser la rente foncière de 181 schef.
— 32 thlr.; celle de $\frac{4}{10}$ grains, par con-
séquent de (181 schef.—32 thlr.) $\times \frac{4}{10} =$ 72 »   »   — 13 thlr.

Conséquemment pour 8 $\frac{4}{10}$ grains.... 1,000 schef. seigle — 381 thlr.
D'après cela la rente foncière s'élève
    a. Le prix du schef. seigle étant de.   1 $\frac{1}{2}$ thlr.
    en assol. past., à 1710 $\times$ 1 $\frac{1}{2}$ — 747 $=$ 1818 »
    en ass. trienn., à 1000 $\times$ 1 $\frac{1}{2}$ — 381 $=$ 1119 »

    Différence en fav. de l'assol. pastoral.   699 thlr.
    b. Le prix du schef. de seigle étant de   1 »
    en assol. past., à 1710 $\times$ 1 — 747 $=$ 963 »
    en ass. trienn., à 1000 $\times$ 1 — 381 $=$ 619 »

    Différence en fav. de l'assol. pastoral.   344 thlr.
    c. Le prix du schef. de seigle étant de $\frac{1}{2}$ thlr.
    en assol. past., à 1710 $\times$ $\frac{1}{2}$ — 747 $=$ 108 »
    en ass. trienn., à 1000 $\times$ $\frac{1}{2}$ — 381 $=$ 119 »

    Différence en fav. de l'assol. triennal.   11 thlr.

CONCLUSION. — Il ne peut donc exister aucune préférence absolue pour l'un de ces deux assolements ; l'avantage de l'un ou de l'autre n'est déterminé que par le prix des grains. Des prix inférieurs font adopter l'assolement triennal, des prix élevés, au contraire, l'assolement pastoral.

Le prix du seigle étant de 0,437 thlr. par schef., la rente foncière de l'assolement pastoral

$$= 1710 \times 0.437 - 747 = 0 \text{ thlr.}$$

tandis que la rente foncière de l'assolement triennal

$$= 1000 \times 0.437 - 381 = 56 \text{ thlr.}$$

CONCLUSION. — Lorsque le prix des grains est tellement bas, qu'en assolement pastoral les frais ne sont plus couverts, l'assolement triennal permet encore de cultiver le sol d'une manière lucrative.

Il doit exister cependant un prix des grains, avec lequel l'assolement pastoral rend autant que l'assolement triennal. On trouve ce prix en supposant la rente foncière des deux systèmes égale.

Ainsi on aurait, au produit de 10 grains,

1710 schef. s.	— 747 thlr.	= 1000 schef. seigle	— 381 thlr.		
—1000 »	+ 747 »	= 1000 »	»	+ 747 »	

710 schef. seigle	= 366 thlr.

Et par conséquent 1 schef. seigle = 0,516 »

Voilà le prix de limite trouvé. Si le prix du seigle le dépasse, alors l'assolement pastoral doit être préféré dans une terre au produit de 10 grains ; si, au contraire, il est au-dessous, c'est l'assolement triennal qui donnera un plus fort rendement net.

Dans l'Etat isolé où le prix moyen du seigle à la Ville est fixé à 1 1/2 thaler, nous avons trouvé, § 4, que le seigle avait précisément la valeur de 0,516 thlr., sur les terres qui sont à 29,9 milles de la Ville.

En admettant que la plaine de l'Etat isolé ait un degré de fertilité égal à 10 grains, au lieu d'être égale à 8 grains, comme nous l'avons admis, l'assolement pastoral s'étendrait jusqu'à **29,9** milles de la Ville, et cesserait là, pour faire place à l'assolement triennal.

Mais les prix en baissant toujours, à mesure que la distance à la Ville s'allonge, la rente foncière de l'assolement triennal baisse aussi en proportion, et nous devons arriver à un point ou elle devient $= 0$.

Nous aurons trouvé ce point quand :
        1000 schef. s. —   381 thlr. $= 0$, ou bien quand
        1000   » $=$ 381 thlr., et que par conséquent
           1   » $= 0,381$ thlr.

Ce prix sera déterminé par une distance de 34,7 milles.

Au degré de fertilité mentionné ci-dessus, la terre pourrait donc être cultivée en assolement triennal jusqu'à 34,7 milles de la Ville, et le cercle concentrique occupé par ce système, s'étendra sur un rayon total de 34,7 — 29,9 $= 4,8$ milles.

J'ai indiqué dans le tableau suivant, pour les rendements inférieurs, des calculs semblables à ceux que nous venons de voir pour le rendement de 10 grains.

Tableau.

LA MÊME RICHESSE QUI		L'ASSOLEMENT TRIENNAL	LA RENTE FONCIÈRE $= 0$	
PRODUIT en assolement pastoral ; grains.	PRODUIT en assolem. trienn. grains.	donne une rente foncière de :	LORSQUE le prix est en thalers.	LORSQUE la dist. du marché est en milles.
10.	8,4	1000 schf. $\div$ 381 thlr.	0,381	5 7
Changement avec (1).	(0,84)	$\left(\begin{array}{c}\div 152 \text{ sc.} \\ + 27 \text{ th.}\end{array}\right)$		
9.	7,56	848 schf. $\div$ 354 thlr.	0,417	33,3
8.	6,72	696 schf. $\div$ 327 thlr.	0,470	31,5
7.	5,88	544 schf. $\div$ 300 thlr.	0,552	28,6
6.	5,04	392 schf. $\div$ 273 thlr.	0,697	23,6
5.	4,20	240 schf. $\div$ 246 thlr.	1,025	13,3
4 $\frac{1}{2}$.	3,78	164 schf. $\div$ 232 thlr.	1,418	9,2
Expression générale pour 10 — x grains.	$(10 - x)\frac{84}{100}$	1000 schf. $\div$ 381 thlr. $\div$ 152 x schf.	$\dfrac{381 - 27 x}{1000 - 152 x}$	
D'après cela, on trouve pour 5,4 grains.	4,53.	$+ 27 x$ thlr.. —	0,854	18,6

LA MÊME RICHESSE QUI		LA RENTE FONCIÈRE EST DE, POUR		LES RENTES FONCIÈRES DE DEUX SYSTÈMES S'ÉQUILIBRENT QUAND	
donne en assolement pastoral, grains.	DONNE en assolement triennal, grains.	l'assolement pastoral.	l'assolement triennal.	le schf. de seigle vaut en thalers :	ou que la distance du marché est en milles.
10	8,4	1710 schf. ÷ 747 thlr.	1000 schf. ÷ 381 thlr.	0,516	29,9
9	7,56	1439 schf. ÷ 694 thlr.	848 schf. ÷ 354 thlr.	0,575	27,8
8	6,72	1168 schf. ÷ 641 thlr.	696 schf. ÷ 327 thlr.	0,665	24,7
7	5,88	897 schf. ÷ 588 thlr.	544 schf. ÷ 300 thlr.	0,816	19,8
6	5,04	626 schf. ÷ 535 thlr.	392 schf. ÷ 273 thlr.	1,120	10,5
5	4,20	355 schf. ÷ 482 thlr.	240 schf. + 246 thlr.	2,052	
4 ½	3,78	220 schf. ÷ 455 ½ thlr.	164 schf. ÷ 232 ½ thlr.		
Généralement on trouve pour 10 — x grains..........	$(10 - x)\dfrac{84}{100}$	1710 schf. ÷ 747 thlr. ÷ 271 x schf. + 5 x thlr.	1000 schf. ÷ 381 thlr. ÷ 152 x thlr. + 27 x' thlr.	$\dfrac{366 - 26\,x}{710 - 159\,x}$	
Par conséquent, pour 5,4 grains.	4,53	....	....	1,5	0
— — — 6,3 — ..	5,3	....	....	1,0	14

L'ASSOLEMENT TRIENNAL				
AVEC UNE RICHESSE QUI PRODUIT		COMMENCE à une distance de la ville DE MILLES.	DISPARAÎT à une distance DE LA VILLE de milles.	A UN RAYON de milles.
EN assolément pastoral, grains.	EN assolement triennal, grains.			
10	8,4	29,9	34,7	4,8
9	7,56	27,8	33,3	5,5
8	6,72	24,7	31,5	6,8
7	5,58	19,8	28,6	8,8
6	5,04	10,5	23,6	13,1
5,4	4,53	0	18,6	18,6

Ces tableaux nous montrent, qu'à un prix donné pour les grains, le terrain plus riche se cultive avec plus de profit par l'assolement pastoral, le terrain plus pauvre, par l'assolement triennal; qu'ainsi ces deux systèmes, l'un à côté de l'autre dans une localité, où les terrains sont de fertilité différente, mais où le prix des grains est égal, sont rationnellement placés. Si, par exemple, le schef. de seigle coûte 1 thlr., la rente foncière des deux systèmes de culture s'équilibre quand le sol a la richesse qui, en assolement pastoral produit 6,3, et en assolement triennal 5,3 grains. Dans ce cas, il est indifférent d'adopter tel ou tel système de culture; mais on cultivera par l'assolement pastoral tout le terrain à produit plus élevé, et par l'assolement triennal tout le terrain à produit inférieur. Actuellement, la richesse du sol est une grandeur variable qui est plus ou moins soumise au pouvoir du cultivateur. Par conséquent, le prix des grains restant fixe, la seule augmentation de la richesse du sol peut occasionner l'introduction d'un système de culture plus avancé sur le même domaine.

Dans l'Etat isolé, le terrain est partout d'une égale fertilité; dans ce cas, si le sol, au lieu de 8, ne produisait que 5,4 grains, l'assolement pastoral sera complétement supplanté par l'assolement triennal, même lorsque le prix du grain n'est que de 1 1/2 thlr.; et alors l'assolement triennal viendrait toucher aux portes de la Ville, à moins que le sol du premier Cercle n'ait atteint un degré de richesse plus élevé par des acqnisitions en engrais de la Ville, ce que nous avons admis.

Conclusion. — Les prix inférieurs de grains et l'abaissement de la fertilité du sol ont, sur le système de culture, une seule et même action; tous deux conduisent à l'assolement triennal.

§ XIV b. — Développements.

Nous avons supposé dans l'Etat isolé :

1° Que la culture était pratiquée partout d'une manière rationnelle ;

2₀ Que les cultures, sous le rapport de la richesse du sol, restaient dans un état stationnaire ;

3° Que le sol, à l'exception du Cercle de la culture libre, avait partout la fertilité qui, en assolement pastoral de sept ans, produit 8 grains après jachère pure.

En réunissant ces hypothèses, on a pour conséquence que, dans l'Etat isolé, et sous l'influence des circonstances qui y dominent, il ne serait pas avantageux pour la nature du sol d'augmenter ou de diminuer la richesse au delà ou en deça du point où elle produit 8 grains.

Expliquer si ces hypothèses sont bien d'accord entre elles, c'est ce qui ne peut nous préoccuper en ce moment, parce qu'en mêlant deux ordres d'idées, nous nuirions à la clarté de nos démonstrations; nous le remettrons à la deuxième partie de cet ouvrage.

Ce dont nous avons à nous occuper, c'est de connaître et de comparer le rendement en argent des divers systèmes de culture, appliqués sur un même sol de même richesse, sans perdre de vue que ces cultures doivent rester à l'état fixe ou stationnaire; quand ce problème sera résolu, nous pourrons nous occuper de résoudre la question : dans quelles circonstances et jusqu'à quel degré il est avantageux d'enrichir le sol.

Mais pour commencer nos recherches, il fallait prendre

pour base un produit quelconque du sol : afin de ne pas trop nous éloigner du produit moyen que l'on trouve en réalité dans des provinces entières, j'ai adopté le produit de 8 grains pour l'Etat isolé. Ce produit doit nous paraître suffisant, et être considéré comme s'accordant avec le produit d'une culture exécutée rationnellement.

D'après cela, nous n'avons pour produit dans l'Etat isolé que celui de 8 grains. Cependant nous avons cité et examiné dans les tableaux précédents les degrés de production depuis 5 jusqu'à 10 grains ; nous allons dire pourquoi.

Si, dans la réalité, on rencontre des terres de même espèce, et placées dans les mêmes circonstances que dans l'Etat isolé, et que ces terres ne portent que 5 grains, il sera nécessaire de les enrichir assez, par une culture rationnelle, pour qu'elles soient amenées à produire 8 grains, et qu'au lieu de tomber dans l'assolement triennal, elles passent à l'assolement pastoral. Mais si la culture n'est pas rationnelle, comme cela arrive souvent dans la réalité, et si le sol reste dans un état inférieur de richesse, alors l'assolement triennal est plus avantageux que l'assolement pastoral.

La raison pour laquelle dans les tableaux ci-dessus j'ai cité des terres à différents degrés de production, tandis que dans l'Etat isolé nous n'avons qu'une production constante de 8 grains, c'est que ces degrés de production appartiennent à des cultures prises dans la réalité, qui, sous des influences semblables à celles de l'Etat isolé, restent stationnaires dans cette production, et ne subissent pas conséquemment la loi de la rationnalité.

Sur un terrain qui diffère de celui que nous avons pris pour base, le produit constant de la culture rationnelle différera de celui de 8 grains ; il sera inférieur sur le sable, supérieur sur l'argile.

Alors, en prenant successivement pour base, dans l'Etat isolé, d'autres variétés de terrains, et en comparant les résultats obtenus, on aurait, par la culture rationnelle, une échelle de productions diverses.

Mais comme sur des terrains différents les frais de culture

varient beaucoup, il faudrait faire, pour chaque espèce de terres, des calculs particuliers, et l'on trouverait que la rente foncière de ces terrains s'éloigne beaucoup de la rente foncière calculée pour une seule production de grains dans les tableaux ci-dessus. Ainsi nous avons vu que, le prix du schef. de seigle étant de 1 1/2 thlr., la rente foncière de l'assolement triennal disparaissait, lorsque le produit était de 3 3/4 grains. Cela est vrai pour l'Etat isolé, tandis qu'en réalité la culture triennale pourrait encore avoir lieu sur les terres sablonneuses même avec un produit de 3 grains seulement.

On pourrait peut-être même citer dans la réalité des cultures triennales qui se maintiennent avec des productions de 2 1/2 grains, mais alors les cultivateurs exercent ordinairement une industrie accessoire qui les fait vivre; et il faut toujours rechercher dans ce cas, si la culture rembourse les intérêts des bâtiments d'exploitation, et si, malgré la continuation de la culture du sol, la rente foncière n'est pas négative.

§ XV. Comparaison de la production d'engrais et des surfaces ensemencées en grains, dans l'assolement pastoral et l'assolement triennal.

Nous avons déjà dit, et cela ressort de l'ensemble de nos recherches, qu'il n'était question que d'assolement pastoral et triennal se maintenant dans une richesse toujours égale par elle-même, sans le secours d'engrais extérieurs.

Dans l'assolement triennal, la moitié des engrais fournie par le pâturage est perdue pour les terres arables, et par conséquent pour la culture des céréales. Ce pâturage est peu productif en lui-même. Avec d'aussi petites productions d'engrais, on ne peut, sur 100,000 verges carrées, qu'en cultiver 24,000 en blé, si l'on désire conserver une force d'engrais toujours égale.

L'assolement pastoral, au contraire, utilise tout l'engrais produit par un pâturage meilleur; cette circonstance lui permet de mettre eu blé les 3/7 de la surface, ou 43,000 verges carrées sur 100,000, sans rien perdre de sa force d'engrais.

Bien que l'assolement pastoral, par cette production d'engrais plus abondante, puisse consacrer à la culture des céréales une superficie plus grande que l'assolement triennal, ce dernier n'en est pas moins avantageux, lorsque le prix du blé est faible ; il peut subsister dans des circonstances où l'assolement pastoral donnant un rendement négatif doit nécessairement cesser.

Quand le prix du blé est minime, les frais occasionnés par une plus forte production d'engrais, en assolement pastoral, ne peuvent être couverts par la production d'une étendue plus grande en céréales; en d'autres termes, le fumier coûte plus qu'il ne vaut.

Dans le cas contraire, quand le prix du blé est élevé, ou quand la fertilité du sol est très-grande, ou bien encore quand ces deux causes réagissent simultanément, la rente foncière de l'assolement pastoral, dépasse de beaucoup celle de l'assolement triennal. Ainsi, les produits étant de 10 grains et le prix du schef. de 1 1[2 thlr., la rente foncière de 100,000 verges carrées cultivées

Par l'assolement pastoral.. $=$ 1818 thlr.
Par l'assolement triennal... $=$ 1119 »
Différence...... 699 thlr.

en faveur de l'assolement pastoral.

Ici les frais occasionnés dans l'assolement pastoral par la production des engrais disparaissent en présence des avantages qu'ils procurent, en permettant une culture plus considérable de céréales vendues plus cher.

§ XVI. — Système de culture à plus forte production d'engrais.

D'après ce qui précède, on arrive à conclure que, lorsque le prix des céréales est très élevé, et que la fertilité du sol est grande, il doit exister un point où une production d'engrais plus forte qu'en assolement pastoral sera richement payée.

Cette plus forte production d'engrais peut avoir lieu, car : 1° l'assolement pastoral se sert encore d'une jachère pure; cette jachère, il est vrai, est utile dans plusieurs circonstances, mais elle contribue peu à l'augmentation des engrais, puisqu'elle ne produit que la cinquième partie des fumiers que donne un pâturage; 2° les pâturages ne sont pas aussi productifs qu'ils pourraient l'être, puisqu'ils viennent toujours sur des terrains qui ont déjà porté trois céréales après fumure, et qui par conséquent ont un degré inférieur de richesse.

La jachère a les propriétés suivantes :

1° Elle rend utilisable, à peu de frais pour la céréale d'hiver, le gazon du pâturage. On pourrait sans doute donner à ce gazon le degré de décomposition voulue par les travaux du printemps, mais on n'y parvient qu'à grand renfort de peine, et ils coûtent 30 à 50 p. 0/0 de plus que la jachère régulière d'été.

2° Les contenus d'engrais et d'humus du sol reçoivent par la jachère un degré d'action, que ne pourrait donner aucune récolte préparatoire.

Ainsi un terrain qui après jachère portait 6 grains de seigle, n'en portera que 5 après vesces fauchés en vert. De ce que les années privilégiées et certaines variétés de terrains font exception, il n'est pas moins assuré que la jachère est la meilleure préparation pour une céréale d'hiver; seulement l'expression en chiffres des rapports (nous venons de l'admettre de 6 à 5) varie suivant les terrains, la culture et les climats.

Mais ce produit moindre du seigle après le vesces ne provient pas seulement de l'épuisement du sol déterminé par ces dernières, puisque le même phénomène a lieu lorsque la terre après l'enlèvement des vesces possède les mêmes proportions d'engrais que la jachère; elle provient surtout de ce que la culture du sol a été moins parfaite, et qu'une moindre partie de la masse totale d'engrais et d'humus qui y est contenue, a été préparée et rendue assimilable pour les plantes. Je caractérise ce point par l'expression : *action moindre de l'engrais* (3).

Au crédit de la récolte antérieure sont à imputer : 1° la valeur du fourrage pour le bétail; 2° la valeur de l'engrais obtenu en plus par la consommation du fourrage, valeur qui dépasse celle que sa production coûte à la terre, ce qui permet une plus grande extension de la culture des céréales.

Au débit nous porterons :

1° L'augmentation des frais de préparation ;

2° Les frais de semailles ;

3° La diminution du produit de la céréale d'hiver provenant de l'influence de la récolte antérieure.

Actuellement, quel devra être le prix des céréales et le produit en grain de la terre pour que le crédit de la récolte antérieure devienne égal à son débit?

Au moyen de données pour le calcul, ce point s'établirait aussi clairement, que quand il s'est agi de déterminer les limites entre l'assolement pastoral et l'assolement triennal. Mais ce calcul serait néanmoins très-compliqué, et je ne crois pas devoir le présenter ici, parce qu'on ne connaît pas d'une manière assez exacte les facultés épuisantes du fourrage vert, et que je n'ai pu disposer du temps nécessaire à ces recherches. Je me bornerai à indiquer quelques-uns des principes qui, suivant moi, ressortiraient de l'opération.

Lorsque la fertilité du sol est moyenne, il faut, pour abolir la jachère avec avantage, que les céréales soient d'un prix très-élevé ; car quand même l'augmentation de travail est couverte par une élévation progressive des prix, la diminution de la production en céréales d'hiver influe tellement sur le produit net, que l'extension donnée à la culture des céréales, fut-ce jusqu'à la moitié de la superficie totale, ne balance cette perte que difficilement, et alors seulement que le prix du grain est très-cher.

D'un autre côté, cette perte n'est pas facilement compensée non plus par la valeur du fourrage obtenu dans des circonstances telles que celles de l'Etat isolé, où, à cause de la concurrence des pays sans culture, les produits animaux ont si peu de valeur que l'industrie du bétail ne donne que peu ou point de rente foncière, comme on le verra dans la suite.

Si, au contraire, nous examinons un terrain de haute fertilité, les rapports changent considérablement.

Avec l'augmentation de la force d'engrais de la terre, le produit en grain augmente jusqu'à un certain degré.

L'augmentation du produit en grain ne peut pas être toutefois illimitée comme celle de la force d'engrais ; elle trouve des bornes dans la nature même de la plante, qui ne dépasse pas une certaine hauteur et un certain rendement, malgré l'abondance des principes nutritifs mis à sa disposition. Du moment que la terre possède une force d'engrais qui permet à la plante semée d'atteindre son maximum de rendement, toute autre addition d'engrais devient superflue, même nuisible, puisqu'alors les céréales versent, et que le produit diminue.

Supposons que le maximum du rendement du seigle soit 10 grains pour un terrain donné. Dans ce cas, si l'on augmente la force d'engrais de ce terrain de 1/5, de manière à produire 12 grains, en admettant que la nature de la plante le permette, on n'obtiendra sur jachère pure qu'une céréale versée. Mais si à la jachère on substitue des vesces vertes, l'action des engrais et de l'arrière-engrais du sol sera diminuée de manière à ce qu'elle ne produise plus que les 10 grains que le sol en question peut porter.

Dans ces conditions, le désavantage de la récolte antérieure sur la céréale d'hiver suivante disparaît, il ne reste plus à insérer au débit de la récolte suivante que le surplus des frais de préparation et des frais de semailles. Ce surplus de dépenses est couvert, même à ce prix modéré des grains, par l'augmentation des engrais et l'extension des cultures des céréales qui en est la suite.

Il n'est donc pas douteux alors que l'abandon de la jachère soit rationnel, en supposant toutefois que la constitution physique du sol et le climat ne soient pas de nature à rendre la jachère absolument nécessaire.

Mais par l'abandon de la jachère la forme de l'assolement pastoral est complétement modifiée. D'abord, pour faciliter les cultures après pâturages nécessaires à la récolte antérieure (1), on trouvera avantageux de ne laisser durer le pâ-

______

(1) On a compris sans doute que la *récolte antérieure* désigne toujours ici la récolte qui précède la céréale d'hiver. Récolte antérieure, récolte préparatoire, récolte précédente, ou simplement précédent, sont synonimes (L).

turage qu'un ou deux ans au plus, au lieu de trois. Ensuite pour prévenir le dépérissement de la terre arable, si facile quand il n'y a pas de jachère pure, il faudra une attention soutenue qui règle la succession des récoltes, de manière à ce qu'elles soient toujours placées dans les circonstances les plus favorables à leur réussite. Ainsi, l'on choisira, par exemple une rotation dans laquelle le sol se trouve toujours dans l'état de culture exigé par les propriétés de chaque plante, et où chaque récolte enlevée laisse en terre une richesse parvenue à son plus haut degré d'action pour la récolte suivante; soins qui ne sont pas à négliger même dans l'assolement pastoral, mais qui sont moins nécessaires, et qui doivent céder le pas devant d'autres considérations. En un mot, la haute fertilité du sol jointe à de bons prix de grains, change l'assolement pastoral en assolement alterne.

Lorsque sur un sol donné le maximum du produit moyen en seigle $= 10$ grains, ce qui suppose dans l'assolement pastoral de 7 ans une richesse moyenne de 373° sur 1000 verges carrées, il arrive qu'un supplément de richesse se trouve sans emploi, parce que dans ce système il ne produirait que des céréales versées, et diminuerait ainsi le rendement. Celui donc qui regarde l'assolement pastoral comme le terme extrême de culture ne saura comment utiliser sur ce sol les trésors en terreau et en marne qu'il contient; c'est tout au plus si par leur emploi il étendra momentanément ses semailles de céréales, mais il ne saura pas fonder un capital productif plus considérable.

Avec l'assolement alterne il n'en est pas ainsi; là une plus grande richesse moyenne peut trouver un utile emploi, car 1° une répartition plus égale de la richesse dans toutes les soles rend déjà nécessaire une richesse moyenne plus forte pour produire 10 grains de seigle, et 2° l'action de l'engrais diminuée par la récolte antérieure demande une élévation considérable de richesse de la sole destinée au seigle, si l'on veut que cette dernière livre le maximum de 10 grains.

Par la première raison, la richesse moyenne d'un assolement alterne de 6 ans doit être, § 9, de 425° pour que la sole de seigle, après vesces, contienne 500°. Par la seconde, il faut 600° de richesse absolue pour produire 10 grains.

Le maximum de la production des pommes de terre et du fourrage vert, s'accommode mieux que les céréales d'une forte richesse, et la culture de ces plantes est précisément la plus avantageuse sur les terres qui contiennent plus de 500° de richesse. Si l'on veut que les soles soient entre elles dans les rapports de richesse indiqués au § 9, il faudra, pour un produit en grain de seigle = 10, que la sole de pommes de terre ait une richesse absolue de 600°. La richesse moyenne sera alors élevée de 1/5, c'est-à-dire de 425° à 425 × 1 1/5 = 510°.

Comme dans l'assolement alterne la richesse n'a, comparativement à l'assolement pastoral, une influence moindre que sur la céréale d'hiver et non sur les pommes de terre, les céréales de printemps et les fourrages verts, il s'ensuit que le rendement net de ce système dépasse de beaucoup celui de l'assolement pastoral à produit de 10 grains.

Une richesse moyenne de 510° trouve donc dans l'assolement alterne un emploi utile et productif, tandis que dans l'assolement pastoral on ne peut utiliser qu'une richesse moyenne de 373°. Autrement dire, l'assolement alterne peut fonder dans le sol une richesse moyenne de 510° capable de porter intérêt, l'assolement pastoral une richesse moyenne de 373° seulement.

Dans les contrées où la consommation est équilibrée par la production, qui, par conséquent, n'importent ni n'exportent aucune céréale, la population est en proportion quelconque avec la somme des matières nutritives produites. Or, l'assolement pastoral produit, à surface égale, une plus grande masse de matières nutritives que l'assolement triennal, mais beaucoup moins que l'assolement alterne, le rendement en grains de seigle étant supposé le même pour les trois systèmes. Et pendant que l'assolement pastoral produisant 10 grains nourrit 3,000 âmes environ sur un mille carré, l'assolement triennal n'en nourrit que 2,000 et l'assolement alterne 4,000.

L'assolement alterne est donc un moyen précieux pour tirer avantageusement parti de terres riches; mais sur des terres pauvres, il ne sert qu'à détruire le rendement net que d'autres systèmes auraient pu donner.

———

Quand on calcule la quantité d'herbe qu'un pâturage donne annuellement en assolement pastoral, et qu'on la compare au produit en foin du trèfle rouge fauché, on trouvera sur un sol de même force d'engrais une grande différence de production en faveur du trèfle fauché.

On remarque cette supériorité jusque dans les pâturages, composés en grande partie de trèfle ; d'où l'on peut conclure que l'infériorité du pâturage proprement dit, est due à la perturbation constante que le broutement et le piétinement des bestiaux font éprouver à la végétation des plantes, ce qui réagit d'une manière défavorable sur la croissance de l'herbe et du trèfle.

Il y a donc augmentation de fourrage et d'engrais quand on remplace les pâturages de l'assolement pastoral par des champs de fourrage vert fauché ; alors la stabulation succède au pâturage.

Mais avec la stabulation s'accroissent les quantités d'engrais, ce qui permet d'étendre les cultures de céréales ; et si, d'après un calcul superficiel, l'assolement alterne peut, avec le pâturage, ensemencer en céréales 50 pour cent de la superficie totale, il en pourra semer 55 avec la stabulation, sans diminuer la richesse d'un degré (1).

Sous les climats chauds et en terres fertiles, on cultive fréquemment sur le chaume des céréales récoltées, une seconde récolte, telle que raves, spergules, etc. : c'est, pour ainsi dire, une rotation accélérée ; on obtient en un an deux récoltes, dont la production, sous des climats plus froids, aurait exigé deux ans. Ces récoltes dérobées servent en général de nourriture pour les bestiaux ; on choisit des plantes qui, consom-

(1) Il est toujours question d'un bon terrain de plateau capable de se maintenir en égale fertilité par l'assolement pastoral de sept ans, sans supplément d'engrais. Une extension semblable dans la culture des céréales serait devenue ruineuse pour tout terrain moins bon ; et même il y aurait épuisement du bon terrain si le froment était substitué au seigle.

mées, rendent plus d'engrais que leur production n'en a coûté à la terre, de sorte que l'épuisement des céréales trouve dans les engrais produits par les récoltes dérobées un contre-poids continuel. Une partie de l'épuisement des céréales est neutralisée par la compensation équivalente des récoltes dé-robées, et il ne faut pas s'étonner alors que ces systèmes de cul-tures sèment en blé et en plantes commerciales jusqu'à 60 et 70 pour cent de la superficie, sans diminuer la richesse du sol.

Toutefois, outre des terrains remarquables, il faut des prix élevés de produits pour payer les frais de ces récoltes en-levées à la course, suivant l'expression d'un écrivain anonyme.

D'après le témoignage d'auteurs dignes de foi, le trèfle rouge, dans certaines localités, n'épuise pas, mais enrichit le sol.

Dans le Mecklenbourg, au contraire, l'expérience et l'o-pinion générale prouvent que le trèfle rouge doit être con-sidéré comme plante épuisante.

De plus, on a remarqué fréquemment, qu'en Mecklenbourg et en Poméranie, les terres qui avaient passé de l'assolement triennal à l'assolement pastoral ont donné, pendant les pre-mières rotations, des récoltes luxuriantes de trèfle blanc et de trèfle rouge, mais que la grandeur de ces récoltes a ensuite baissé, sans qu'on ait pu la relever, ni par l'augmentation de la richesse du sol, ni par l'application de la marne.

Comment expliquer ces faits, contradictoires en apparence, par une cause commune ? Je crois l'expliquer, en admettant qu'il existe dans les engrais une substance, peu importe son nom et sa nature, qui n'est pas absorbée par les céréales, et qui reste à la disposition du trèfle auquel elle convient parti-culièrement.

Que l'on vienne à semer du trèfle dans un sol cultivé de-puis longtemps, mais qui jusque-là n'a porté que du blé, le trèfle trouvera cette substance comme résidu de toutes les fumures antérieures enfouies en terre ; il réussira par consé-quent d'une manière admirable, à cause de la nourriture su-rabondante qu'il aura rencontrée. Cependant, cette substance indifférente au blé finit par s'épuiser après plusieurs récoltes successives de trèfle ; mais ce dernier aura laissé en chaume et en racines un engrais très-actif pour les céréales qui trouvent alors une masse augmentée de matières nutritives. Si dans cette hypothèse on prend, pour base de l'appréciation de l'épuisement, la venue du blé avant et après le trèfle, on trouvera que ce fourrage est beaucoup plus enrichissant qu'épuisant par rapport aux céréales.

D'un autre côté, aussitôt que le trèfle incorporé dans une rotation régulière revient assez fréquemment pour que les substances spéciales à sa nourriture primitivement contenues dans le sol soient épuisées, il n'en trouve plus pendant les rotations postérieures que dans les engrais frais amenés à la terre. Or, les engrais n'en contiennent pas assez pour que le trèfle puisse se nourrir, de sorte que ce dernier attaque en une certaine mesure les matières nutritives destinées au blé, et alors, au lieu d'être enrichissant, il devient épuisant.

Il est probable que les substances spéciales au trèfle rouge sont, sinon identiques au moins semblables à celles du trèfle blanc, et comme le trèfle blanc est semé dans toute l'étendue des pâturages de l'assolement pastoral, ces substances doivent y manquer aussi. Que dans ce cas, si on substitue le trèfle rouge au trèfle blanc pour varier, le résultat sera toujours le même, et une partie des engrais seront absorbés par des fourrages au détriment de la céréale.

Toute incomplète que soit cette manière de voir, il m'est impossible, d'après mes expériences et mes observations, d'attribuer une action enrichissante aux vesces fauchées en vert, et au trèfle rouge, quand ces végétaux reviennent régulièrement dans chaque rotation. Je suis même forcé d'admettre que, donnant une aussi grande quantité de fourrage, et ne croissant qu'en raison de la richesse qu'ils trouvent dans le sol, ils doivent exercer sur lui une action épuisante. Néanmoins, il m'est démontré que le trèfle rouge, déduction faite de ce que sa production a coûté en engrais, donne sur les terres qui lui conviennent un supplément d'engrais beaucoup plus considérable que ne pourrait donner un pâturage d'assolement pastoral sur le même terrain.

En conséquence, le crédit de la stabulation, comparée au

parcours du bétail sur les pâturages, doit nous montrer :

1° Augmentation de fourrage ;

2° Augmentation de production d'engrais, et partant extension de la culture des céréales.

Son débit :

1° Semailles de vesces et de trèfle plus chères que l'ensemencement en trèfle des pâturages ;

2° Augmentation des frais de préparation causée par la culture des vesces ;

3° Frais de transport du fourrage vert à la ferme ;

4° Frais de transport des engrais produits par la consommation du fourrage vert. Avec le pâturage ces frais sont économisés.

Les dépenses occasionnées par la stabulation ne sont pas peu considérables : elles ne pourront être contrebalancées et remboursées que par l'extension de la culture des céréales et l'augmentation des fourrages sur des terres d'une haute valeur.

Pour un terrain peu fertile le remboursement de ces dépenses serait impossible ; dans ce cas, la culture alterne avec stabulation permanente serait d'autant plus ruineuse (1) que

(1) Nous avons eu, et nous avons encore en France, de nombreux exemples qui nous montrent combien il est imprudent de vouloir passer brusquement d'un assolement triennal pauvre à un assolement alterne. Celui qui commet cette faute s'expose à une ruine certaine, à moins qu'il n'ait assez de fortune pour parer à toutes les pertes. Il n'y a qu'un cas où cette manière de procéder se justifie, celui d'un sol qui contiendrait une grande fertilité restée à l'état inerte jusque là, et que l'on aurait trouvé moyen de rendre active. Mais quand le sol est radicalement appauvri, vouloir lui imposer tout à coup les assolements des pays riches, c'est se préparer des revers certains. Un assolement perfectionné exige l'existence de certaines conditions préalables que l'on ne peut créer à aucun prix sans le secours du temps et de moyens indirects. Mais ce n'est pas seulement dans l'introduction des assolements, qui sont toute une organisation, que l'on constate cette absence de jugement pratique, c'est encore dans l'introduction beaucoup plus simple en apparence des plantes et des races d'animaux. Sous ce rapport, on a montré souvent la plus grande impéritie. Et cependant on ne saurait en agriculture entourer les plantes ou les races nouvelles des mêmes soins que ceux qu'on leur accorde dans les serres et dans les jardins d'acclimation. Là, les essais avortent néanmoins, malgré la création des terres et des températures artificielles, parcequ'on ne peut faire un soleil, une lumière, ni les vents et les brises, dont la présence est tout aussi indispensable que le sol et la température des contrées d'où les plantes ou les races nous sont envoyées (L).

l'augmentation de fourrage et d'engrais espérée se changerait en une diminution, car alors les fourrages manqueraient complétement ou donneraient un produit bien inférieur à celui des pâturages, et rembourseraient à peine les frais de la semence employée.

Dans un assolement pastoral à produit de 10 grains, le champ qui est à 535 verges de la ferme n'a plus, § 11, que la moitié de la valeur des terres qui la touchent.

Dans l'assolement alterne avec stabulation, les travaux dont la grandeur est en raison directe de la distance de la ferme, tels que le transport des récoltes et des fumiers, augmentent extraordinairement. En faisant à ce système l'application du calcul donné pour l'assolement pastoral, on trouverait sans doute que ce n'est plus à 535 verges, mais à 300 verges de la ferme seulement que la valeur relative du champ n'est que de moitié.

On peut donc admettre avec certitude que l'assolement alterne avec stabulation ne doit s'étendre sur la superficie totale que dans les petits domaines. Que sur les grands domaines, ayant même un terrain de haute valeur, ce système n'est applicable que sur les terres rapprochées; celles qui sont éloignées seront mieux utilisées par l'assolement pastoral.

En terres de haute valeur (cette valeur ressort de la fertilité du sol et du prix des produits), l'assolement alterne avec stabulation est plus profitable sur les petits domaines que l'assolement pastoral; de ce fait, on peut conclure qu'à mesure que la valeur de la terre augmente, les propriétés moyennes obtiennent de plus en plus la préférence. C'est ce qui arrive dans toutes les contrées où la culture du sol est très-avancée; les domaines y sont petits ou de dimensions moyennes.

§ XVII. — Résultats d'une comparaison entre la culture belge et la culture mecklenbourgeoise.

Nous admettrons ici, comme base pour les deux systèmes, un sol dans lequel l'épuisement relatif du seigle est de 1/6.

Assolement belge pris pour point d'observation.

1. Pommes de terre.
2. Seigle, navets sur chaume.
3. Avoine.
4. Trèfle.
5. Froment, navets sur chaume.

L'assolement de la culture mecklenbourgeoise, dont nous nous servirons dans la comparaison, est l'assolement pastoral ordinaire de 7 ans dont nous avons déjà parlé.

RICHESSE ET RENDEMENT DE LA CULTURE BELGE.

CHAQUE SOLE A 10000 VERGES CARRÉES.	DEGRÉ DE RICHESSE.	RENDEMENT.
1. Pommes de terre..............	7680°	11500 schf.
2. Seigle......................	6974	1056 —
Navets.....................	»	6500 quint.
3. Avoine.....................	7650	1650 schf.
4. Trèfle.....................	6910	3150 q. foin.
5. Froment...................	7349	1056 schf.
Navets.....................	»	6500 quint.
En 50000 verges carrées sont contenus.	36563	
Ce qui fait par 10000 verges carrées...	7313	

RICHESSE ET RENDEMENT DE LA CULTURE MÉCKLENBOURGEOISE.

	DEGRÉ	RENDEMENT
1. Seigle......................	6336°	1056 schf.
2. Orge......................	5280	1056 —
3. Avoine.....................	4488	1267 —
4. Pâturage.	3854	898 q. foin.
5. id......................	4145	898 —
6. id......................	4435	898 —
7. Jachère contenant au printemps...	4726	180 —
Valeur d'engrais ajoutée par la paille.	1552	
En 70000 verges carrées sont contenus.	34816	
Ce qui fait par 10000 verges carrées...	4973	

Le produit en grain des céréales d'hiver étant égal, la richesse moyenne du champ mecklenbourgeois est à celle du champ belge comme 4973° est à 7313° ou comme 100 : 147.

Mes calculs me donnent comme résultat final le tableau suivant des frais et de la rente foncière.

A. — Pour la culture belge sur 100,000 verges carrées.

	SEMAILLE. Thalers N $\frac{2}{3}$	FRAIS de PRÉPARATION. Thalers N $\frac{2}{3}$	FR. DE RÉCOLTE et transp. d'engr. Thalers N $\frac{2}{3}$	FRAIS GÉNÉRAUX de culture. Thalers N $\frac{2}{3}$	SOMMES des FRAIS. Thalers N $\frac{2}{3}$	RENDEMENT BRUT. Thalers N $\frac{2}{3}$	RENTE FONCIÈRE. Thalers N $\frac{2}{3}$
Produit de 10,56 grains..................	672	2060	2382	3188	8302	11081	2779
— 10 id..................	672	2060	2256	3046	8034	10194	2460
(Changement déterminé par 1 grain).......	0	0	(225,6)	(254,4)	(480)	(1049,4)	(569,4)
9							1890,6
8							1321,2
7							751,8
6							182,4
5 $\frac{68}{100}$							0

B. — Pour la culture mecklembourgeoise sur 100,000 verges carrées.

	SEMAILLE. Thalers N $\frac{2}{3}$	FRAIS de PRÉPARATION. Thalers N $\frac{2}{3}$	FR. DE RÉCOLTE et transp. d'engr. Thalers N $\frac{2}{3}$	FRAIS GÉNÉRAUX de culture. Thalers N $\frac{2}{3}$	SOMMES des FRAIS. Thalers N $\frac{2}{3}$	RENDEMENT BRUT. Thalers N $\frac{2}{3}$	RENTE FONCIÈRE. Thalers N $\frac{2}{3}$
Produit de 10,56 grains..................	612	814	754	1357	3537	5137	1600
— 10 id..................	612	814	714	1296	3436	4865	1429
Changement par 1 grain..................	0	0	(71,4)	(109,7)	(181,1)	(486,5)	(305,4)
9							1123,6
8							818,2
7							512,8
6							207,4
5 $\frac{32}{100}$							0

1. Il est à remarquer d'abord que le produit des céréales d'hiver en Belgique est presque exactement égal au rendement moyen du froment à Tellow ; on a dû, dans cette dernière localité, abandonner le projet de porter le froment à un rendement moyen plus élevé, parce qu'il versait et que la récolte était amoindrie. Nous pouvons en conséquence considérer le produit moyen belge de 10,56 grains comme le maximum du rendement moyen sur bon sol de plateau (1).

2. Au rendement de 10,56 grains en assolement pastoral, se rattache une rente foncière de 1600 thalers, et comme le rendement en grain n'y peut pas être augmenté, le système pastoral pur, où l'on fait jachère fumée avec tous les engrais disponibles, ne peut élever sa rente foncière.

Dans la culture belge, au contraire, on trouve que la rente foncière est de 2779 thalers avec un rendement de grain égal, ce qui veut dire que, avec rendement de 10,56 grains, la culture mecklembourgeoise est à la culture belge comme 100 : 174.

Les rendements bruts des deux cultures sont entre eux comme 5137 est à 11081, ou comme 100 est à 216.

Supposons actuellement ces deux systèmes de culture répandus dans deux contrées de même superficie, on devra trouver dans les deux pays une énorme différence de richesse, de population et de puissance.

Il est probable que la population est sinon en raison directe, du moins en rapport très-étroit avec le produit brut.

(1) A Tellow, le rendement moyen de 100 verges carrées a été en schef. berlinois :

Périodes.	Froment.	schf.	Seigle.	schf.
De 1810 à 1820,	10,93	»	9,65	»
De 1820 à 1830,	11,37	»	11,30	»
De 1830 à 1840,	10,05	»	11,10	»
Rendement moyen de 30 ans....	10,78	»	10,68	»

La diminution du rendement du froment pendant la dernière période, comparativement aux deux premières, provient en partie de l'action moindre de la marne, en partie des modifications que l'assolement a subies, par lesquelles on a semé plus de froment qu'auparavant dans le chaume d'une récolte antérieure.

Nous avons admis, comme simple hypothèse il est vrai, que l'assolement pastoral au rendement de 10 grains pouvait nourrir une population de 3000 âmes par mille carré ; ce chiffre s'élèverait à 3200 âmes par mille carré, avec un assolement pastoral de 10,56 grains, et à 6900 âmes par mille carré avec la culture belge, qui, sous le rapport du produit brut, est à la culture pastorale comme 216 est à 100.

Comparons ce calcul hypothétique avec la réalité, pour voir s'il y a lieu à rectifications.

Suivant Hassel (*Manuel de géographie et de statistique*), la population en 1817 était répartie comme il suit :

PROVINCES.	ÉTENDUES, MILLE CARRÉ.	NOMBRE DES HABITANTS.	NOMBRE d'habitants PAR MILLE CARRÉ.
Hainaut................	79,38	430,156	5,419
Brabant méridional......	66,24	441,222	6,660
Anvers................	47,88	287,347	6,001
Flandre orientale........	49,10	600,184	12,223
Flandre méridionale......	68,04	519,400	7,634
Département du Nord.....	109,90	871,990	7,932
	420,54	3,150,299	

Ces six provinces, où la culture belge est pratiquée avec le plus de perfection, contiennent donc sur 420,54 milles carrés, 3,150,299 habitants, ce qui fait par mille carré 7,491 habitants.

En temps ordinaire, il n'est pas à ma connaissance que la Belgique importe des céréales pour sa consommation ; si cela est vrai, et si la Belgique nourrit elle-même sa population, on doit remarquer que notre calcul était au-dessous de la réalité.

Quand la richesse d'un Etat n'augmente pas, qu'elle reste

stationnaire, la rente foncière est absorbée par la classe improductive de la nation. Le nombre des hommes improductifs qu'un Etat peut nourrir, dépend par conséquent de la grandeur de la rente foncière ; et comme les militaires appartiennent à cette classe, il s'ensuit que l'Etat pourra lever et entretenir une armée beaucoup plus forte, et être d'autant plus puissant à l'extérieur que la rente foncière sera plus grande.

3. Quel est donc le levier, la raison vraie de la supériorité de la culture belge ? Doit-on l'attribuer au climat, au sol ou à la position géographique, ou bien est-il dans la puissance du cultivateur d'introduire et d'adopter une culture aussi riche, sinon tout à fait semblable ?

Pour répondre à ces questions, nous allons comparer la richesse contenue dans une terre en culture belge avec la richesse d'une terre en culture mecklembourgeoise.

D'après les calculs communiqués au commencement de ce paragraphe, la culture belge exige une richesse moyenne de 731,3° par 1,000 verges carrées ; la culture mecklembourgeoise seulement 497,3°, différence en faveur de la première de 234°.

La culture belge contient donc, à surface et à rendement de grain en céréales d'hiver égaux, une richesse plus forte que celle de la culture mecklembourgeoise de presque 50 p. 100.

Ainsi la rente foncière de la culture belge provient, il est vrai, d'une superficie égale, mais non d'une richesse de même degré, et quelle que puisse être l'influence du climat, du sol, de la rotation, du caractère national des Belges, etc., sur la production, il restera bien évident que la haute richesse du sol est une condition indispensable, sans laquelle les autres influences sont sans action.

4. *Comparaison des deux systèmes de culture, à des degrés inférieurs de fertilité du sol.*

Si nous considérons de plus près les tableaux ci-dessus sur la rente foncière des deux systèmes de culture, nous trouvons que la brillante supériorité de la culture belge disparaît de plus en plus à mesure que le rendement en grain diminue; déjà au produit de 6 grains, l'assolement pastoral donne une rente foncière plus élevée que l'assolement belge, et la rente foncière de ce dernier égale 0, lorsque le produit est encore de 5,78 grains, tandis que la rente foncière de l'assolement pastoral ne disparaît que lorsque le produit descend à 5,32 grains.

Ce résultat nous étonne d'autant plus que la culture belge, à rendement de grain égal, contient une richesse du sol beaucoup plus grande que la culture mecklembourgeoise. En effet, la culture belge, pour une production de 10,56 grains sur 100,000 verges carrées, exige une richesse de 73,130 ce qui, pour la production d'un grain, fait 6,925°. Pour la même quantité et pour la même surface, la culture mecklembourgeoise n'exige que 49,730° de richesse, ou pour un grain 4,710°.

Par conséquent, le produit de 6 grains indique l'existence :

$$\text{En culture belge de} \quad 6 \times 6925 = 41550°$$
$$\text{En culture meckl. de} \quad 6 \times 4710 = 28260°$$

Ici la culture belge, avec une richesse plus forte de 13,290°, donne une rente foncière plus petite que la culture pastorale.

Au produit de 5,68 grains où la rente foncière de la culture belge $= 0$, la terre contient encore $5 \frac{68}{100} \times 6925 = 39,334°$ de richesse.

Tandis que la rente foncière de la culture pastorale ne disparaît que lorsque la terre produit 5,32 grains, et qu'elle ne contient plus qu'une richesse de :

$$5 \frac{32}{100} \times 4710 = 25057°$$

Une terre qui referme 39,334° de richesse sur 100,000 verges carrées, et qui cultivée par l'assolement belge ne donnera pas de rente foncière, cultivée par l'assolement pastoral, pourra donner un produit de :

$$\frac{39334}{4710} = 8,35 \text{ grains, et une rente foncière de } 818,2 + \frac{35}{100}$$
$$\times 305,4 = 925,1 \text{ thlr.}$$

Et si, réciproquement, on voulait introduire la culture belge sur une terre de cette fertilité, on détruirait immédiatement la rente foncière de 9,251 thlr. que la culture pastorale avait donnée jusque-là.

Cet exemple frappant doit nous servir d'avertissement, et nous empêcher d'imiter et d'adopter la culture des pays étrangers, avant d'avoir embrassé clairement d'un seul coup d'œil toutes les circonstances qui lui servent de base, avant d'avoir analysé l'organisme interne d'un système (1).

De plus, cela nous explique encore pourquoi l'introduction chez nous de colons pris en Belgique et dans le Palatinat a presque toujours été suivie de résultats malheureux. On leur donnait ordinairement un sol où l'application de l'agriculture de leur pays était une folie, où ils devaient périr, s'ils ne revenaient pas promptement à la culture usuelle de la localité ; de sorte que, au lieu d'entraîner leurs voisins vers l'imitation, il leur apprenaient au contraire à se garder de toute innovation.

Dans le nord du Brabant, on rencontre encore aujourd'hui d'immenses étendues désertes, couvertes de bruyères ; ce terrain, d'après sa constitution physique, n'est pas tout à fait mauvais, puisqu'il produit de la bruyère et quelques chênes, et qu'il forme une plaine très-peu élevée au-dessus du niveau de la mer. Il est en outre entouré de grandes villes qui ont à leur porte des terrains de haute valeur.

Comment se fait-il que l'industrie belge ait échoué devant la fertilisation de ce sol ?

Il est certain que les frais nombreux de la culture belge ne pourraient être payés sur une terre pareille ; il est non

______

(1) Avant de vouloir adopter la culture d'un pays étranger, il faut comparer aux conditions diverses de ce pays, les conditions correspondantes de la localité qu'on habite ; constater ensuite les différences, et s'assurer par des calculs soignés à quel prix en argent et en temps on peut combler ces différences, pour arriver à la culture désirée. Encore faut-il se garder de s'en rapporter aux évaluations purement en argent ; cela mènerait à de graves erreurs, car une même somme de numéraire représente l'acquisition d'une plus grande somme d'objets en France, par exemple, qu'en Angleterre. Une mesure commune est d'une nécessité absolue, et l'ouvrage de M. de Thünen donne la manière dont on doit procéder en ce cas. (L)

moins certain que les assolements belges, loin d'enrichir un sol pauvre, l'épuisent au contraire entièrement. Si donc les Belges ont voulu dans ce cas, comme cela paraît avoir eu lieu, essayer d'une culture semblable à celle de leurs terrains riches, ils devaient nécessairement n'avoir que des mécomptes.

Peut-être le cultivateur mecklembourgeois aurait-il réussi là où s'est perdu le cultivateur belge ; peut-être, je veux dire probablement, ces bruyères seraient déjà depuis longtemps converties en terres cultivées, si l'assolement pastoral avait été connu et pratiqué sur les bords de la Meuse.

L'assolement pastoral à produit de 10,56 grains et l'assolement belge à produit de 7,18 grains contiennent l'un et l'autre une richesse de 497,30° sur 100,000 verges carrées. Dans ce cas :

L'assolement pastoral donne une rente foncière de   1600 thlr.
L'assolement belge de......................... 854,3 »

La richesse du sol est donc alors mieux utilisée par l'assolement pastoral que par l'assolement belge ; ce dernier ne devient avantageux, que lorsque la richesse du sol est telle que la culture pastorale ne puisse plus exister à cause du versement de ses céréales (1).

5. La culture belge consacre aux céréales 60 p. 100 de la superficie totale et se maintient en fertilité, tandis que la culture mecklembourgeoise ne peut en consacrer que 43 p. 100.

Pour parvenir à ce résultat, les Belges :

1° Sèment leur trèfle, qui est la plante la plus importante pour produire leurs engrais, dans une terre aussi riche que

_____

(1) Cependant le versement des céréales n'indique pas toujours une grande richesse dans le sol. On peut faire verser des céréales dans un sol maigre et pauvre, en y enfouissant subitement beaucoup d'engrais d'étable. Dans ce cas, la richesse n'est plus en proportion avec la puissance du sol qui est très-réduite, et l'on obtient un mauvais résultat. Mais si on augmente cette puissance autant que la constitution du sol le permet, alors le versement n'a plus lieu, à moins qu'on augmente les fumures d'une manière toujours disproportionnée. (L)

celle où ils sèment leurs céréales d'hiver; tandis que les Mecklembourgeois ne mettent en pâturages que les terres qui ont perdu une grande partie de leur richesse par trois céréales successives.

2° Ils ne font pas pâturer leur trèfle par le bétail, ce qui en diminuerait la production de près de moitié et ce qui réduirait de 1/3 la production des engrais; ils le font faucher pour le faire consommer à l'étable. Au moyen de ces deux procédés, une sole de trèfle belge qui égale 20 p. 100 de la superficie arable, produit presque autant d'engrais que les trois soles à pâturages mecklembourgeoises qui égalent 43 p. 100 de la superficie totale.

3° Ils sèment des navets dans le chaume des céréales d'hiver, et obtiennent ainsi sur le même champ, après la céréale épuisante, une récolte qui rend plus d'engrais qu'elle n'en a pris au sol.

J'aurais voulu soumettre à l'appréciation du lecteur mes calculs sur le rendement en argent, sur les frais, sur l'absorption, et sur la restitution des engrais pour chaque sole en particulier, mais j'y renonce, parce que cela m'entraînerait à beaucoup d'explications et de développements qui nous prendraient trop de temps et de place. Ces calculs montrent que la sole de pommes de terre de 10,000 verges carrées ne donne, par la valeur des tubercules comme fourrage, qu'un excédent de 25,5 thlr. n. 2/3, déduction faite des frais de travail, et que la quantité d'engrais que les pommes de terre restituent par leur consommation, ne dépasse que de 46,2° la quantité de fumier absorbée par leur végétation.

D'après cela, les pommes de terre doivent être considérées sous les deux rapports comme récolte neutre; on pourrait les substituer à la jachère, sans que le rendement en argent et la production des engrais fussent considérablement modifiés. Mais la pomme de terre a l'avantage d'épargner en grande partie les cultures si coûteuses de la jachère en assolement pastoral, parce qu'il ne faut pour les pommes de terre labourer le sol qu'une fois, tandis qu'en jachère, il faut le labourer quatre fois pour le préparer au seigle; raison pour laquelle la culture de la pomme de terre est d'une si grande importance pour le produit net du système belge.

En Belgique, pas plus qu'ailleurs, la culture des fourrages n'est suivie d'un produit net important ; mais comme la culture du trèfle et des navets donne beaucoup d'engrais et permet seule une culture étendue des céréales, que celle des pommes de terre épargne les travaux de la jachère, elles deviennent d'une haute utilité.

6. D'après la comparaison du produit et de la richesse contenue dans le sol indiquée au commencement de ce paragraphe, il résulte que :

POUR LA PRODUCTION DE :	IL FAUT DANS LE SOL UNE RICHESSE DE	
	a. EN CULTURE belge.	**b.** EN CULTURE mecklembourg.
1 schf. froment......................	6,96	
« « seigle......................	6,60	6
« « d'avoine....................	4,64	3,54
« « d'orge........................	....	5
« « pommes de terre...........	0,667	
1 quintal foin de trèfle............	2,20	
« « d'herbe de pâturage réduite en foin........................	....	4,3
De plus, je suppose qu'en culture mecklembourgeoise, il faut pour la production de 1 schf. froment.............	....	6
1 schf. pommes de terre..........	....	0,667

En réunissant le froment et le seigle, on trouve en Belgique, pour la production de 1 schef. de céréales d'hiver, $\dfrac{6,96 + 6,6}{2} = 6,78°$ de richesse.

Dans le Mecklembourg, il ne faut pour 1 schef. de céréales d'hiver que...................................... 6°   »

Ainsi, 6₀ de richesse après jachère pure valent autant pour la végétation que 6,78° après une récolte antérieure; et l'action du fumier après jachère pure est à celle du fumier après récolte antérieure comme $6{,}78 : 6 = 11{,}3 : 10$; ou bien, là où 11,3 grains ont pu croître après jachère pure, il ne croît que 10 grains après une récolte.

Quand la culture du sol devient moins parfaite qu'en Belgique, la mauvaise influence d'une récolte antérieure sur l'efficacité de la richesse se prononce de plus en plus, en sorte qu'on pourrait adopter, dans les cas de culture ordinaire, le rapport de $12 : 10$ avec plus de vraisemblance.

Pour l'avoine qui ne succède jamais à la jachère, la richesse du sol devrait avoir le même effet en Belgique que dans le Mecklembourg. Mais nous trouvons qu'en Belgique il faut 4,64₀, en Mecklembourg 3,54°, de richesse seulement pour produire l'avoine. Nous trouvons l'explication de cette différence dans la manière dont les terres sont préparées pour l'avoine. Les belges enfouissent de fortes quantités d'engrais dans le labour de semailles pour avoine, quand on y doit semer du trèfle en même temps. Par cette méthode, le fumier reste presque sans action sur l'avoine. Il est probable que c'est précisément ce que cherchent les Belges, afin d'éviter que l'avoine ne verse et n'étouffe le trèfle, et pour que le fumier profite entièrement à ce dernier.

Si pour une même richesse le trèfle donne en Belgique un produit double, cela vient en partie du climat, très-favorable à la végétation de cette plante, mais surtout de ce que dans le Mecklembourg nous le laissons pâturer et piétiner, ce qui n'a pas lieu en Belgique où on l'interdit au bétail, et où on le fauche soigneusement et régulièrement.

7. Quand on retranche la quantité semée ou plantée du produit des céréales et des pommes de terre, et que l'on compare l'excédent avec la somme des frais de travail employés à leur production, on trouve combien chaque schef. de chacune de ces plantes a exigé de frais de travail (non compris les frais généraux de culture).

A ce sujet, mes calculs donnent les résultats suivants :

LA PRODUCTION DE	COUTE EN SALAIRE DE TRAVAIL.	
	a. EN CULTURE belge. SCHILL. N. $^2/_3$	**b.** EN CULTURE mecklemb. SCHILL. N. $^2/_3$
1 schf. froment.....................	19,7	
1 « seigle.....................	18,7	25,9
1 « orge.....................	....	15,3
1 « avoine.....................	13,4	11,5
1 « pommes de terre............	3,3	
COUTE EN FRAIS DE SEMAILLE ET TRAVAIL.		
1 quintal foin de trèfle.............	4,3	
« « navets.....................	1,3	
« « foin réduit non fauché, mais consommé sur terrain gardé.........		0,7

Observons que dans ce calcul le prix de 1 thlr. 12 schill. n. 2/3 par schef. berl. de seigle sert de base, et que les frais de travail montant ou baissant avec le prix des grains, il n'est valable que sous l'influence de ce prix.

Les frais de travail pour la production d'un schef. de seigle s'élèvent dans le Mecklembourg à 25,9 schill., en Belgique à 18,7 schill. seulement. Ici se manifeste la manière dont réagit sur l'économie des travaux la culture des pommes de terre lorsqu'elle remplace la jachère.

Il est toujours d'une mauvaise rotation de faire succéder le seigle aux pommes de terre. Malgré cela, les Belges obtiennent le maximum qu'on peut obtenir de cette récolte en moyenne de plusieurs années; ce qui prouve qu'une faute d'assolement sur un terrain riche peut être réparée par un travail bien exécuté; sur un terrain pauvre, une telle faute serait sévèrement punie.

Remarques et développements.

Ce qui a engagé l'auteur à comparer les cultures belge et mecklembourgeoise, c'est l'étude du magnifique ouvrage de Schwertz sur la culture belge (1). Il y a trouvé un si grand nombre de données précieuses, les détails y étaient choisis avec tant de soins et d'intelligence, tout s'enchaînait d'une manière si complète, qu'il a pensé pouvoir en retirer de grands enseignements en comparant à ses propres calculs des faits d'un si haut intérêt. Son attente n'a pas été trompée.

Quand l'auteur a entrepris son étude de l'agriculture comparée pour le système belge et mecklembourgeois, il ne pensait pas l'incorporer dans son livre dont la plus grande partie était écrite 6 ans avant l'impression ; mais après achèvement, il a trouvé dans les résultats de si grands rapports avec les principes développés dans l'ouvrage de Schwertz, qu'il a cru devoir communiquer ces résultats au public, quoique cependant il n'en ait fait que l'objet d'un essai, parce qu'il reconnaît l'insuffisance d'une comparaison dont les deux termes ne s'appuient pas sur une base unique.

Toutes les fois que les calculs touchaient à des points qui n'étaient pas traités dans l'ouvrage de Schwertz, il fallait remplir les lacunes en s'inspirant des recherches faites à Tellow, ainsi cela est arrivé en partie pour la détermination des frais de récolte, particulièrement pour la détermination des frais généraux de culture.

Là, où pour continuer et compléter les calculs, on ne pouvait éviter les hypothèses, surtout quand il s'agissait de l'épuisement des plantes racines et des fourrages verts, de la quantité et de la valeur de leur restitution d'engrais, l'auteur a adopté les principes qui lui paraissaient les plus vrais d'après

---

(1) Je me propose de faire paraître sous peu la traduction de cet ouvrage remarquable, et j'ai l'intention d'en faire autant pour tous les livres qui se recommandent par une observation attentive des faits. C'est le seul moyen de mettre à la disposition des cultivateurs en France des matériaux excellents, et de leur éviter la peine ou de recommencer des expériences déjà faites par des hommes éclairés, ou de s'exposer à faire des ouvrages qui n'ont souvent de nouveau que le titre, et dans le fond une grande imperfection relative. (L)

son expérience et la somme de ses observations; mais il est loin de considérer ses principes comme arrêtés; c'est avec impatience au contraire qu'il désire les voir controlés par des essais et des expériences définitives entrepris en grand.

Ici une explication devient nécessaire pour rendre compte des différences notables qui existent entre les prix de marché indiqués par Schwertz pour les pommes de terre, le trèfle, la paille et autres fourrages, et entre la valeur alimentaire que j'attribue à ces végétaux.

Dans le prix de marché sont contenus :

    a. La valeur alimentaire.

    b. La valeur de fumier.

    c. Les frais de transport, depuis le lieu de la production jusqu'au marché.

Des épreuves soignées et des calculs comparés m'ont convaincu qu'en Belgique le produit net des bestiaux, et par conséquent la valeur alimentaire des végétaux consommés par eux n'est pas considérable, et qu'une grande partie de la valeur élevée qu'ont ces végétaux au marché provient de la haute valeur des fumiers dans ce pays.

Suivant mes calculs, le prix de fermage, en culture belge, de 100,000 verges carrées de terre arable est de 3797, 2 thlr. n. 2/3.

En réalité, d'après M. Dierexsens cité dans la seconde partie de l'ouvrage de Schwertz, p. 398, ce fermage est de 54 florins par bonnier, ce qui fait pour 100,000 verges carrées de terre arable 3706 thlr. n. 2/3.

Entre ces calculs et le mien il y a une différence de 91,2 thlr. ou de 2 1/2 p. 100 environ.

J'ai adopté, dans mes calculs, le même prix pour le schef. berl. de seigle que M. Dierexsens, c'est-à-dire 1 thlr. 12 schill. n. 2/3. Pour comparer les deux cultures belge et mecklembourgeoise, il a bien fallu dans l'un et l'autre cas adopter un prix uniforme de seigle. Ce prix concorde à peu près avec celui qui est admis dans le courant de ce livre. Mais la petite différence qui existe et qui change un peu la répartition des frais généraux de culture et quelques autres bases de la statique, n'en altère pas moins la rente foncière trouvée par l'assolement pastoral, ce qui l'empêche d'être en concordance parfaite avec la rente foncière déterminée en premier lieu pour cet assolement.

De plus, les calculs sur la culture belge ne s'appuyant pas sur les mêmes bases que nos premières recherches, ne peuvent nous servir à désigner la place qu'occuperait la culture belge dans l'Etat isolé. On ne doit donc considérer les comparaisons montrées plus haut, que comme une démonstration particulière intercalée dans le corps de l'ouvrage.

§ XVIII. — Exposition de quelques autres considérations sur le choix d'un système de culture.

Nous avons cherché, dans ce qui précède, comment les deux puissances, prix des grains et richesse, déterminent le choix du système de culture.

Ces puissances sont, il est vrai, les plus importantes, mais non les seules qui puissent avoir quelque influence. Pour nous rendre compte de leurs influences respectives, nous avons dû les dégager du faisceau qu'elles forment dans la réalité avec d'autres puissances, et considérer ces dernières comme des grandeurs fixes, les deux autres comme les seules véritables soumises à nos recherches.

Mais dans d'autres circonstances où sous d'autres points de vue, une ou plusieurs des puissances que nous avons considérées comme fixes peuvent paraître ou être supposées variables; alors l'influence de leurs variations sur le système de culture devient l'objet d'une nouvelle recherche.

Ces recherches résultant de suppositions nouvelles ne rentrent pas directement dans le plan de l'ouvrage; mais pour éviter autant que possible les malentendus, je crois devoir traiter des principales.

A. *Cultures avec richesse croissante du sol.*

Ordinairement, lorsqu'on compare deux systèmes de culture on préfère celui qui, de rotation en rotation, augmente la richesse et le rendement de la terre.

Cependant il n'y a pas de système qui ait spécialement la propriété d'enrichir ou d'épuiser le sol. On peut appauvrir un champ par la culture pastorale et alterne, comme par l'assolement triennal. Un assolement alterne de 6 ans avec 4 céréales est une culture épuisante aussi bien qu'un assolement pastoral de 7 ans avec 4 céréales, tandis qu'un assolement alterne de 7 ans avec 3 céréales et un assolement pastoral de 6 ans avec 2 céréales sont des cultures enrichissantes. La faculté enrichissante ou épuisante d'une culture ne dépend pas de la succession des récoltes ou du système de culture; elle dépend plutôt du rapport entre les plantes qui produisent de l'engrais et les plantes qui épuisent le sol; afin d'être bref, je désignerai ce rapport par l'expression: *rapport proportionnel des récoltes*.

Si l'on met en présence deux domaines avec deux systèmes de culture différents, si l'on suppose pour le premier un rapport proportionnel des récoltes enrichissant, pour le second un rapport proportionnel des récoltes épuisant, et que l'on veuille démontrer comme conséquence définitive (que cette conséquence ressorte d'un calcul juste ou de l'expérience) quel est le système préférable, on ne pourra y répondre qu'en cherchant si le sol enrichi par une culture qui l'épargne, vaudra plus qu'un sol pauvre resté dans son état primitif, question dont la réponse ne peut être douteuse.

Dans une comparaison comme celle-ci, le système de culture auquel on accorde le rapport proportionnel des récoltes le plus enrichissant doit remporter la victoire.

Pour que la comparaison de deux systèmes de culture n'embrouille pas l'intelligence des choses, mais l'éclaircisse, il faut prendre en considération les points suivants:

1. Quand la culture a pour but de maintenir le sol dans un état stationnaire de richesse, quel est le système qui donnera le plus fort rendement en argent?

2. Dans quelles circonstances est-il avantageux d'augmenter la richesse du sol aux dépens du rendement en argent, et jusqu'à quel degré la richesse du sol peut-elle être portée avec avantage?

3. Quand la culture a pour but d'atteindre, non pas le plus haut rendement en argent, mais l'enrichissement du sol, par quel système peut-on augmenter la richesse aux moindres frais ?

Résoudre le premier point, mais non le second ni le troisième est la tâche de ce livre ; nous avons, il est vrai, comparé des terres de différents degrés de richesse, mais toujours nous les avons considérées, et nous avons dû le faire ainsi, comme dans un état stationnaire. Le second et le troisième point trouveront leur démonstration dans les progrès futurs de la statique agricole.

B. *Rapport entre le rendement en foin de prairie et l'étendue des terres arables.*

Quand il n'y a pas de prairies attachées au domaine cultivé par le système pastoral ou triennal, et que le bétail est nourri pendant l'hiver avec de la paille seulement, ce bétail maigrit pendant le courant de cette saison, à tel point qu'il est obligé d'employer ensuite la plus grande partie de l'herbe consommée sur le pâturage à se restaurer et à se refaire, tandis qu'il ne reste qu'une portion minime pour produire du lait ou de la laine. Dans ce cas, le produit brut du bétail est si peu de chose, qu'à peine les frais d'entretien du bétail sont couverts, et que la paille et le fourrage consommés ne donnent aucun profit.

Pour lors, il devient nécessaire de porter secours à cette nourriture insuffisante en faisant consommer des grains purs ou de la paille non parfaitement égrenée ; on maintient ainsi le bétail dans un état tel que l'utilisation du pâturage ne se perd pas entièrement.

Quant aux animaux de trait, il est indispensable, comme on le conçoit d'avance, qu'ils soient toujours assez nourris pour faire leur service ; si le foin manque, le grain doit compléter la ration.

Mais si l'on compare les frais de production des pommes de terre et du foin du trèfle à ceux des grains, on trouvera que ces derniers reviennent beaucoup plus chers, comme nourriture que les premiers.

Par nos calculs sur la culture belge, nous savons que :

<pre>
1 schef. d'avoine coûte en travaux. 13,4 schill.
1   »   de pommes de terre......   3,3   »
1 quintal de foin de trèfle........   4,3   »
</pre>

D'après d'autres observations et d'autres calculs dont les détails ne peuvent ici trouver leur place, j'admets que 1 schef. d'avoine, y compris la paille récoltée avec lui, ne vaille, nutritivement parlant, pour les bêtes de rente et en partie pour les animaux de trait (chez lesquels la ration de grain ne peut être entièrement remplacée par le foin) que 117 livres de foin de trèfle et que 2 1/2 schef. de pommes de terre.

La production de :

117 livres de foin coûtent en travail $\frac{117}{100} \times 4,3 = 5\ ^1/_3$ schill.

$2\ ^1/_3$ schef. pommes de terre...... $2\ ^1/_3 \times 3,3 = 7,7$ schill.

1   schef. d'avoine........................ 13,4   schill.

Les frais de l'avoine consommée sont par conséquent :

A ceux de pommes de terre comme............. 100 : 58

A ceux du foin de trèfle comme............... 100 : 40

En d'autres termes, si l'on nourrissait le bétail de rente avec 100 thlr. d'avoine, on économise 42 thlr. en substituant des pommes de terre, 60 thlr. en substituant du foin de trèfle.

Il suit de là que, dans les assolements triennal et pastoral où le foin est insuffisant quand il ne manque pas entièrement, on ne doit point chercher à nourrir avec des grains, mais s'adonner à la culture des fourragères. Comme ces fourragères ne sont produites à bon marché dans aucun système de culture, excepté dans le système alterne, on doit conclure que, sur les domaines en assolement triennal ou pastoral, il faut consacrer à ce système une étendue suffisante pour fournir les fourrages d'hiver en foin, pommes de terre, etc., lors même que le prix des grains n'aurait pas atteint le taux, ou la terre le degré de fertilité, qui seraient nécessaires pour soumettre à ce système toute la surface des domaines en question.

Mais la production des plantes fourragères n'est peu coûteuse que sur un terrain riche ; sur un terrain pauvre, le trèfle refuse de croître, et les pommes de terre rendent si peu, que leur production coûte facilement le double de la somme que nous avons indiquée plus haut.

De là naît une question intéressante.

Sera-t-il avantageux, quand les prairies manquent sur un domaine de peu ou de moyenne richesse, de pousser une partie de la terre arable à une grande force d'engrais et de la soumettre à l'assolement alterne, si l'enrichissement de cette partie ne peut être obtenu qu'aux dépens de la partie restante?

Je n'oserais prononcer ; mais je crois que l'étude plus approfondie de cette question amènerait à répondre affirmativement.

Plus la totalité des terres est pauvre, plus la constitution du sol est mauvaise, plus on rencontrera de difficultés à cultiver les plantes fourragères. Cela nous explique pourquoi dans les localités à terrain semblable les prairies ont une valeur tellement élevée, que leur possession est presque une condition *sine quâ non* de culture.

Nous avons supposé, dans l'Etat isolé, qu'à la surface arable était toujours annexée une surface en prairie qui fournit le foin nécessaire aux assolements pastoral et triennal, et que l'engrais provenant de la consommation de ce foin n'était pas répandu sur la surface arable entière, mais bien sur une partie de cette surface limitée par une rotation déterminée. Cette partie, nous l'avons laissée de côté, et nous avons reporté nos investigations sur l'autre partie de la surface, plus grande, qui est obligée de se soutenir en et par elle-même, et à laquelle on ne livre la quantité nécessaire de foin de prairie que contre restitution de la valeur nutritive et des engrais qui en résultent.

Nous aurions pu supposer tout aussi bien, et la question en aurait été peut-être plus claire, qu'il n'y a pas de prairie ; que la superficie d'un domaine est divisée en deux parties, dont l'une, plus petite, destinée à produire les fourrages d'hiver nécessaires, est soumise au régime alterne ; dont l'autre, plus grande, est forcée, pour trouver son système de culture, de se conformer aux lois dictées par les changements des prix du grain et par les modifications de la richesse du sol.

C. *Nourriture à l'étable.*

L'expérience enseigne qu'une vache constamment nourrie avec un fourrage riche et énergique paye beaucoup mieux sa nourriture qu'une vache entretenue misérablement.

Au moyen de la stabulation permanente, les vaches ont ordinairement une nourriture d'été plus abondante, et en hiver une nourriture plus énergique.

Actuellement, si l'on compare le produit d'une vache bien entretenue à l'étable en hiver et en été, au produit d'une vache entretenue convenablement en fourrage pendant l'été, mais parcimonieusement nourrie en hiver, on trouvera en aveur de la première méthode une grande différence, non-seulement dans le produit brut, mais encore dans le produit net.

Toutefois, la nourriture parcimonieuse en hiver n'est pas fatalement attachée à la culture pastorale, il n'y a même pas de raison qui empêche dans ce système de nourrir aussi bien que dans les systèmes à stabulation permanente.

Bien plus, il y a deux choses à distinguer lorsque l'on compare la stabulation à la culture pastorale :

1. L'influence d'une nourriture plus forte et mieux répartie pendant l'année entière sur le rendement d'une vache à l'étable.

2. Les avantages qui restent encore à la stabulation permanente, en supposant la vache au pâturage aussi bien, aussi également nourrie que la vache à l'étable.

L'entretien abondant et continu du bétail pendant l'année entière est de la plus haute importance. Il est facile de pourvoir à cet entretien pendant la stabulation d'été, pourvu qu'il y ait assez de fourrage vert. En assolement pastoral, c'est déjà plus difficile ; car dans les mois de mai et de juin, la croissance de l'herbe est si forte, que le bétail ne peut pas tout manger, et en laisse une partie monter en tuyaux ; pendant qu'en juillet, en août, la végétation devient insuffisante, ce qui fait que le bétail souffre, quand il n'a que les pâturages pour ressource.

Pour obvier à cet inconvénient, il faudrait, dans le courant de ces deux mois, faire pâturer de temps en temps sur des prairies fauchées une fois, et sur les chaumes de trèfle, ou bien rentrer un peu de fourrage vert après le pâturage.

Si l'on peut assurer ainsi la continuité de la nourriture du bétail, et si les vaches en pâturage, sont entretenues l'hiver comme les vaches en stabulation, alors il n'y a plus de raison pour qu'une vache de pâturage ne donne pas autant de lait et de beurre relativement à une quantité donnée de fourrage qu'une vache en stabulation.

C'est pourquoi dans le § 16, où il est question de la stabulation permanente, j'ai admis une consommation également profitable du fourrage par une vache de pâturage et par une vache en stabulation, en me réservant d'attribuer à la stabulation permanente les avantages et les inconvénients qui en sont inséparables.

La cause principale qui rendrait la stabulation permanente impossible, consiste dans la trop grande pauvreté du sol qui l'empêche de produire du trèfle à faucher au lieu du trèfle et des herbes à pâturage.

Que cette cause s'annulle, alors l'avantage de la stabulation devient manifeste, en ce que le trèfle est fauché au lieu d'être pâturé, ce qui permet de retirer d'une sole de même surface et richesse, presque deux fois autant de fourrage, et une plus forte production d'engrais, en d'autres termes, un excédant plus considérable qui dépasse de beaucoup l'épuisement.

J'ai douté longtemps si l'engrais obtenu à l'écurie avait une valeur plus ou moins grande que l'engrais tombé sur le pâturage, à l'efficacité duquel viennent se joindre une grande quantité de gaz nutritifs provenant de l'expiration des bestiaux. Mais une longue expérience m'a convaincu qu'en supposant la production de l'herbe stationnaire, le sol ne s'enrichissait pas deux fois autant par le pâturage de deux ans, encore moins trois fois autant par le pâturage de trois ans, qu'il ne s'enrichit par le pâturage d'un an ; et que d'une quantité d'engrais tombée sur le pâturage, il s'en volatilisait une portion d'autant plus considérable, que cet engrais avait été plus longtemps exposé à l'air, c'est-à-dire que le pâturage avait été plus tardivement rompu.

D'un autre côté, la stabulation permanente est essentiellement, nécessairement suivie d'autres travaux et de frais que l'on ne supporte point dans la culture pastorale, tels que transports pour rentrer les fourrages, pour sortir et conduire les engrais produits pendant l'été, etc.

Pour se fixer sur les avantages relatifs de la nourriture à l'étable et au pâturage, il faut savoir avant tout, si la valeur des fourrages et des engrais obtenus par la stabulation est plus considérable que la somme des frais qu'elle occasionne.

A son tour, ce dernier point dépend du prix plus ou moins élevé que pourraient avoir les fourrages et les engrais, ce qui nous montre finalement que concurremment avec la richesse du sol, le prix des produits agricoles sert à déterminer quand et où la stabulation doit être préférée au pâturage.

D. *Modifications des différents systèmes de culture.*

Nos recherches ont prouvé que la transition d'un prix inférieur à un prix élevé pour les céréales, comme aussi l'élévation progressive de la richesse du sol, rendaient nécessaires trois systèmes différents de culture qui sont :

Le système triennal.
Le système pastoral.
Le système alterne.

Les principaux caractères de ces systèmes pris au point de vue sous lequel nous les considérons ici, sont :

a. Pour l'assolement triennal.

1° Une partie du sol reste toujours en pâturage.
2° Un tiers de la terre arable est annuellement en jachère.
3° Tout le fumier est apporté sur la partie jachérée.

b. Pour l'assolement pastoral.

1° Toute la terre arable est alternativement mise en céréales et en pâturage.

2° Dans chaque rotation, il y a une *jachère de rompu pur*.

3° Tout le fumier est amené sur la partie jachérée.

4° Les céréales et les plantes à cosse que l'on laisse venir à maturité se succèdent d'une manière non interrompue, sans intercalation de trèfle ou de vesces fauchées en vert, et le pâturage succède aux céréales sur des soles qui n'ont plus qu'une richesse minime.

c. Pour l'assolement alterne.

1° Toute la superficie arable porte des récoltes, il n'y a pas de jachère pure.

2° Les engrais sont consacrés aux plantes fourragères, que l'on place toujours dans les soles qui ont la plus haute richesse.

3° Les céréales et les fourrages alternent ensemble.

Ces systèmes de culture sont susceptibles d'un grand nombre de modifications; ainsi la propriété caractéristique de l'un peut être sacrifiée en faveur de la propriété caractéristique d'un autre système. Il en résulte des assolements mixtes qui sont les intermédiaires entre les types purs et qui servent de transition.

Comme les assolements, par des gradations innombrables, se rapprochent plus ou moins du caractère des systèmes purs, il est impossible de les présenter tous, encore moins d'en faire mention en théorie. Il sera donc suffisant de montrer ici quelques-unes des modifications principales.

1° Assolement triennal pur.

2° Assolement triennal qui rompt ses pâturages de période en période, une fois tous les neuf ans à peu près, qui prend deux céréales sans fumure, et remet ensuite en pâturage.

Cet assolement emploie les frais de défrichement du pâturage, qui ne seraient peut-être pas payés par les seules récoltes de grain, à se procurer une augmentation d'engrais pour la terre arable au moyen de la paille obtenue et pour rajeunir le pâturage.

3° Assolements pastoraux qui, dans une rotation, ont une jachère friable outre une jachère de pâturage, et laissent ensuite la terre pendant plus de trois ans en pâturage. Une culture pareille est représentée par l'assolement pastoral de douze ans, avec la rotation suivante :

1	Jachère sur rompu de pâturage.	7	Céréale d'été.
2	Céréale d'hiver.	8	
3	Céréale d'été.	9	
4	Jachère friable.	10	pâturages.
5	Céréale d'hiver.	11	
6	Céréale d'été.	12	

Cette culture porte encore des traces de l'assolement triennal, puisqu'elle conserve la jachère friable avec des pâturages qui durent plusieurs années consécutives. Elle a l'avantage de diminuer les frais de défrichement du pâturage, en les restreignant à la douzième partie de la superficie arable ; mais elle pêche d'un autre côté, en ce que ses pâturages de quatre à cinq ans rendent peu d'herbe et de fumier.

4° Assolement pastoral pur, n'ayant pas de jachère friable, mais seulement la jachère de rompu.

5° Assolement pastoral qui, outre la jachère, fume encore une partie de la sole antérieure ou postérieure. Cet assolement ressemble tout à fait à l'assolement pastoral pur, mais en apparence, car il a déjà pour caractère particulier de ne plus mettre le pâturage sur les terres maigres, mais bien sur des terres riches, du moins en partie, ce qui le rapproche de l'assolement alterne ; aussi peut-on le considérer, dans ce cas, comme un assolement de transition.

6° Assolement alterne pur.

Les modifications que nous venons de mentionner ont lieu lorsque la superficie arable d'un domaine est en égale force d'engrais, depuis son centre jusqu'à sa circonférence. Mais si les terres éloignées, comme cela arrive souvent dans la réalité, sont plus maigres que le reste de la superficie arable, il en résulte des modifications nouvelles.

Une circonstance, qui pousse déjà à séparer les terres éloignées du système de culture adopté pour les terres voisines de la ferme, consiste dans les frais qu'exige leur entretien. Quand, à cette circonstance, se joint une inégalité de richesse, la séparation devient indispensable : de sorte qu'il se forme deux catégories de terrains, la première connue en assolement pastoral sous le nom de terres intérieures, la seconde, de terres extérieures. Elles se distinguent alors dans leurs systèmes respectifs de culture par les rapports proportionnels entre les soles de céréales et les soles de pâturage; ces rapports sont plus considérables pour les terres intérieures, moins considérables pour les terres extérieures, qu'ils ne le seraient si la superficie totale était soumise à une même rotation; en d'autres termes, la première cultive plus de céréales, la seconde plus de pâturages.

Nous avons vu au § 14 que, dans l'État isolé, l'assolement triennal pouvait s'exercer lorsque le prix du schef. de seigle était de 0,470 thlr., et que ce n'était que quand ce prix dépassait 0,665 thlr., que l'assolement pastoral donnait un revenu net plus élevé. Cela étant, et s'il n'y avait pas d'autres systèmes de culture que les systèmes purs, on ne pourrait cultiver les terres que par l'assolement triennal dans l'intervalle où les prix flottent entre 0,470 thlr., et 0,665 thlr., et cependant il serait déjà avantageux ici de produire plus d'engrais que l'assolement triennal, spécialement lorsque cette production plus forte peut être obtenue à moins de frais que par l'assolement pastoral; résultat qui est atteint par les cultures mixtes.

Plus loin, au § 16, nous avons vu que dans l'assolement pastoral pur on ne peut utiliser qu'une richesse moyenne de 373° sur 1000 verges carrées, tandis que cette richesse peut s'élever d'une manière profitable jusqu'à 510° dans l'assolement alterne. Actuellement s'il fallait, pendant que la richesse du sol augmente, passer brusquement de l'assolement pastoral à l'assolement alterne, on aurait adopté un système pour lequel le sol ne serait point encore assez riche, ce qui occasionnerait une diminution dans le rendement en argent. L'assolement pastoral avec sole postérieure fumée peut trèsbien profiter d'une richesse moyenne au dessus de 373°, sans plus coûter dans son organisation que le système pastoral pur;

il devient ainsi un échelon important qui conduit de l'assolement pastoral pur à l'assolement alterne.

Supposons maintenant au lieu d'un état stationnaire, qu'il y ait un accroissement lent et progressif dans le prix des grains et dans la richesse du sol, supposition confirmée d'ailleurs par la réalité, nous ne tarderions pas à voir dans le courant de cette période intervenir successivement sur un même domaine toutes les formes de culture que nous avons considérées séparément.

En effet, si les deux puissances, prix des grains et richesse du sol, ont assez augmenté pour qu'une culture plus coûteuse que l'assolement triennal puisse payer ses frais, mais qu'elles n'aient pas augmenté de façon à rendre avantageux l'assolement pastoral pur, alors on établira un assolement mixte qui participe de ces deux formes. Et comme cet assolement mixte, se transformant en modifications innombrables, se rapproche tantôt de l'un tantôt de l'autre de ces deux types, il s'ensuit que pour chaque terme de progression dans le prix des céréales et dans la richesse du sol, on pourra trouver un assolement correspondant. Enfin, la progression insensible, mais constante, des deux puissances, sera toujours accompagnée d'une modification légère dans la forme de l'assolement, jusqu'à ce qu'on atteigne l'assolement pastoral pur.

Mais parvenues à ce point, si les deux puissances continuent de croître, il n'y a qu'un arrêt momentané, et la culture continue ses transformations.

Une culture parvenue à une force d'engrais telle que la jachère ne supporte plus une fumure renforcée, pourra, si sa richesse augmente, employer l'engrais dont elle disposera pour fumer la sole suivante, c'est-à-dire la sole de blé dans laquelle on sème le trèfle. Alors le trèfle, qui venait auparavant dans les terres les plus maigres, croît sur un sol riche, lequel à la fin de la période de pâturage ne demande que peu ou point d'engrais pour sa jachère. Cela permet, après chaque période, d'étendre la portion fumée de la sole postérieure jusqu'à ce que cet emploi d'engrais ait également atteint son maximum d'effet. Passé ce point, la hausse progressive de la

richesse entraîne la suppression de la jachère ; avec cette suppression disparaît l'assolement pastoral, et l'assolement alterne commence.

Dans les contrées montagneuses, on ne met en culture que
les vallées ; les montagnes sont couvertes par les pâturages.
Lorsque les montagnes sont inaccessibles à la culture, il ne
peut plus être question d'étendre la rotation pastorale sur
toute la superficie ; de sorte que le prix des grains et la richesse du sol augmentant, il n'y aura pas moyen de passer
de l'assolement triennal à l'assolement alterne, en traversant
l'assolement pastoral, comme sur les terrains en plaine.

Si la surface cultivée dans les vallons est tellement petite,
eu égard aux pâturages des montagnes et aux prairies, que la
richesse du sol croisse malgré l'action épuisante de l'assolement triennal, comment alors, et à quel degré de richesse,
faudra-t-il que cette culture passe à la culture alterne ?

Mes calculs n'ont point touché à ce cas particulier ; je ne
puis donc rien décider théoriquement. Mais la pratique a depuis longtemps résolu cette question ; dans cette circonstance,
on met partie ou totalité de la jachère en pommes de terre,
trèfle, pois, chanvre, etc. Alors la jachère étant cultivée, cesse
d'être jachère, et l'assolement triennal perd son caractère distinctif, pour prendre les apparences de l'assolement alterne,
qui n'a pas de jachère et qui met sous récoltes toute la superficie arable ; cependant cet assolement ne jouit pas encore des
avantages d'une bonne rotation. Il est donc indubitable,
dans cas le ci-dessus, que l'assolement alterne ne soit plus
avantageux que l'assolement triennal avec jachère cultivée.
Aussi depuis que Thær nous a fait connaître l'assolement alterne, et que ce système est devenu le sujet de réflexion de
tous les agriculteurs éclairés, l'assolement triennal a-t-il fait
place à l'assolement alterne dans presque toutes les contrées
montagneuses de la Silésie, de la Moravie et de la Saxe.

Dans nos recherches, nous avons eu sous les yeux des ter-

rains de différents degrés de richesse, mais toutes avaient
une seule et même constitution physique. Dans la réalité,
nous trouvons au contraire sur presque tous les domaines
des terres de qualités différentes. Le but de cet ouvrage ne
permet pas de nous occuper de ce nouveau point de vue;
mais alors on doit comprendre combien devient compli-
qué le choix d'un système de culture quand il y a diversité dans la richesse du sol, diversité dans la qualité du
sol, diversité dans la distance des différentes terres à la
ferme, et tout cela sur le même domaine; on doit comprendre que, quelque complète que puisse être un jour la
théorie de l'agriculture, la conduite du cultivateur ne pourra
jamais être machinale, qu'il ne pourra jamais être un aveu-
gle imitateur, mais qu'il sera toujours obligé de connaître à
fond la raison de sa manière de faire, et surtout d'étudier
profondément et sérieusement sa localité, sans jamais perdre
de vue les rapports sociaux au milieu desquels il vit.

Nos recherches étant parvenues à ce point, nous pourrons
retourner à l'État isolé, et continuer à déterminer les Cercles qui se forment autour de la Ville.

§ XIX. — Deuxième cercle. — Culture forestière.

La surface de l'État isolé ne doit pas seulement fournir des
aliments à la Ville; elle doit encore lui procurer les bois nécessaires pour la combustion, la construction, la fabrication
du charbon, etc.

Dans quelle localité de l'État isolé devra-t-on produire ces bois?

Admettons que le prix du bois à la Ville soit connu, qu'une
corde de 224 pieds cube de bois à brûler se paye 16 thalers,
par exemple; fixons d'un autre côté les frais de transport
d'une corde de bois à 2 thlr. par mille; il en résultera néces-

sairement qu'à plus de 8 lieues de la Ville on ne pourrait plus y amener de bois à brûler, la production de ce bois ne coutat-elle rien et le sol ne fut-il tenu à aucune rente foncière.

Par conséquent, les localités éloignées sont complétement exceptées de la production du bois à vendre à la Ville et cette production a lieu dans le voisinage du centre de consommation.

Si nous supposons au contraire le prix du grain seul connu (1 1/2 thlr. le schef. de seigle), et si nous demandons à quel prix, dans ce cas, s'élèvera le prix du bois à la Ville, la question se complique et devient plus difficile.

Le bois et le grain n'ont pas de mesure commune pour apprécier leur valeur utile: l'un ne remplace pas l'autre.

«Pourquoi, pourrait-on demander, la corde de bois ne coûterait-elle pas 40 thlr. pendant que le schef. de seigle ne vaudrait que 1 1/2 thlr? Si cela était possible, vos conclusions, d'après lesquelles le bois doit être produit dans le voisinage de la Ville, deviendraient fausses, et au contraire cette production pourrait avoir lieu à une fort grande distance. Vous alléguez que ces proportions de prix n'existent nulle part, mais cela ne prouve rien, car presque partout encore on rencontre des restes de forêts très-anciennes, et partout ou elles ont disparu le bois est amené d'autres localités où ces forêts existent encore. La production des forêts vierges n'a coûté à l'homme aucun travail, aucun soin, aucun emploi de capital, c'est pourquoi elles n'ont pas dans les localités où elles sont situées une valeur d'échange plus considérable que l'eau, quelqu'élevée que puisse être leur valeur utile. Mais dans l'État isolé, c'est différent; vous y considérez toujours le but final indépendant du temps, par conséquent toutes les forêts vierges ont disparu et les bois ont dû être produits par le travail de l'homme, voilà du moins comment il faut entendre la question. Il est donc nécessaire que vous trouviez une relation étroite entre les prix des céréales et les prix du bois pour donner quelques poids à vos conclusions. »

Cherchons à répondre à cette question : soit le prix d'une corde de bois dans la Ville ou inconnu ou égal à y thlr.

Supposons un bois de hêtre de 100.000 verges carrées, di-

visé en 100 parties (kavel). Chaque année on coupe l'une de
ces parties ; en sorte qu'avec un aménagement régulier, on
aura à couper successivement des parties couvertes de bois de
deux, trois, etc., etc., cent ans

Soit le rendement de la coupe d'une partie ou kavel.	500 cordes.
Soit également le rendement des éclaircies dans les parties couvertes de jeunes bois de............	500 »
Somme du rendement.....	1,000 cordes.

Évaluons à 500 thlr. par an, abstraction faite du profit de
glandée et de chasse, les frais de culture forestière de cette étendue, tels que frais d'administration ou de surveillance, semis
et plantation des parties déboisées, remplacement des arbres
manqués, etc.

De même qu'en agriculture nous avons considéré comme
rente foncière, non pas le rendement net entier d'un domaine,
mais seulement la portion qui reste après avoir retranché les
intérêts du capital représentés par les constructions et autres
valeurs ; de même en sylviculture, laisserons-nous de côté le
rendement entier pour ne considérer que la partie, qui, après
défalcation des intérêts du capital représenté par les bois sur
pied, reste comme rente foncière ou comme rendement de la
terre et du fonds.

On ne fait pas de l'agriculture sans consacrer un capital à
des bâtiments, etc.; la sylviculture ne s'exerce pas non plus,
sans supposer d'avance, qu'il existe des arbres de un an jusqu'à
cent et plus d'années.

Si un marché assez grand se trouvait à portée, tout le bois
des 100 parties, pourrait être abattu, vendu, en une seule fois,
et l'argent retiré de cette vente pourrait être placé à intérêts;
et ce n'est qu'autant que le revenu annuel du bois, dépasse le
montant des intérêts de la somme d'argent ainsi placée, que
l'on peut attribuer une valeur au sol et au fonds.

Supposons actuellement que le bois sur pied des 100 parties
ait une valeur = 15,000 cordes de bois fait; alors les intérêts du
capital représenté par ce bois sur pied seraient, à 5 p. %, égaux
à la valeur de 750 cordes de bois. Retranchons ces derniers

du rendement annuel de la forèt qui est égal à 1000 cordes, il reste pour l'utilisation du sol et du fonds une valeur $= 250$ cordes. C'est sur ces 250 cordes que portent toutes les dépenses de la culture forestière: car si quelqu'un abattait d'un seul coup le bois entier pour en placer le capital en argent à intérêts, il n'aurait pas ces dépenses à faire, et ce n'est que pour avoir cet excédant de 250 cordes, qu'il se soumet à la nécessité de frais culturaux.

Que les dépenses annuelles soient $= 500$ thlr., et les frais de production d'une corde de bois sur pied, non compris les frais de bûcheron, seront de 2 thalers.

Il ne peut y avoir de rentes foncières contenues dans les frais de production tels que je les entends, car la rente foncière n'existe que lorsqu'il y a excédant du prix réel sur les frais de production.

Maintenant, si l'abattage et le refendage du bois coûtent un demi thaler par corde, cette dernière vaudra sur place $2\,^{1}/_{2}$ thlr.

Mais ce prix, de même que tout autre prix exprimé en argent, n'est valable que pour une seule localité; il change en même temps que le prix des céréales.

Ainsi cette donnée, pour résoudre notre problème, serait insuffisante, et nous avons besoin d'une expression plus générale, applicable à tous les points de l'Etat isolé.

Nous devrons donc, comme en agriculture, exprimer $^{1}/_{4}$ de la dépense en argent et $^{3}/_{4}$, en seigle.

Sur les frais de production d'une corde $= 2\,^{1}/_{2}$ thlr., il restera par conséquent $^{1}/_{4} \times 2\,^{1}/_{2} = 0{,}62$ thlr. exprimés en argent, et en céréales $2\,^{3}/_{4} \times ^{1}/_{2} = 1{,}88$ thlr. Or, ces 1,88 thlr., dans une localité où le schef. de seigle vaut 1,291 thlr., en admettant également que la corde de bois y coûte $2\,^{1}/_{2}$ thlr., auront une valeur $= \dfrac{1{,}88}{1{,}291} = 1{,}46$ schf. seigle. De sorte que les frais de production d'une corde de bois exprimés généralement, s'élèveront à 1,46 sch. seigle $+ 0{,}62$ thlr. D'un autre côté nous savons par le § IV calculer le prix du seigle pour chaque point pris dans l'état isolé : ainsi le schf. de seigle vaut dans une localité située à x milles de la ville $\dfrac{273, - 5, 5\, x}{182 \times x}$ thl. Cette valeur admise pour le seigle, nous aurons $1{,}46$ schf, seigle $+ 0{,}62$ thlr. $= \dfrac{511 - 7, 4\, x}{182 \times x}$ thlr., autrement dire, les frais de production d'une corde de bois pour la localité à x mille de la ville seront de $\dfrac{511 - 7, 4\, x}{182 \times x}$ thlr.

Viennent à présent les frais de transport d'une corde qu'il s'agit d'amener d'une localité à la ville, en franchissant une distance de x milles.

D'après le § IV, les frais de transport d'une charge de 2,400 livres pour une distance de x milles s'élèvent à $\dfrac{199, 5\, x}{182 + x}$ thalers.

Comme une corde de bois peut faire deux charges, les frais de transport seront de $\dfrac{399\, x}{182 + x}$ thalers.

Si le bois est produit sur un sol qui ne donne pas de rente foncière, on pourra le livrer à la Ville au prix qui remboursera les frais de production et de transport.

Avec l'assolement pastoral dont la rente foncière doit nous servir d'échelle de mesure, la contrée qui est à 28,6 milles de la Ville, ne donne plus de rente foncière; si, dans la formule trouvée pour les frais de production du bois, nous remplaçons la valeur x par 28, 6, nous voyons que le prix d'une corde de bois à la Ville doit être de 55,6 thlr.

Le bois étant un objet de première nécessité pour la ville, elle sera forcée de payer ce prix, dans le cas où le combustible ne pourrait être livré à meilleur marché par des contrées plus voisines.

Lorsque les localités à production sylvicoles sont plus rapprochées du centre de consommation, les frais de transport diminuent ; mais alors le bois doit être produit sur une terre qui donne une rente foncière, et le prix du bois, dans ce cas, doit payer non-seulement les frais de production et de transport, mais encore la rente foncière.

Pour une superficie de 100,000 v. carrées à x mille de la Ville, la rente foncière s'élève à $\dfrac{202,202. - 7065\,x}{182 + x}$ thlr., § V.

Le rendement annuel en bois du sol et du fonds sur 100,000 verges carrées est de 250 cordes, chaque corde aura conséquemment (en négligeant les fractions), à supporter une part de rente foncière $= \dfrac{809 - 28,3\,x}{182 + x}$ thlr.

Dans ces nouvelles conditions, le prix du bois à la Ville se composera donc de trois parties, qui sont :

a. Frais de production. $\dfrac{511 - 7,4\,x}{182 + x}$ thlr.

b. Frais de transport... $\dfrac{399\,x}{182 + x}$ »

c. Rente foncière...... $\dfrac{809 - 28,3\,x}{182 + x}$ »

TOTAL : $\dfrac{1320 + 363,3\,x}{182 + x}$ thlr.

Ainsi le prix d'une corde de bois dans la Ville devra s'élever à $\dfrac{1,320 + 363,3\,x}{182 + x}$ thlr. ; en remplaçant successivement x par des valeurs positives, on devra nécessairement trouver la localité qui, dans l'état isolé, pourra livrer à la Ville au plus bas prix.

Soit x, où la distance de la ville, égale		Alors y, où le prix d'une corde de bois dans la ville, sera :	
28,6	milles.	55,6	thlr.
20	id.	42,5	»
10	id.	25,8	»
7	id.	20,4	»
4	id.	14,9	»
1	id.	9,2	»
0	id.	7,2	»

Admettons un instant que le bois à brûler se produise dans une localité qui ne donne pas de rente foncière ; le prix d'une corde de bois qu'elle envoie à la Ville y revient à 55, 6 thlr. Mais ceux qui habitent les contrées plus rapprochées du centre de consommation ne tardent pas à s'apercevoir qu'il serait plus avantageux pour eux de tirer parti de leur sol par la culture du bois que par celle des céréales ; ils se mettront en mesure d'en produire, le livreront à meilleur marché, et parviendront facilement par leur concurrence, à obtenir la préférence au marché, sur les habitants de l'état isolé qui seront plus éloignés. Cela irait ainsi jusqu'à ce qu'enfin la culture du bois vendable se limitât aux localités, tout à fait voisines de la Ville, d'où le bois peut se livrer au plus bas prix possible.

Cependant la culture d'un végétal qui ne donne une récolte complète que cent ans après avoir été semé, ne peut pas émigrer brusquement d'une contrée. Il ne faut donc pas nous étonner si, dans la réalité, nous rencontrons des localités complétement dépourvues de bois, qui cependant par leur sol et leur position semblent parfaitement convenir à cette culture.

Afin de déterminer le prix auquel devra se payer le bois dans la ville centrale de l'état isolé, il faudrait connaître les besoins de la consommation. Le chiffre de cette consommation déterminerait l'étendue de la superficie à consacrer à la culture du bois, et le prix auquel le bois, provenant du point le plus éloigné de cette superficie, pourrait être fourni, servirait de régulateur au prix du bois dans la Ville ; par exemple, s'il fallait étendre la culture du bois jusqu'à une distance de sept lieues de la Ville, le prix d'une corde devrait s'élever dans la ville jusqu'à 20, 4 thlr.

Le terrain situé à la limite extrême de ce cercle sylvicole donne alors une rente égale, ou du moins très-peu supérieure à celle du même terrain consacré à l'agriculture. Rapproché d'un mille seulement du centre de consommation, ce terrain donne à cause de l'économie des frais de transport qui sont si considérables pour le bois, une rente foncière déjà beaucoup plus élevée ; cette rente foncière du sol, utilisé par la production forestière, doit croître conséquemment à mesure qu'on se rapproche de la Ville, en une proportion beaucoup plus forte, que si le sol était utilisé par la culture pastorale.

Nous sommes donc parvenus à prouver la corrélation intime entre les prix proportionnels de deux produits, céréales et bois à brûler, qui cependant ne peuvent se remplacer l'un par l'autre.

Pour les produits qui se remplacent mutuellement, et qui ont une mesure commune de leur valeur utile, la hausse ou la baisse des prix sera parallèle, et la proportionnalité des prix elle-même sera peu ou point altérée.

Pour les produits au contraire à qui cette mesure commune manque, un changement dans la demande de l'un ou l'autre d'entre eux altérera grandement la proportionnalité des prix.

Prenons un exemple : dans l'Etat isolé, la découverte des fourneaux économiques peut réduire la consommation en combustible de la Ville, d'une façon telle, qu'un cercle de 5 milles de diamètre, au lieu de 7, suffise au besoin des habitants ; il en résulte immédiatement une diminution du prix qui s'évaluerait à 4 thlr. par corde, ou à environ 20 p. 0/0 du prix primitif.

Par là devient inutile le bord extérieur du cercle sylvicole, qui pourra dans ce cas, être cultivé et produire des céréales. Mais cette étendue est si insignifiante par rapport à la totalité des terrains à céréales, que le prix du grain en souffrirait une baisse à peine sensible.

Si la corde de bois à brûler avait eu primitivement une valeur égale à 14 schf. de seigle, elle n'aura plus, après le changement accompli, qu'une valeur égale à environ 12 schf.

Les découvertes et les perfectionnements provoquent les mêmes changements qu'une diminution dans la consommation.

Dans les calculs précédents, au sujet de la culture forestière, l'auteur n'a pu emprunter à la Réalité des données sur les dépenses et sur les rendements comme il l'a fait pour l'agriculture ; il a dû se servir, pour asseoir ses calculs, d'une estimation approximative. Cependant une recherche qui procède par appréciations plus ou moins exactes et par hypothèses ne peut, même quand elle reste conséquente dans ses conclusions, que montrer quel est le résultat d'après l'hypothèse convenue, et non tel qu'il est dans la Réalité. Mais si l'on peut marquer les extrêmes entre lesquels il est possible que les chiffres admis s'écartent de la Réalité, si l'on prouve qu'entre ces extrêmes les résultats développés sont valables, alors on aura leur exactitude en évidence.

Nous allons prendre ces extrêmes en les séparant par un intervalle plus grand que la probabilité ne saurait le permettre, et nous supposerons dans le premier cas, que les frais de production du bois égalent huit fois, que, dans le second, ils n'égalent qu'un huitième de la somme des frais admis dans notre hypothèse primitive.

Premier cas. — Les frais de production sont huit fois plus forts que les frais primitivement supposés.

L'élévation des frais de production peut provenir de deux causes : 1° de l'élévation des frais qui se rattachent à l'ensemble des dépenses inhérentes à l'industrie sylvicole, le produit en bois restant le même ; 2° de la diminution du produit en bois, les dépenses restant les mêmes.

a. L'ensemble des dépenses inhérentes à l'industrie sylvicole étant huit fois plus fort que dans notre première hypothèse, pendant que le produit en bois reste le même, nous aurons :

$$\text{Frais de production } \left(\frac{511 - 7{,}4\,x}{182 + x}\right) 8 = \frac{4038 - 59{,}2\,x}{182 + x}$$

$$\text{Frais de transport} \dots \dots \dots \dots \quad \frac{399\,x}{182 + x}$$

$$\text{Rente foncière} \dots \dots \dots \dots \dots \quad \frac{809 - 28{,}3\,x}{182 + x}$$

$$\text{TOTAL :} \quad \frac{4897 + 311{,}5\,x}{182 + x}$$

Le prix d'une corde de bois sera alors pour $x = 20$ de 55 thalers.
  »   » $x = 10$ » 42   »
  »   » $x = 0$ » 27   »

b. — Le produit en bois n'étant plus que le huitième du produit supposé dans notre première hypothèse et les dépenses restant les mêmes, nous aurons :

Frais de production. . . . . $\dfrac{4038 - 59,2\,x}{182 + x}$

Frais de transport. . . . . $\dfrac{399\,x}{182 + x}$

Rente foncière $\left(\dfrac{809 - 28,3\,x}{182 + x}\right)8 = \dfrac{6472 - 226,4\,x}{182 + x}$

$$\text{TOTAL :} \quad \dfrac{10560 + 113,4\,x}{182 + x}$$

Le prix d'une corde de bois sera alors pour $x = 20$ de 63 thalers.
»   » $x = 10$ |» 61   »
»   » $x = 0$ » 58   »

Deuxième cas. — Frais de production égaux à un huitième des frais primitivement supposés :

a. Les dépenses se réduisant à un huitième, le produit restant égal, nous avons :

Frais de production $= \left(\dfrac{511 - 7,4\,x}{182 + x}\right) : 8 = \dfrac{61 - 0,9\,x}{182 + x}$ thlr.

Frais de transport $=$ . . . . $\dfrac{399\,x}{182 + x}$ »

Rente foncière $=$ . . . . $\dfrac{809 - 28,3\,x}{182 + x}$ »

$$\text{TOTAL :} \quad \dfrac{870 + 369,8\,x}{182 + x}\;\text{thlr.}$$

Le prix d'une corde sera alors pour $x = 20$ de 41 thalers.
»   » $x = 10$ » 24   »
»   » $x = 0$ » 5   »

b. L'ensemble des dépenses restant le même, mais le produit étant huit fois plus fort, nous avons :

Frais de production $\left(\dfrac{511 - 7,4\,x}{182\,x}\right) : 8 = \dfrac{61 - 0,9\,x}{182 + x}$ thlr.

Frais de transport. . . . . $\dfrac{399\,x}{182\,x}$

Rente foncière $\left(\dfrac{809 - 28,3\,x}{182 + x}\right) : 8 = \dfrac{101 - 3,5\,x}{182\,x}$

$$\text{Total,} \quad \dfrac{162 + 394,6\,x}{182 + x}$$

Le prix d'une corde sera alors pour $x = 20$ de 40 thalers.
» $x = 10$ » 21   »
                                  $x = 0$ » 1   »

Les cas que nous venons de considérer donnent indistinctement le même résultat, à savoir que le bois produit dans le voisinage de la ville est toujours moins cher que celui qui est produit dans les localités éloignées. Puisque nous pouvons affirmer maintenant avec sécurité que dans une culture rationnelle (lorsqu'elle n'est pas rationnelle il n'y a ni règle ni limites), le rendement et les dépenses en industrie sylvicole ne peuvent se trouver autre part qu'entre les extrêmes fixés, nous avons nécessairement prouvé : que la production du bois doit avoir lieu dans le voisinage de la Ville.

Nous avons obtenu par cette recherche une formule qui sert non seulement à déterminer le prix du bois, mais qui encore est susceptible d'une application tellement générale qu'avec elle nous saurons déterminer le prix de chaque produit agricole dans l'État isolé, et trouver la localité où sa culture devra s'exercer ; seulement il faudra connaître auparavant les frais de production, la rente foncière et les besoins de la consommation.

Prouvons cela par un exemple et demandons : « à quel prix le schef de seigle est livrable à la Ville, et dans quelle localité sa culture est la plus profitable ? ».

D'après le § V 100,000 verges carrées de terre arable donnent un produit brut de 3,144 schf de seigle. Un chargement contient $\frac{2400}{84} = 28,6$ schef. de seigle ; 3144 schef. feront par conséquent $\frac{3144}{28,6} = 110$ charges.

Pour produire ces 3,144 schf. on dépense en frais 1,976 schf. seigle $+ 64$ thlr. qui, répartis sur 110 chargements font 18 schef. $+ 5,83$ thlr. par charge.

En supposant le prix du schf. de seigle $= \frac{273 - 5,5\,x}{182 + x}$ thls., les frais de production seront exprimés pour une charge par $\frac{4914 - 99\,x}{182 + x} + 5,83 = \frac{5975 - 93,2\,x}{182 + x}$ th. La rente foncière pour

100000 verges carrées de terre arable, ou pour 110 charges de seigle, s'élève à $\dfrac{202202 - 7065\,x}{182 + x}$, ce qui fait pour chaque charge une rente foncière partielle de $\dfrac{1838 - 64,2\,x}{182 + x}$.

D'après cela nous avons pour un chargement de 28,6 schf de seigle :

Frais de production.	$\dfrac{5975 - 93,2\,x}{182 + x}$
Frais de transport...	$\dfrac{199,5\,x}{182 + x}$
Rente foncière......	$\dfrac{1838 - 64,2\,x}{182 + x}$
Total .	$\dfrac{7813 + 42,1\,x}{182 + x}$

Conséquemment, nous aurons ;

		Prix d'une charge de seigle.	D'un schel. de seigle.
à $x =$ 20 milles		42,9 thlr.	1 $\frac{1}{2}$ thlr.
» $x =$ 10 »		42,9 »	1' $\frac{1}{2}$ »
» $x =$ 0 »		42,9 »	1 $\frac{1}{2}$ »

De sorte que la réponse nous apprend que de tous les points de l'Etat isolé (aussi loin que le sol soumis à la culture des grains donne encore une rente foncière), le scheffeil de seigle peut-être livré à la Ville au prix de 1 1/2 thlr, et que la culture des céréales est également profitable à toutes les localités de l'État isolé.

Cela doit être ainsi, puisque le calcul de la grandeur de la rente foncière pour les différentes localités se base précisément sur l'hypothèse de la valeur du schf de seigle fixé dans la Ville à 1 1/2 thaler ; ce calcul ne pouvait donc nous conduire à aucun autre développement, mais il nous donne une contre épreuve intéressante de l'exactitude de l'observation ; par là il devient important, puisqu'il nous permet de déterminer le prix que doit avoir à la Ville, et la localité où doit être cultivée chaque plante dont, proportionnellement aux céréales, les frais de production et la rente foncière partielle pour un chargement nous sont connus.

Montrons un exemple de l'emploi de cette formule pour quelques autres plantes.

Première plante, dont la rente foncière est la même que celle du grain, mais dont les frais de production ne sont que moitié.

$$
\begin{array}{ll}
\text{Frais de production.} \ldots\ldots & \dfrac{2987 - 46\,x}{182 + x} \\[2mm]
\text{Frais de transport d'une charge} & \dfrac{199,5\,x}{182 + x} \\[2mm]
\text{Rente foncière.} \ldots\ldots\ldots & \dfrac{1838 - 64,2\,x}{182 + x} \\[2mm]
\hline
\text{Total :} & \dfrac{4825 + 88,7\,x}{182 + x}
\end{array}
$$

Le prix du transport d'une charge sera :

$$
\begin{array}{lll}
\text{Pour } x = 20 & \text{milles de } & 32,7 \text{ thlr.} \\
\text{»} \quad x = 10 & \text{»} & 29,7 \quad \text{»} \\
\text{»} \quad x = 0 & \text{»} & 26,5 \quad \text{»}
\end{array}
$$

Cette plante peut être livrée à plus bas prix par les localités voisines ; on détermine le prix qu'elle doit avoir à la Ville lorsqu'on sait sur quelle superficie doit s'étendre sa culture pour fournir à la consommation centrale.

Deuxième plante. — Rente foncière égale, frais de production doubles.

Ici la somme des frais s'élève à $\dfrac{13788 - 51,1\,x}{182 + x}$.

Le prix de transport d'une charge est :

$$
\begin{array}{lll}
\text{Pour } x = 20 & \text{milles de } & 63,2 \text{ thlr.} \\
\text{»} \quad x = 10 & \text{»} & 69,2 \quad \text{»} \\
\text{»} \quad x = 0 & \text{»} & 75,7 \quad \text{»}
\end{array}
$$

La culture de cette plante est plus avantageuse à une certaine distance de la Ville.

Troisième plante. — Frais de production égaux, rente foncière inférieure de moitié. Pour cette plante, la somme de frais égale $\dfrac{6894 + 74,2\,x}{182 + x}$ et le prix de transport d'une charge sera :

$$\text{Pour } x = 20 \text{ milles de } 41,5 \text{ thlr.}$$
$$\text{» } x = 10 \quad \text{» } \quad 39,7 \text{ »}$$
$$\text{» } x = 0 \quad \text{» } \quad 37,9 \text{ »}$$

Cette plante doit être cultivée dans le voisinage de la Ville.

Quatrième plante. — Frais de production égaux, rente foncière double, somme de frais $= \dfrac{9651 - 22,1\,x}{182 + x}$.

Le prix du transport d'une charge sera :

$$\text{Pour } x = 20 \text{ milles de } 45,6 \text{ thlr.}$$
$$\text{» } x = 10 \quad \text{» } \quad 49,1 \text{ »}$$
$$\text{» } x = 0 \quad \text{» } \quad 53,0 \text{ »}$$

Cette plante doit être cultivée dans les contrées éloignées de la Ville.

En examinant de plus près le développement de ces quatre cas, nous en faisons ressortir les lois générales suivantes :

1° A frais de production égaux pour une charge, il faut cultiver aussi loin que possible la plante qui a la plus grande rente foncière à supporter.

2° A rente foncière égale pour une charge, il faut cultiver loin de la Ville la plante qui exige le plus de frais de production.

PROPOSITION. — A quel prix pourra se livrer à la Ville un produit dont une charge a exigé quatorze fois autant de frais de production et deux fois autant de frais de transport que le seigle, en supposant que ce produit ne doive donner aucune rente foncière ?

Dans ce cas, les frais de production s'élèvent à $\dfrac{83650 - 1305\,x}{182 + x}$;

et les frais de transport à $\dfrac{399 + x}{182 + x}$.

La somme des frais sera de $\dfrac{83650 - 906\,x}{182 + x}$.

Le prix du transport d'une charge est alors :

$$\text{Pour } x = 30 \text{ milles de } 266 \text{ thlr. et } 5,3 \text{ schil. par livre.}$$
$$\text{» } x = 10 \quad \text{» } \quad 388 \text{ » } \quad 7,8 \qquad \text{»}$$
$$\text{» } x = 0 \quad \text{» } \quad 400 \text{ » } \quad 9,2 \qquad \text{»}$$

Ce produit à 30 mille de la Ville lui est livrable à un prix inférieur presque de moitié de celui auquel les contrées tout à fait voisines pourraient le fournir. Si les localités situées à cette distance satisfont aux besoins, la production de ce produit par les localités voisines du centre de consommation doit entraîner des pertes considérables.

Revenons, après cette digression à nos considérations sur la sylviculture.

Nous avons admis dans nos calculs un rendement annuel en bois de 1,000 cordes, et le total de bois vif sur toutes les parties ou kavels, égal en valeur à 15,000 cordes.

D'après cela, l'accrue du bois, eu égard à la valeur, est à la totalité du bois vif sur pied, comme 1 est à 15 ; autrement dire, l'accrue annuel s'élève à 1/15 de la totalité des bois vifs.

Mais l'expérience a souvent montré qu'en voulant faire l'acquisition d'un domaine, il était très-dangereux d'estimer les bois qui en font partie d'après la quantité du bois vif, et ensuite d'acheter sur cette estimation.

Plusieurs acquéreurs ont éprouvé de grands mécomptes en agissant ainsi, quelques-uns y ont perdu leur fortune entière. Plus tard, on trouvait que le bois ne rapportait pas l'intérêt légal, c'est-à-dire que le rendement en bois n'était pas de 1/20, mais souvent de 1/30, et même de 1/40 de la totalité du bois vif ; que, par conséquent, le capital employé à l'acquisition de la forêt ne rendait que le 3 1/3 et même que le 2 1/2 pour cent.

Nous connaissons des estimations de forêts dans lesquelles l'accrue annuelle est fixée par des forestiers à 1/40 de la totalité du bois vif.

Supposons actuellement que ce que l'expérience enseigne tienne à la nature même de l'arbre ; qu'à cause des propriétés de cette nature, les arbres d'une forêt n'aient qu'une accrue annuelle de 1/40 ; en développant les conséquences de cette hypothèse, nous arrivons aux résultats remarquables qui suivent :

·1° Non seulement le sol couvert de bois ne donne aucune rente foncière, mais le rendement du sol est négatif, puisque les intérêts du capital engagé dans le bois sur pied s'élève au double de la valeur de la production annuelle.

2ª Tout propriétaire qui connaît ses intérêts doit abattre et vendre la totalité de ses bois d'un seul coup, parce qu'avec le capital que lui fait rentrer la vente, il se crée un intérêt double, et qu'en outre il lui reste le sol et le fond de la forêt, dont à la rigueur il pourrait également se défaire ; si le marché n'est pas assez considérable pour qu'il y vende tout son bois en une seule fois, le propriétaire ne doit pas réensemencer en arbres la verderie annuelle où l'on a fait un abatis ; il parviendra de cette façon plus lentement, mais avec la même certitude, à faire disparaître la forêt.

3° Une destruction successive des forêts doit déterminer une hausse dans le prix du bois ; mais c'est là une particularité de ce cas que les prix les plus élevés du bois ne rendent pas la sylviculture profitable, et n'empêchent en rien la disparution des forêts ; car avec l'augmentation des prix, s'élève le capital représenté par le bois sur pied et les intérêts de ce capital restent toujours le double des revenus que donne la forêt. Les prix élevés des bois ne rendent le défrichement que plus avantageux et y engagent d'autant plus. Il n'y aurait que l'abaissement de l'intérêt du taux légal au dessous de 2 1/2 p. 0/0 qui pourrait l'arrêter. Mais si cet abaissement n'a pas lieu, et si l'on veut prévenir la disparution sur la terre d'une chose aussi nécessaire que le bois à brûler, il faut que les gouvernements enlèvent aux propriétaires la libre disposition de leurs biens, et les forcent à ne retirer de leurs domaines que la moitié du revenu qu'ils pourraient en obtenir autrement. A la vérité, lorsqu'on aura porté atteinte à ce droit de propriété, la culture des bois sera tellement négligée que la mesure n'offrira guère qu'un secours momentané.

Observons la croissance d'un arbre, celui d'un jeune sapin par exemple ; nous trouvons qu'un sapin de deux ans acquiert une valeur dix fois plus forte environ qu'un sapin d'un an ; un sapin de trois ans, un volume sept fois plus considérable qu'un sapin de deux, et ainsi de suite ; que par conséquent l'accroissement annuel constitue non seulement une partie du volume que l'arbre avait auparavant, mais qu'il dépasse de plusieurs fois ce volume, dans les années suivantes. L'augmentation absolue en volume croît d'année en année, mais l'augmentation relative, c'est-à-dire l'accroissement annuel relativement au volume de l'arbre, doit diminuer, parce que le volume, auquel l'accroissement est comparé, devient de plus en plus grand. La cinquième année, l'accroissement annuel peut s'équilibrer avec le volume que l'arbre avait d'abord ; alors l'accroissement pendant la sixième année, ne sera plus peut-être que des 9/10, pendant la septième, que des 81/100, etc.

Cette diminution progressive de l'accroissement relatif doit nécessairement nous conduire au point où l'accroissement ne sera plus que 1/20 du volume de l'arbre.

Imaginons au lieu d'un seul arbre une verderie entière ou une portion de bois, dans laquelle tous les arbres soient du même âge ; il faudra bien qu'il arrive une époque à laquelle, pour toute la superficie, l'accrue ne sera plus que de 1/20 du bois qui y est sur pied. Qu'à cette époque précisément on fasse une coupe sur la portion en question ; que l'on en compare le rendement en bois avec la somme de bois vif de toutes les autres portions qui sont complantées en arbres de un an jusqu'à l'âge abattable, on trouvera que le rendement annuel est plus élevé que le vingtième de la masse du bois vif ; car comme l'accrue dans la portion propre à être mise en coupe est encore de 1/20, mais qu'elle est beaucoup plus considérable dans les autres portions qui ont des arbres plus jeunes, il faut que l'accrue en moyenne, c'est-à-dire pour toutes les parties ensemble dépasse 1/20.

Si donc il est parfaitement entendu, d'un côté que la nature des arbres rend possible une accrue relative plus forte que 1|20, et si d'un autre côté il est avéré que dans certaines forêts l'accrue n'est que de 1|40, il suit forcément de là que l'aménagement de ces dernières est fautif et maladroit.

Dans les forêts où des arbres de 100 à 200 ans se trouvent à côté d'arbres de 10 à 20 ans et y sont mêlés, où des arbres qui ne croissent plus, mais qui couvrent une grande surface, écrasent le jeune bois; où, conséquemment, l'accrue absolue est peu considérable et doit être comparée à de grandes masses de bois sur pied, l'accrue relative descend facilement à 1[40 et ou dessous.

Une culture, ou plutôt une non culture forestière pareille, ne peut s'excuser que dans les localités où le bois ne se vend pas, et dans le cas où le sol a si peu de valeur que les frais de l'essartage des troncs et de la conversion du fond forestier en terre arable ne seraient point payés.

Peut-être étaient-ce là les circonstances sous lesquelles se trouvait une grande partie de l'Allemagne pendant les premiers siècles; ces circonstances ont changé depuis; mais ces changements sont loin d'avoir modifié le traitement des forêts. Beaucoup sont encore conduites de nos jours d'après les usages traditionnels qui sont très-peu rationnels pour notre époque.

Cependant, tout en employant une direction plus intelligente, on ne peut arracher les forêts de leur état naturel que peu à peu ; car de même que la vie d'un arbre dépasse de beaucoup la vie d'un homme, de même il faut plusieurs générations d'hommes pour appliquer à toute une surface forestière de saines notions de culture.

Il faut, dans une forêt bien conduite, ne laisser ensemble que des arbres de même âge et ne les abattre que lorsque la valeur de l'accrue relative tombe au 5 p. 0[0, qui est le taux d'intérêt adopté dans l'Etat isolé. Les arbres des forêts de haute futaie ne devront pas alors arriver au dernier terme de leur développement, et la révolution d'une période d'aménagement deviendra plus courte que la durée d'existence des arbres. Ces principes admis, il s'agit de savoir si l'aménagement des forêts de hêtre, que nous avons supposés ici de 100 ans, ne doit pas être restreinte à une période moins longue.

En considérant que le bois des arbres arrivés à toute leur

crue vaut mieux comme combustible et se paye plus cher
que le bois des jeunes arbres, on pourrait, à la 'vérité, pro-
longer la rotation d'aménagement jusqu'au delà du point
où l'accrue relative du bois est à 5 p. 0|0, mais de quelques
années seulement; car cette augmentation de la valeur du
bois, comme combustible, ne peut pas longtemps balancer la
perte de l'intérêt des frais progressifs de production.

Il en est tout autrement lorsqu'il s'agit de bois de construction; celui-ci, pour être utile, a besoin d'une certaine
force, et l'on ne doit pas abattre les arbres avant qu'ils soient
parvenus à l'acquérir. La rotation d'aménagement devra
donc être beaucoup plus longue que pour le bois à brûler, ce
qui augmente naturellement les frais de production du bois
de construction; mais comme on ne peut s'en passer, il faut
qu'un volume donné, un pied cube par exemple, se paye
d'autant plus cher que le bois sera plus fort; et le prix
d'achat doit s'élever ainsi et dans une mesure telle qu'il rembourse exactement les frais de production du bois de construction pour chaque degré de force.

A poids égal, le bois de construction doit donc avoir un
prix plus élevé que le bois à brûler; et les frais de transport pour le premier devront être, relativement à la valeur,
moins élevés que pour le second.

C'est pourquoi, dans l'état isolé, la production du bois de
construction aura lieu dans les parties du cercle consacrées
à la sylviculture les plus éloignées de la Ville.

Les éclats du bois de construction employés comme combustible ne sauraient supporter les frais de transport à la
Ville. Pour en tirer parti on les réduit en charbons, ce qui
en diminue le poids spécifique; c'est ainsi que le bord extérieur du cercle sylvicole fournira à la Ville non seulement des
bois de construction mais encore du charbon.

Dans la partie du cercle la plus rapprochée de la Ville, il
sera peut-être avantageux de cultiver des arbres à croissance
rapide, dont le bois, comme combustible, n'a peut-être pas
autant de valeur que le bois de hêtre, mais qui, à surface
égale, donneront un plus fort rendement; tandis que les

parties du cercle plus éloignées donneront du bois à brûler de plus haute valeur,

Ainsi se formeraient, dans le cercle sylvicole, plusieurs divisions en cercles concentriques dans lesquels la culture aurait pour but la production d'arbres d'espèces diverses.

Ce cercle doit approvisionner la Ville et le cercle de la culture libre, mais non les autres cercles qui sont vers la circonférence de l'Etat isolé, ou qui sont plus éloignés de la Ville. Ceux-ci produisent leur bois nécessaire, n'en transportent pas à la Ville, et lui sont sous ce rapport indifférent ; c'est pourquoi nous ne parlerons plus de culture de forêts lorsque nous aborderons l'étude de ces localités.

En supposant le prix du bois combustible à 21 thalers la corde, quelle sera la rente foncière des différentes localités du cercle sylvicole ?

Le prix supposé d'une corde est de 21 thalers , ou de 21

$$\times \frac{182 + x}{182 + x} = \frac{3822 + 21\,x}{182 + x} \text{ thalers.}$$

Les frais de production sont pour une corde $\dfrac{511 - 7,4\,x}{182 + x}$ thl.

Les frais de transport $= \dfrac{399\,x}{182 + x}$ thalers. Retranchons la somme de ces frais du prix indiqué, il reste, pour la surface sur laquelle croît une corde de bois , une rente foncière dont la valeur s'exprime par $\dfrac{3311 - 370,6\,x}{182 + x}$ thalers. Par conséquent, la rente foncière d'une superficie de 100000 verges carrées qui produit 250 cordes $= \left(\dfrac{3311 - 370,6\,x}{182 + x} \right) 250.$

Pour $x = 0$ la rente foncière $= 4548$ thlr.
  » $x = 1$ id.   4017 »
  » $x = 2$ id.   3492 »
  » $x = 4$ id.   2458 »
  » $x = 7$ id.   948 »

A la partie extrême du cercle sylvicole , la rente foncière de la culture forestière se confond avec celle des terres arables limitrophes ; mais elle s'élève très-rapidement à mesure que l'on se rapproche de la Ville, à cause de l'économie des frais de transport qui sont considérables, et près de la Ville, elle atteint le taux de 4548 thalers, tandis qu'un assolement pastoral pur, appliqué ici comme dans les localités éloignées, ne donnerait pas une rente au dessus de 1111 thalers.

§ XX. — Coup-d'œil rétrospectif sur le premier cercle relativement à la culture des pommes de terres.

Nos recherches dans les paragraphes précédents ont démontré que la production du bois à brûler devait avoir lieu dans le voisinage de la Ville, et que la sylviculture donnait, proportionnellement à l'agriculture, une rente foncière d'autant plus forte qu'elle s'exerçait plus près de la Ville.

Mais nous avons admis en premier lieu que le cercle de la culture libre devait couvrir les terres tout à fait rapprochées de la Ville, Nous avons appuyé cette hypothèse par plusieurs raisons; mais ces raisons n'ont pas été suffisamment développées pour prouver la proposition; c'est pourquoi nous allons en reprendre l'examen.

La culture libre et la sylviculture se disputent pour ainsi dire le terrain qu'elles doivent occuper; toutes deux prétendent au voisinage immédiat de la Ville. Cependant, comme elles ne peuvent se mêler l'une à l'autre, il s'agit de savoir laquelle des deux remportera la victoire et finira par dominer.

Rationnellement, on doit pratiquer, dans toutes localités, la culture qui utilise le sol de la manière la plus avantageuse, ce qui ramène la question ci-dessus à celle-ci : Quel est le système de culture qui, dans le voisinage immédiat de la Ville, donne la plus haute rente foncière?

Cherchons si, dans ces conditions, la culture d'une autre plante peut donner une rente foncière plus élevée que la sylviculture, et voyons quel parti nous pourrons tirer de la culture de la pomme de terre sous ce rapport,

On peut comparer la pomme de terre et le seigle en mesurant une propriété qui leur est commune, la valeur nutritive; mais il faut admettre qu'il n'y a pas de préférence particulière pour l'une ou l'autre de ces plantes, ce que nous supposons. Dans ce cas, leur prix se règlera exactement sur les proportions relatives de leur valeur nutritive.

D'après les analyses chimiques, presque toutes d'accord avec les expériences sur la nourriture des animaux, on sait que trois schf. combles de pommes de terre égalent un schf. seigle, sous le rapport de la contenance en fécule, comme sous le rapport des facultés nutritives; par conséquent le prix d'un schf. de pommes de terre à la Ville est le 1/3 du prix du seigle, soit 1/2 thaler.

Ceci posé, nous prendrons pour base de nos calculs sur le rendement de la pomme de terre et sur ses frais de culture, les recherches que nous avons communiquées au § 17 dans lequel nous avons traité de la culture belge,

Rappelons qu'au § 17 nous avons dit, qu'à richesse et superficie égales, 9 schf. de pommes de terre se produisaient là où un schf. de seigle venait à maturité, et nous avons trouvé que la production de 5, 7 schf. de pommes de terre ne coûtait pas plus en travail que la production de 1 schf. de seigle.

Une récolte qui, relativement au seigle, donne sur la même surface, trois fois plus, et qui paye une même somme de travail par deux fois plus de matière nutritive, est assurément remarquable; et le développement de sa culture est si bien approprié pour causer une révolution en agriculture, que nous avons dû lui donner une place dans cet ouvrage, lors même que nous n'y aurions pas été obligé par la nécessité de déterminer le premier cercle de l'Etat isolé.

Lorsque dans notre première hypothèse nous avons admis que la surface de l'Etat isolé avait un degré de richesse capable de donner 8 grains de seigle après jachère pure, nous en avons excepté le cercle de la culture libre auquel nous avons attribué une richesse beaucoup plus élevée, parce que ses habitants pouvaient aller à la Ville et y acheter des engrais. Dans les calculs suivants, nous supposons une richesse égale à celle que nous avons trouvée au § 17 pour la culture belge.

Quand on nourrit des bestiaux avec des pommes de terre,

on obtient largement autant d'engrais que la production des tubercules en a pris au sol. Il en est autrement quand au lieu d'être consommées ainsi, ces pommes de terre sont vendues.

De même qu'en culture de céréales, on ne peut consacrer tous les champs aux céréales, qu'il faut en réserver une partie aux végétaux qui rendent plus d'engrais qu'ils n'en ont enlevé, afin de réparer l'épuisement causé par les premières, de même, lorsqu'on cultive des pommes de terre pour la vente, il faut se garder d'en couvrir toute la surface arable.

Dans un calcul où l'on veut examiner combien une surface donnée, 100000 verges carrées par exemple, peut produire de pommes de terre en un an, et où l'on veut comparer le rendement en matières nutritives de cette surface soumise à une culture ayant pour base les pommes de terre, au rendement d'une surface égale cultivée en céréales, il faut connaître d'abord qu'elle est l'étendue partielle qu'il faudra mettre en pommes de terre, si l'on veut que la surface entière se soutienne en richesse, et par elle-même.

En culture de céréales, on récolte, outre le grain, de la paille qui compense déjà une portion de l'épuisement; mais la richesse que la paille restitue au sol n'est point suffisante pour couvrir la totalité de l'épuisement. Dans un assolement pastoral de 7 ans avec la rotation : 1, jachère; 2, seigle; 3, orge; 4, avoine; 5, pâturages; 6, pâturages; 7, pâturages; nous avons autant de soles à pâturage que de soles à céréales; et si, sur bon terrain, cet assolement se soutient, il s'en suit qu'à une sole de céréale il faut faire correspondre une sole de pâturage, si l'on veut compenser l'épuisement déterminé par la céréale, abstraction faite de la restitution opérée par la paille récoltée; autrement dire l'épuisement d'une sole de céréale est égal à la richesse représentée par la production en engrais d'une sole à pâturage ajoutée à la richesse représentée par la restitution opérée par la paille.

Les pommes de terre, lorsqu'on laisse sur le sol leurs parties herbacées, ne donnent pas de paille; par conséquent l'épuisement qu'elles déterminent doit être en entier compensé par la culture de végétaux producteurs d'engrais.

Actuellement si, pour simplifier, nous prenons une sole à pâturage pour unité, nous demanderons : à combien de soles de pâturage doit correspondre une sole de pommes de terre, quand on veut couvrir l'épuisement causé par celles-ci, au moyen des engrais produits par les pâturages?

Il importe de remarquer, avant de répondre, que l'épuisement absolu déterminé par les pommes de terre est directement proportionnel à la richesse du sol ou à la grandeur de la récolte ; d'un autre côté, les pâturages produisent plus sur un sol fertile, moins sur un sol pauvre. Pour contre-balancer l'épuisement d'une sole en pommes de terre de richesse donnée, il faut plus de soles de pâturage, si le pâturage est un terrain maigre, moins, s'il est un terrain riche.

Mes recherches, sur ce point, m'ont fourni les résultats suivants :

A. Avec une sole de pommes de terre ayant la même richesse que la sole d'orge et avec des soles de pâturage égales en richesse aux soles de pâturage de l'assolement pastoral, il faut, pour compenser l'épuisement causé par les tubercules, 2 3/4 (rigoureusement 2,76) soles de pâturage.

B. Avec sole de pommes de terre et sole de pâturage ayant richesse égale, il faut, pour une sole de tubercules, 1 5/6 de soles de pâturage.

C. Avec pommes de terre produites sur terrain très-riche où ont lieu culture du trèfle et stabulation permanente, et où le trèfle et la pomme de terre se cultivent sur terrain de richesse égale, il faut, pour une sole de pommes de terre, 1 1/2 (rigoureusement 1,46) soles de trèfle.

Que l'on veuille comparer maintenant le rendement en matières nutritives des pommes de terre et des céréales, on trouvera, d'après le point de vue indiqué au cas A: premièrement, que 3 soles de céréales à 1000 verges carrées en terrain qui, avec l'assolement pastoral, donne 10 grains, produiront 253 schf., réduits en valeur de seigle ; secondement, qu'une sole de pommes de terre, avec richesse égale à celle de la sole d'orge, pro-

duira 720 schf. de tubercules = 240 schf. réduits en valeur de
seigle. Pour balancer l'épuisement, il faudra, d'un côté, 3 soles
de pâturage pour 3 soles de céréales, de l'autre, 2 3/4 soles
de pâturage pour 1 sole de tubercules. Ainsi, 6 soles seront,
en tout, nécessaires pour produire 235 schf. de seigle, tandis
que 3 3/4 soles suffiront pour produire 720 schf. de pommes
de terre = 240 schf. de seigle.

Par conséquent, 1 sole de 1000 verges carrées en céréales
donne en matières nutritives, réduites à la valeur du seigle,
$\frac{235}{6} = 39$ schf. Cette même sole, en pommes de terre, donne
$\frac{240}{3\ 3/4} = 64$ schf.; de sorte que le rapport de rendement entre
les céréales et les pommes de terre est comme 39 : 64, ou
comme 100 : 164.

Nous voyons que le rapport proportionnel indiqué plus haut
à première vue, et d'après lequel les pommes de terre d'une surface donnée produisaient trois fois autant de matières nutritives
que le seigle, souffre une modification considérable, lorsqu'il
est examiné de plus près; cependant la supériorité, telle que nous
venons de la déterminer, n'en reste pas moins incontestable.

Mais là où les engrais ne sont pas produits sur le domaine,
et où l'épuisement causé par les pommes de terre peut être
réparé par des engrais achetés au dehors, la proposition par
laquelle les pommes de terre, relativement au seigle, donnent,
sur une certaine étendue, trois fois plus de matière nutritive
pour l'homme, reste rigoureusement vraie.

Nous aurons donc à considérer la culture des pommes de
terre : 1° dans le cas où l'engrais, dont la culture de tubercules
a besoin, est produit sur le domaine ; 2° dans le cas où cet
engrais est acheté au dehors.

A. Cas où la culture de la pomme de terre a lieu dans
un assolement qui se soutient en force toujours égale en et
par lui-même, et où, dans ce but, 1 1/2 sole de trèfle correspond à 1 sole de pommes de terre.

Mes calculs, sur un semblable assolement, donnent pour
une charge de 24 schf. de pommes de terre :

1. Frais de production.................... $\dfrac{1489 - 4,7\,x \text{ thlrs.}}{182 + x}$

2.   id.   transport.................... $\dfrac{199,5\,x}{182 + x}$

3. Prix de vente 12 thlr. ou $12\left(\dfrac{182 + x}{182 + x}\right) = \dfrac{2184 + 12\,x}{182 + x}$

Retranchons du prix de vente, les frais de production et de transport, il reste une rente foncière de $\dfrac{1695 - 182,8\,x}{182 + x}$

C'est la rente foncière d'une surface qui produit annuellement une charge de pommes de terre. Or, d'après mes calculs, une surface arable de 100.000 verges carrées, dont 40.000 verges carrées en pommes de terre et 60.000 verges carrées en trèfle, défalcation faite des petits tubercules pour la nourriture des bestiaux, produit annuellement 1440 charges vendables.

Si cela est, la rente foncière de 100.000 verges carrées s'élèvera

$$\text{à } 1440 \times \left(\dfrac{1695 - 182,8\,x}{183 + x}\right) = \dfrac{2.440.800 - 263.232\,x}{182 + x}$$

Si la distance à la Ville	La rente foncière sur 100.000 verges carrées sera
est $x = 0$	13,411 thlrs.
$x = 1$	11,899 »
$x = 4$	7,462 »
$x = 7$	3,165 »
$x = 9,3$	0

B. Cas où l'engrais, nécessité par la culture des pommes de terre, est acheté à la ville.

Au lieu de ne consacrer que 40 p. 0/0 de l'étendue arable aux pommes de terre, comme dans le premier système de culture, on peut ici leur consacrer la totalité de la superficie donnée, et 100.000 verges carrées enverront à la Ville, au lieu de 1440, 3600 charges de pommes de terre.

En revanche, cette culture a des dépenses qui étaient étrangères à la première; ces dépenses sont :

1. Les frais de transport des engrais depuis la Ville jusqu'au champ;

2. L'achat des engrais.

Suivant mes observations, la production de 24 schf. de

pommes de terre coûte au sol 0,94 voiture de fumier ; mais je supposerai 1 voiture pour plus de facilité ; en conséquence, pour chaque charge de pommes de terre conduite à la Ville, il faudra ramener une voiture de fumier.

Si donc chaque voiture qui mène des pommes de terre à la Ville ramène un chargement d'engrais, il ne sera pas nécessaire de faire des transports particuliers pour se le procurer ; seulement les chevaux auront une charge complète en allant et en revenant, et seront par là beaucoup plus fatigués. Comme la réalité ne nous offre pas d'échelle d'appréciation, supposons que le transport d'une charge prise au retour coûte la moitié de ce que coûte une charge ordinaire, et que les frais de transport d'une voiture d'engrais soient de $\frac{199,5\,x : 2}{182 + x} = \frac{99,7\,x}{182 + x}$. Cela posé, quel est le prix d'une voiture d'engrais à la Ville, et quels sont les principes qui fixent ce prix ?

Selon Adam Smith, le prix de toute denrée se compose de trois éléments : du salaire, de l'intérêt du capital et de la rente foncière. Nous avons été amené par nos recherches à décomposer le prix des produits agricoles en trois parties : frais de production, frais de transport et rente foncière ; et si, dans les frais de production et de transport se retrouvent le salaire et l'intérêt du capital, ce qui est évident, rien, jusqu'ici, ne nous avait rendu nécessaire cette dernière division.

Mais la matière dont nous avons à déterminer le prix n'est, à vrai dire, ni denrée, ni produit, et c'est en vain que nous demanderons combien sa production a coûté en salaire, intérêts du capital et rente foncière, ou quels sont ses frais de production et de transport, et à combien s'élève la rente foncière dont une quote-part doit entrer dans sa production. Cette substance, dont la création est involontaire, dont la quantité ne peut être ni diminuée ni augmentée, dont le possesseur est obligé de se débarrasser quoi qu'il lui en coûte, qui, par conséquent, n'a pour lui qu'une valeur négative, une telle substance est d'une nature si exclusive que l'on n'en peut fixer le prix d'après les lois qui viennent d'être mentionnées, et le problème, qui a pour but de chercher ce prix, emprunte à cette circonstance un intérêt tout particulier.

Cherchons donc à le résoudre, et soit a thalers le prix inconnu d'une voiture d'engrais acheté à la Ville. Dans le système de culture où l'engrais est acheté, mes calculs donnent pour une charge de pommes de terre :

1. Frais de production............... $\dfrac{526 + 7,5\,x}{182 + x}$ thlrs.

2. Frais de transport des p. de t......... $\dfrac{199,5\,x}{182 + x}$ »

3. Frais de transport d'une voiture de fumier. $\dfrac{99,7\,x}{182 + x}$ »

4. Achat du fumier.................... a »

Total des frais............. $\dfrac{526 + 291,7\,x}{182 + x} + a$ »

Le prix de vente d'une charge de pommes de terre est de 12 thlrs. ou $12\left(\dfrac{182 + x}{182 + x}\right) = \dfrac{2184 + 12\,x}{182 + x}$ »

Nous aurons, après soustraction des frais, pour la rente foncière qui incombe à une charge de pommes de terre, $\dfrac{1658 - 279,7\,x}{182 + x} - a$. Pour 100.000 verges carrées donnant 3600 charges de pommes de terre, la rente foncière sera de $3600\left(\dfrac{1658 - 279,7\,x}{182 + x} - a\right)$ thlrs.

Les cultivateurs qui habitent le cercle de la culture libre ont le choix de produire leurs engrais dans leurs domaines ou d'aller l'acheter à la Ville; ils ne prendront ce dernier parti que si les engrais achetés leur reviennent moins chers que les engrais créés sur place.

Nous avons trouvé la rente foncière des deux systèmes; en les comparant, nous devons nécessairement trouver le prix auquel la voiture de fumier peut être payée.

Soit la rente foncière de l'exploitation A $=$ à la rente foncière de B, ou $\left(\dfrac{1695 - 182,8\,x}{182 + x}\right) 1440 = \left(\dfrac{1658 - 279,7\,x}{182 + x} - a\right) 3600$

par conséquent $\dfrac{6780 - 731,2\,x}{182 + x} = \dfrac{16580 - 2,797\,x}{182 + x} - 10\,a$

ou $10\,a = \dots\dots\dots\dots\dots\dots\dots \dfrac{9800 - 2065,8\,x}{182 + x}$

et $a = \dots\dots\dots\dots\dots\dots\dots\dots \dfrac{980 - 206,6\,x}{182 + x}$ thlrs.

Soit la distance de la Ville,	Alors a ou valeur d'une voiture d'engrais est de
ou $x = 0$ mille	5,4 thlrs.
» $x = 1$ »	4,2 »
» $x = 2$ »	3,1 »
» $x = 3$ »	1,9 »
» $x = 4$ »	0,83 »
» $x = 5$ »	0 »

Il résulte de ce tableau que le cultivateur qui habite vers les faubourgs de la Ville peut payer la voiture d'engrais 5,4 thalers, sans dépenser plus que s'il produisait son fumier dans sa ferme; qu'à mesure que la distance grandit, le prix, que le cultivateur peut donner diminue rapidement; qu'enfin à 4 3/4 milles, le cultivateur peut bien encore consacrer à l'acquisition de l'engrais les frais de transport, mais qu'après ces frais il ne lui reste rien pour payer cette acquisition.

Du moment qu'il est question de fixer le prix du fumier, les intérêts les plus divers sont en jeu. D'un côté, l'habitant de la Ville est obligé de s'en débarrasser, dût-il le céder à rien et payer pour qu'on l'enlève; d'un autre côté, le cultivateur rapproché de la Ville peut en donner un prix élevé, le cultivateur éloigné, un prix très-bas au contraire. Lequel de ces intérêts antagonistes aura le dessus et déterminera le prix ?

Distinguons ici deux cas :

1° Les engrais de la Ville y sont en si grande quantité, qu'ils ne pourraient être utilisés entièrement sur toutes les fermes situées dans un rayon de 4 3/4 milles autour de la Ville;

2° Les engrais de la Ville y sont en trop petite quantité pour répondre aux besoins des fermes situées dans ce même rayon.

Dans le premier cas, quand il aura été pourvu au besoin de toute la contrée, jusqu'à 4 3/4 milles de distance, il restera une certaine quantité d'engrais qu'il faudra faire enlever aux frais de la Ville; si, dans une pareille circonstance, la Ville exigeait, par exemple, un prix de 0,83 thlr. par voiture pour l'engrais que les cultivateurs viennent chercher, aussitôt tous ceux qui habitent plus loin que 4 milles cesseraient d'en venir prendre, la quantité restante augmenterait et partant les frais pour l'enlever.

Pour agir suivant ses intérêts, la Ville sera donc forcée d'abandonner gratuitement l'engrais au cultivateur éloigné ; mais alors le cultivateur rapproché des faubourgs voudra-t-il payer les engrais que l'on laisse pour rien au cultivateur éloigné? Le vendeur fixera-t-il le prix d'une denrée d'après son degré d'utilité pour l'acheteur, et la cédera-t-il à bas prix à l'un et chèrement à l'autre? Cela semble peu probable, à moins que l'on ne fasse intervenir arbitrairement des règlements restrictifs. Nous sommes donc obligé d'admettre que, dans les circonstances données, les engrais de la Ville seront sans prix partout, qu'on les aura pour rien.

Dans le deuxième cas, quand les engrais ne suffisent pas au besoin de la culture de la localité qui pourrait les utiliser avantageusement, les cultivateurs rapprochés et éloignés entrent en concurrence. Supposons par exemple que, dans le principe, l'engrais puisse être pris gratuitement. La plus grande part serait enlevée par les contrées distantes, et celles voisines de la Ville pour qui l'engrais est si indispensable manqueraient du nécessaire. Ces dernières seraient contraintes, pour se l'assurer, de payer un prix élevé, à un taux enfin tel, que l'acquisition du fumier devînt désavantageuse aux contrées distantes. Ainsi, si la quantité totale des engrais de la Ville suffisait aux besoins d'un cercle à rayon de 4 milles seulement, elles payeraient 0,83 thlr. par voiture ; car si elles payaient moins, 1/2 thlr. par exemple, aussitôt les localités qui sont en dehors de la circonférence du cercle trouveraient leur avantage d'acheter et de rechercher les engrais, et les localités du centre n'auraient plus ce qu'il leur faut.

Nous adopterons ce dernier cas dans notre calcul sur la rente foncière, et nous supposerons que la voiture d'engrais coûte dans la Ville ou plutôt à ses barrières 0,83 thlr.

En remplaçant, dans la formule donnée plus haut, l'inconnue A par la valeur 0,83 thlr., la rente foncière de la culture B sur 100.000 verges carrées de terre arable s'exprime par : $\left(\dfrac{1658 - 279,7\,x}{182 + x} - 0{,}83 \right) 3600$ thlrs.

À la distance de la Ville,	La rente foncière s'élève
ou à $x = 0$ mille	à 29,808 thlrs.
$x = 1$ »	24,126 »
$x = 2$ »	18,504 »
$x = 3$ »	12,948 »
$x = 4$ »	7,467 »

La rente foncière du sol croît, dans ce cercle, en proportions inusitées à mesure qu'on se rapproche de mille en mille de la Ville. Cela provient de l'action simultanée de deux causes : en premier lieu, on cultive dans ce cercle des produits qui, relativement à leur prix, nécessitent beaucoup de frais de transport ; et, en second lieu, les frais de transport de l'engrais diminuent en proportion directe de la diminution de la distance à la Ville.

On doit trouver énormément forte la rente foncière indiquée par notre calcul pour le terrain situé dans les environs de la Ville ; aussi sommes-nous conduit à nous demander si l'on rencontre, dans la réalité, des exemples de rente foncière aussi élevée.

Cependant, si la réalité n'avait pas à nous offrir de ces exemples, nous ne devrions pas nous en étonner ; car nos calculs ne se basent d'abord que sur un sol qui, non-seulement renferme la plus grande richesse avantageusement utilisable, mais qui encore est d'une constitution physique remarquable, et un sol pareil doit rarement se présenter en grandes étendues. Ensuite il n'existe pas dans la réalité une ville considérable, encore moins une très-grande ville, qui ne soit située sur les bords d'une rivière navigable ; par la rivière, le cercle qui fournit des pommes de terre à la ville s'élargit, ce qui a pour conséquence, comme nous le verrons bientôt, de faire baisser le prix du schef. de pommes de terre jusqu'au-dessous de 1/3 du prix de seigle.

Toutefois, l'examen des faits nous montre non-seulement des exemples d'une rente foncière aussi forte, mais encore beaucoup plus considérable.

Pendant les dix premières années de ce siècle, les pâturages, près de Hambourg, situés sous les murs de cette ville, s'affermaient à 1 marc par verge carrée, ce qui fait environ 37 thlrs. d'or pour 100 verges carrées.

Suivant Sinclair (*Principes d'agriculture pratique*, page 558), une acre de terre à jardin dans les environs de Londres
rapporte un fermage de....................... 10 livres sterling.
Taxe des pauvres, dîmes et autres impôts........   8   id.
                                            TOTAL........ 18   id.

Ce qui fait environ 58 thlrs. par 100 verges carrées.

Il est vrai que le fermage n'est pas la rente foncière ; car, pour trouver cette dernière, il faut retrancher du fermage les intérêts du capital engagé dans les serres, vitrages, abris, couches, etc., qui peuvent être très-considérables. Néanmoins, ce qui reste dépasse encore le chiffre indiqué pour l'Etat isolé.

Quoique ces revenus élevés donnent une haute valeur vénale aux terrains voisins de la Ville, ils ne sont rien en comparaison de la hausse disproportionnée de la valeur des fonds dans la Ville même. Celui qui veut bâtir une maison hors barrière, et qui cherche dans ce but un emplacement convenable, ne payera pas cet emplacement plus cher qu'il ne vaut réellement pour la production du maraîchage.

Après que la maison est construite, la rente foncière que donnait l'emplacement se transforme en louage ; mais ces deux espèces de revenus sont égaux entre eux. En entrant dans la Ville, le louage monte de plus en plus, jusqu'à ce qu'on arrive au centre ou à la place principale ; là, le fonds seul pour bâtir une maison vaut souvent plus de 100 thlrs. par verge carrée.

Pourquoi le louage des maisons augmente-t-il progressivement, lorsqu'on s'avance vers le centre de la Ville? Un examen attentif nous répondra que cela doit s'attribuer à l'économie du travail et du temps, aux plus grandes commodités, chose dont on tient compte dans les affaires; nous trouvons ainsi, que la rente foncière et le louage sont régis par le même principe.

Une remarque importante doit trouver place ici. Nous avons calculé la rente foncière que peut donner la culture des pommes de terre; mais cela ne veut pas dire que cette rente foncière soit celle que donne véritablement le terrain du cercle de la culture libre : car 1° la nature de la plante ne permet pas qu'on la cultive chaque année sur le même sol, sans l'alterner avec d'autres plantes ; 2° ce cercle doit encore produire une multitude d'autres végétaux, dont les uns donnent plus, les autres moins de rente foncière que les pommes de terre.

Ainsi, les pommes de terre n'occuperont dans chaque domaine qu'une partie des terres, et la rente foncière de toute la superficie ne se trouvera que par le rendement net de tous les végétaux qui font partie de la rotation. Il n'y a qu'un cultivateur, demeurant dans le voisinage d'une grande ville et prenant ces données dans sa culture même, qui puisse faire ce calcul. Ses recherches seraient peut-être entravées de beaucoup de difficultés, mais elles seraient très-instructives, et elles feraient ressortir, tout en les éclaircissant, plusieurs points obscurs dans la théorie de l'agriculture.

Toutefois, les pommes de terre occuperont une bonne portion des terres dans le cercle de la culture libre; et nous pourrons conclure, avec assez de connaissance de cause, de la rente foncière qu'elles donnent à la rente foncière véritable, pour déterminer la place que la culture libre et la sylviculture devront occuper dans l'Etat isolé.

Dans le voisinage immédiat de la Ville, la rente foncière : de l'exploitation A, qui produit elle-même les
engrais pour les pommes de terre, est de............ 13.411 thlrs.
de l'exploitation B, dans laquelle les engrais pour les
pommes de terre sont achetés, de................ 29.808 id.
de la culture forestière, quand la corde de bois se vend
21 thlrs. à la Ville, de........................ 4.548 id.
A 4 lieues de distance de la Ville, la rente foncière de
l'exploitation A est de........................ 7.462 id.
     id.   B » .... 7.467 id.
de la culture forestière........................ 2.458 id.

Lors même qu'il faudrait, à cause des lois de l'alternance,
cultiver dans la rotation des plantes qui utilisent moins le sol
que la pomme de terre, lors même que la rente foncière de
la surface totale ne serait que moitié de la rente foncière des
parties consacrées à la culture des tubercules, cela n'empêchera pas, dans le voisinage de la Ville, que la rente foncière
de la culture libre ne dépasse encore de beaucoup celle de la
culture forestière.

La culture forestière cède donc ici devant la haute rente
foncière du sol, et se trouve reléguée sur un sol à rente foncière inférieure.

Jusqu'à 4 milles de la Ville, ou aussi loin que les engrais
achetés peuvent être avantageusement transportés, la supériorité de la culture libre est incontestable. Plus loin, la culture forestière rivaliserait avec l'exploitation A, qui produit
elle-même les engrais pour la pomme de terre ; mais elle serait encore repoussée par celle-ci jusqu'à une certaine distance, si le sol avait encore la même richesse que dans les environs de la Ville. Mais nous sommes convenus, et nous devons rester fidèles à cette hypothèse, que le sol du cercle de la
culture libre n'a une richesse plus élevée que le reste de la
grande plaine, que jusqu'au point où les engrais achetés sont
transportés avec avantage.

Il ne nous reste plus qu'à chercher si, sur un sol de richesse
moindre donnant 8 grains de seigle après jachères pures, la
culture des pommes de terre pour vente fait assez monter la
rente foncière pour repousser la culture forestière. Cette par-

ticularité créerait, entre le cercle de la culture libre et celui de la culture forestière, un nouveau cercle ayant sa culture propre.

Avant d'entreprendre cette recherche, il nous faut savoir comment se modifient les frais du travail relatifs à la production des pommes de terre sur des terres de rendements divers.

Mes calculs, basés sur des expériences faites à Tellow, fournissent les résultats suivants :

Lorsque 100 verges carrées donnent un rendement de	Les frais de travail de 1 schef. de pommes de terre
115 schef. de pommes de terre,	s'élèvent à 3,8 schel.
100 »	» 4,2 »
90 »	» 4,6 »
80 »	» 5,1 »
70 »	» 5,7 »
60 »	» 6,5 »
50 »	» 7,8 »

Ce calcul n'est pas, à la vérité, si rigoureux que ceux de la culture des céréales, soit parce que la culture des pommes de terre n'a pas été exécutée sur grande échelle, soit surtout parce que les travaux qui ont rapport aux pommes de terre ont été indiqués sommairement dans les calculs, et non spécialement ; en sorte qu'on n'a pu éviter quelques estimations arbitraires, lorsqu'il a fallu séparer les frais correspondants au rendement des frais proportionnels à l'étendue des terres. Cependant, je crois les chiffres donnés peu différents de ceux que l'on aurait trouvés par un calcul rigoureux et régulier.

N'oublions pas que les frais de travail indiqués ne constituent point la totalité des frais de production ; car, dans ces derniers sont compris, outre les frais de travail, les frais généraux de culture.

Le tableau ci-dessus montre qu'avec un rendement de 115 schef. sur 100 verges carrées, le schef. de pommes de terre coûtait 3,8 schel. en travail ; avec le même rendement, dans la culture belge, le schef. ne coûte que 3,3 schel. Cette différence doit être attribuée, en partie, à ce que nous avons tenu compte des frais de conservation des pommes de terre, tels que triage, enlèvement des germes, etc., ce que nous n'avions pas fait en premier lieu : de sorte que, d'un côté, nous avons trouvé le prix des pommes de terre prêtes à être employées, de l'autre, le prix des pommes de terre tel qu'il est immédiatement après la récolte ; en partie, à ce que les pommes de terre sont peut-être produites à meilleur marché en Belgique que chez nous, parce que ce tubercule y est cultivé en grand, et que les habitants sont plus au courant des différentes opérations qu'il exige. En outre, nous voyons que les frais de travail, pour produire un schef. de pommes de terre, augmentent beaucoup à mesure que le rende-ment du sol diminue ; en effet, ces frais sont deux fois aussi forts sur un sol qui ne produit que 50 schef. par 100 verges carrées, que sur un sol qui en produit 115 pour la même étendue. Et si, sur sol riche, la production de 6 schef. de pommes de terre coûte autant de travail que la production de 1 schef. seigle, en revanche, sur un terrain pauvre, 3 schef. de pommes de terre coûtent presque autant que 1 schef. de seigle. En prenant le travail même pour échelle commune, on arrive à ce résultat, que, sur terrain riche, la même somme de travail appliquée à la culture des pommes de terre produit deux fois autant de matières nutritives pour les hommes, qu'appliquée à la culture des grains ; que, sur un terrain pauvre, la somme de travail appliquée aux pommes de terre n'en produit pas plus qu'appliquée à la culture des grains.

Si, d'une part, sur le terrain qui ne porte que 8 grains, les frais de production de pommes de terre s'élèvent tant ; si, d'autre part, nous nous rappelons que, sur ce terrain, il ne peut pas y avoir de culture de trèfle et de stabulation permanente, et que, pour réparer l'épuisement de la sole de pommes de terre, il faut 2 3/4 soles de pâturage, qu'ainsi on ne peut consacrer aux pommes de terre qu'une petite partie des terres arables : alors nous sommes en mesure de nous assurer, sans calcul rigoureux, qu'un sol de cette richesse, situé à 4 milles de la Ville, ne parviendra pas, cultivé en pommes de terre pour vente, à produire une rente foncière de 2.458 thlrs., et que la sylviculture n'a rien à en redouter.

Le cercle de la culture forestière viendra donc immédiatement après le cercle de la culture libre.

Nous avons toujours regardé le prix des pommes de terre comme étant connu ; c'est d'après ce prix que nous avons calculé la rente foncière retirée du sol cultivé en pommes de terre. Renversons maintenant la question ; supposons la rente foncière connue, et cherchons le prix auquel les pommes de terre sont livrables.

La culture belge, telle qu'elle a été considérée au § 17, va servir encore de point de départ à cette recherche.

Dans la culture belge, qui ne vend ni pommes de terre, ni paille, ni foin, et qui ne tire des revenus que de la vente des grains et des produits du bétail, la rente foncière est de 3.749 schef. seigle — 2,044 thlrs.

En supposant que le schef. de seigle vaut $\dfrac{273 - 5,5\,x}{182 + x}$ thlrs..

la rente fonc. exprimée en argent sera de $\dfrac{651469 - 22664\,x}{182 + x}$ thlrs.

Que sur un sol qui, par la culture ordinaire, donne cette rente foncière, on place l'exploitation A examinée plus haut, et dans laquelle les pommes de terre se vendent au dehors, alors les frais se trouveront répartis sur chacune des 1.440 charges de pommes de terre que produit cette culture de la manière suivante :

En rente foncière..............................	$\dfrac{452 - 15,7\,x}{182 + x}$
En frais de production comme dans la culture A..	$\dfrac{489 - 4,7\,x}{182 + x}$
En frais de transport..........................	$\dfrac{199,5\,x}{182 + x}$
Total des frais..........	$\dfrac{941 + 179,1\,x}{182 + x}$

Si la distance de la Ville	Alors le prix sera pour				
ou $x = 0$ mille	1 charge	5,2 thlrs.	par schef.	10,4	schel.
» $x = 1$ »		6,1	»	12,2	»
» $x = 2$ »		7,1	»	14,2	»
» $x = 3$ »		8,0	»	16,0	»
» $x = 4$ »		8,9	»	17,8	»
» $x = 7,5$		12	»	24	»

Ainsi, le prix auquel les pommes de terre seront amenées au marché dépend entièrement de la distance qui sépare le lieu de production et le lieu de consommation. Lorsque la distance n'est que de 1 mille, le prix des pommes de terre n'est pas au-dessus de 12,2 schel. par schef.; mais si elle s'étend à 7 1/2 milles, le prix s'élève aussitôt à 24 schel.

Il est clair, d'après cela, que l'on ne cultivera des pommes de terre que près de l'endroit où elles seront consommées ; et ce n'est que dans le cas où les localités rapprochées ne pourraient suffire à la consommation de la Ville, que la pomme de terre serait envoyée par les localités éloignées.

C'est donc l'importance de la consommation qui décidera du prix des pommes de terre; aussi ces dernières sont-elles toujours plus chères dans une grande ville que dans une petite. Mais si les nécessités de la consommation d'une ville étaient fortes au point de faire hausser le prix des pommes de terre jusqu'au 1/3 du prix du seigle, alors le grain deviendrait un aliment moins cher que la pomme de terre, et l'usage des tubercules se restreindrait jusqu'à ce que leur prix ne dépassât plus un prix égal au 1/3 du prix du seigle.

Par conséquent, le maximum de prix des pommes de terre, quand elles sont fortement demandées, est déterminé par une mesure commune entre elles et le seigle, c'est-à-dire par les proportions relatives de matières nutritives; quand elles sont peu demandées, le prix est réglé non par cette mesure, mais par les frais que coûte leur transport au marché.

Dans l'Etat isolé, la Ville centrale est si considérable, que sa consommation en pommes de terre n'est pas satisfaite par le cercle de la culture libre ; le prix du tubercule atteindra donc toujours son maximum, ce qui justifie notre hypothèse par laquelle nous avons admis que, dans la Ville, le prix des pommes de terre vaudrait le tiers du prix du seigle.

Observons ici, que si les pommes de terre donnent, sur une surface égale, proportionnellement plus de matière nutritive que les grains, elles ne sont pas appropriées cependant à fournir des aliments à une très-grande ville sans le secours des céréales.

Nous avions trouvé que, dans l'exploitation A avec pommes de terre produites sur un terrain très-riche, la rente foncière disparaissait à 9,3 milles de la Ville, pendant que la culture des grains sur terre de richesse beaucoup moindre donnait encore une rente foncière à 31,5 milles de la Ville. Si la pomme de terre était le seul aliment végétal, la culture du sol cesserait à 9,3 milles de la Ville, l'Etat isolé aurait peu d'étendue, et la Ville elle-même ne contiendrait qu'une petite population.

Diverses questions et recherches se rattachent encore aux pommes de terre ; on pourrait par exemple se demander :

1° Quelle influence sur le prix des grains exerce l'extension de la culture des pommes de terre, quand ces tubercules sont employés à la nourriture de l'homme ?

2° Quel est, sur le prix des produits du bétail, et sur la grandeur de la rente foncière créée par l'industrie du bétail, l'effet de l'introduction de la culture des pommes de terre, lorsqu'elles sont employées à l'alimentation du bétail ?

Nous ne sommes pas à même, quant à présent, de chercher à résoudre ces questions, parce que les éléments nous manquent. Qu'il nous soit permis seulement de faire une dernière remarque.

Comme nous l'avons vu, les pommes de terre pourraient être, dans l'Etat isolé, livrées dans une petite Ville à la moitié de ce qu'elles se vendent dans la grande Ville centrale. Cette différence de prix n'est peut-être pas aussi grande dans la réalité, à cause de la situation des villes au bord des rivières ; mais elle ne disparaît pas entièrement. De même que les pommes de terre deviennent de plus en plus un aliment principal et restreignent l'usage des grains, de même la différence du taux des salaires payés dans les deux Villes doit s'agrandir ; car en supposant que le salaire réel, c'est-à-dire la somme des besoins de la vie que le travailleur se procure avec son salaire, fût égal dans les deux Villes, il faut néanmoins que ce salaire, exprimé en argent, soit différent entre les deux Villes, à cause de la différence du prix des objets de première nécessité.

D'un autre côté, les denrées fabriquées et manufacturées dans les endroits où les salaires sont très-bas, toutes circonstances égales d'ailleurs, doivent s'y fabriquer à meilleur marché ; et c'est ainsi que la généralisation de l'emploi de la pomme de terre pour l'alimentation de l'homme empêchera la concentration des habitants dans les très-grandes villes.

§ XXI. — TROISIÈME CERCLE. — Culture alterne.

Pour rendre plus facile la solution de cette question : la culture alterne peut-elle trouver ici sa place ? nous allons rappeler brièvement les circonstances de l'Etat isolé, dont l'influence est décisive dans cette matière :

1° Le sol possède partout une richesse qui lui permet de produire 8 grains après jachère pure en assolement pastoral de 7 ans ; ce sol, sous le rapport de la richesse, doit rester à l'état stationnaire.

2° Le prix du seigle à la Ville est de 1 1/2 thlr. par schef.

3° Dans l'Etat isolé se trouve un cercle qui a pour seule industrie, l'industrie du bétail ; par la concurrence de ce cercle, le prix des produits du bétail est tellement abaissé, que dans toutes les localités de l'Etat isolé, à l'exception du cercle de la culture libre, la culture des fourrages ne donne que peu ou point de rente foncière.

4° D'après la définition du système de culture alterne donnée au § 15, la simple alternance des végétaux granifères avec les végétaux à feuilles ne constitue pas de culture alterne ; elle ne mérite ce nom que lorsqu'en outre la jachère pure est supprimée.

5° Les calculs, inscrits dans cet ouvrage, sur le rendement des différents systèmes de culture, sont basés sur les expériences d'une exploitation où la terre et le climat influent de manière à ce que le seigle, après vesces fauchées en vert, ne donne que les 5/6 de ce que produit le seigle après jachère pure, la richesse du sol étant égale de part et d'autre, où, par conséquent, le facteur de la culture du seigle après vesces est représenté par 0,83.

6° Les frais moins considérables dont est chargée la culture des terres rapprochées de la ferme, par rapport à la culture des terres qui en sont éloignées, provoquent une tendance à avoir deux systèmes de culture, et à introduire sur les premières une culture plus intensive.

Mais alors surgit une difficulté : celle de faire, après une telle séparation, parvenir les bestiaux jusqu'aux pâturages éloignés, ce qu'on ne réalise en plusieurs cas qu'en établissant des emplacements particuliers de parcours. C'est pourquoi nous ne trouvons pas ordinairement cette séparation dans la réalité, quand la configuration du sol ne permet pas une division en terres intérieures et extérieures.

Dans l'Etat isolé, nous admettons également que cette difficulté est très-grande, que cette tendance ne peut être satisfaite, et qu'une seule et même forme de culture s'étend sur toute la superficie.

7° Nous avons aussi supposé dans nos recherches, et nous l'avons indiqué au § 15, qu'aux terres arables sont annexées des prairies qui fournissent le foin suffisant en culture triennale et en culture pastorale, et dont les engrais sont exclusivement consacrés à une partie de la surface arable déterminée par la rotation.

Il n'y a donc pas nécessité, pour le système triennal et le système pastoral, de produire du foin sur les terres arables, pour l'hivernage du bétail. Ces systèmes ne seraient disposés à produire un surplus de foin sur les terres arables, et à se rapprocher par là du système alterne, que si la valeur du fumier obtenu en plus et le rendement net du surplus de bétail entretenu couvraient les frais de la culture des plantes fourragères.

En prenant pour base des recherches sur l'assolement alterne, § 16, ces conditions, qui sont comprises en partie dans nos préliminaires, qui, en partie, ressortent comme conséquences forcées de ces mêmes préliminaires, nous arrivons, sans calcul spécial, à ce résultat que : dans l'Etat isolé, il ne se trouve pas d'emplacement pour un assolement alterne n'ayant pas de jachères pures et s'étendant sur toute la superficie du domaine.

D'un autre côté, § 16, le résultat du calcul détaillé sur le rendement de la culture belge montre clairement, qu'un assolement intensif n'est supérieur à un assolement extensif qu'avec une richesse de sol beaucoup plus élevée que celle qui est admise dans l'Etat isolé.

Néanmoins, il fallait indiquer au troisième cercle le plan d'un système de culture, qui un jour sera l'assolement principal dans le mouvement progressif de la richesse des nations. Cette place serait occupée dans l'Etat isolé par le système alterne, si d'autres hypothèses avaient été adoptées, et s'il n'en était exclu par nos suppositions préliminaires, surtout par la supposition que la superficie entière de l'Etat isolé n'a qu'une *fertilité égale partout* qui est peu élevée.

§ XXII. — Quatrième cercle. — Assolement pastoral.

Le cercle de l'assolement pastoral ne s'étend, § 14, que jusqu'à 24,7 milles de la Ville. Là, c'est l'assolement triennal, devenu plus avantageux que l'assolement pastoral, qui le remplace.

Sur toute l'étendue de ce cercle, la culture pastorale sera pratiquée ; mais elle ne conservera pas une seule et même forme dans toutes les localités ; elle subira au contraire toutes les modifications dont elle est susceptible d'après le § 18.

Ainsi, sur la partie du cercle rapprochée de la Ville, l'assolement pastoral aura sa forme pure ; mais à mesure que la distance augmente, et que la valeur du grain diminue, on lui fait des changements continuels ayant pour but d'économiser le travail ; et sur la limite extérieure du cercle, au point même de transition, la culture pastorale ressemble beaucoup à la culture triennale.

§ XXIII. — Cinquième cercle. — Assolement triennal.

D'après le § 14, cet assolement commence à être en usage à 24,7 milles de la Ville et disparaît à 31,5 milles; sur ce dernier point, la rente foncière devient égale à 0, lorsque la culture est basée sur la vente des grains.

Au delà de cette limite, et au prix de 1 1/2 thlr. le schef. de seigle, on ne peut plus produire de céréales pour vendre à la Ville; de sorte que l'excédar̃ moins des 5 cercles doit s'équilibrer avec les besoins de consommation de cette Ville.

§ XXIV. — Quelle est la loi qui détermine le prix du grain.

Pour répondre à cette question, nous admettrons pour un moment que, dans l'Etat isolé dont la configuration est tracée d'après les développements précédents, le prix du seigle à la Ville baisse de 1 1/2 thlr. à 1 thlr. par schef.

Un domaine situé à 31,5 milles de la Ville paye par schef. de seigle 0,47 thlr. pour frais de production, et 1,03 thlr. pour frais de transport à la Ville. Dès que le schef. de seigle ne vaut plus que 1 thlr. à la Ville, ce domaine ne peut plus y envoyer des grains. Tous les domaines auxquels les frais de production et de transport reviennent à plus de 1 thlr. sont dans la même situation, et c'est le cas pour la totalité des terres qui sont à plus de 23 1/2 milles de la Ville.

Mais si la contrée, éloignée de plus de 23 1/2 milles, ne fournit plus de grains à la Ville, en supposant que la population et la consommation de cette dernière n'aient pas changé, il en résulte une disette qui occasionne une hausse immédiate du prix. En d'autres termes, le prix de 1 thlr. est impossible dans ce cas.

La Ville ne recevra son contingent de provision en grains, qu'en payant un prix *capable de rembourser au moins les frais de production et de transport au producteur le plus éloigné dont le grain lui est nécessaire.*

Or, l'approvisionnement en grains ne suffit à la Ville qu'autant que la culture des céréales s'étendra jusqu'à une distance de 31,5 milles ; et comme on ne décidera cette culture qu'en payant un prix moyen de 1 1/2 thlr. par schef. de seigle, il est clair qu'un prix plus bas ne saurait se maintenir.

Ce n'est pas seulement pour l'Etat isolé, mais encore pour la réalité, que le prix des grains est régi par la loi suivante :

Le prix du grain doit être assez haut pour que la rente foncière d'une exploitation qui supporte les plus hauts frais de production des grains et de livraison au marché, mais dont la culture est indispensable à la consommation, ne tombe pas au-dessous de 0.

Par conséquent, le prix du grain n'est ni arbitraire ni accidentel ; il dépend d'une loi rigoureusement exacte.

Une variation de quelque durée, dans les besoins de la consommation, détermine une variation de même durée dans le prix des grains.

Que la consommation, par exemple, se réduise au point, qu'un cercle, à rayon de 23 1/2 milles, produise suffisamment de céréales, le prix moyen des grains ne sera plus que de 1 thlr. par schef. de seigle.

Qu'au contraire la consommation augmente, alors la superficie cultivée jusque-là pour les besoins de la Ville n'y pourrait plus satisfaire, et l'approvisionnement du marché étant incomplet ferait hausser le prix. Mais par cette hausse, des exploitations plus éloignées, qui n'avaient pas de rente foncière, acquerraient un excédant qui commencerait à en créer ; enfin, la superficie cultivée s'étendrait aussi loin que la production des grains donnerait une rente foncière.

Après ce changement, la production équilibrerait de nouveau la consommation ; mais le prix des grains aurait haussé pour toujours.

L'augmentation de la production exerce, sur le prix des grains, le même effet que la diminution de la consommation.

Par exemple, le rendement du sol, dans l'Etat isolé, passe

de 8 à 10 grains ; la consommation de la Ville reste stationnaire : dans ce cas, il faut une moindre étendue pour approvisionner la Ville ; le reste de l'étendue primitive devient
inutile ; et si, avec une fertilité pareille, un cercle de rayon
de 23 1/2 milles suffit à la consommation de la Ville, le prix
du seigle descend à 1 thlr. par schef.

Si la hausse du rendement en grain est accompagnée d'une
augmentation correspondante de la consommation, le prix
des céréales reste le même, mais la population et la richesse
nationale se sont considérablement accrues.

Une exploitation dont le sol rend 8 grains peut en céder
4 pour approvisionner la Ville ; une exploitation dont le sol
rend 10 grains peut en céder au moins 5 1/2. En même
temps qu'il se manifeste une augmentation dans le rendement
en grains du sol, § 14, la surface cultivée s'étend de 31,5
à 34, 7 milles de la Ville. Par cette marche ascendante simultanée de la culture intensive et extensive, la population de
l'Etat trouve moyen de s'accroître de 50 pour cent environ,
et d'être tout aussi bien nourrie qu'auparavant.

Lorsqu'on étudie, non pas quelques années, mais de longues
périodes, on voit que l'importance de la consommation d'une
ville est proportionnelle aux revenus de cette ville. En conséquence, le rendement du sol restant invariable, la hausse ou
la baisse du prix des grains dépend de l'augmentation ou de
la diminution des revenus dont jouit la classe consommatrice
des citoyens.

Rarement les prix de marché s'accordent avec le prix moyen
du grain ; ils sont contenus dans certaines limites, mais sont
tantôt au-dessus, tantôt au-dessous des prix moyens, et dépendent de l'abondance ou de la pénurie du moment.

Comme, en agriculture, l'émission des capitaux pour construction, etc., n'est remboursée qu'après une longue série
d'années, il s'ensuit que leur bon ou mauvais emploi n'est pas
réglé par le prix de marché d'une année et par les revenus du
domaine qui en résultent.

C'est pourquoi nous avons toujours adopté le prix moyen
du grain sur les marchés pendant une longue période pour

base de nos recherches ; ces recherches ont constamment eu
pour objet le résultat final, mais jamais les phénomènes
déterminés par la transition d'une situation à une autre.

§ XXV. — Principe de la rente foncière.

Le seigle est amené simultanément à la Ville par les contrées éloignées et par les contrées rapprochées du marché.
Dans ce cas, le seigle venant de loin n'est pas livrable au-
dessous de 1 1/2 thlr. le schef., parce que c'est ce qu'il coûte au
producteur ; en revanche, le producteur rapproché pourrait
céder son seigle à 1/2 thlr., et se trouverait ainsi remboursé
de tous ses frais de production et de transport.

Mais comment l'y forcer ? on ne saurait supposer qu'il
voulût vendre à meilleur prix, que son concurrent éloigné,
des denrées de valeur égale.

Pour l'acheteur, le seigle amené du voisinage vaut autant
que le seigle amené de loin ; et il s'inquiète peu si le grain a
coûté plus cher à produire à celui-ci qu'à celui-là.

La somme que le producteur voisin de la Ville obtient
au delà de ce que son seigle lui a coûté est donc pour lui un
bénéfice net ; et comme ce bénéfice est invariable, qu'il se
répète chaque année, il s'ensuit que le sol de son exploitation lui donne une rente régulière.

La rente foncière d'un domaine résulte, par conséquent,
de l'avantage qu'il possède, relativement à un autre domaine
moins favorisé par le sol ou par la position, et qui cependant est obligé de produire pour satisfaire à la consommation.

La valeur de cet avantage exprimée en argent ou en grain
n'est autre chose que la grandeur de la rente foncière.

Cependant la définition du principe de la rente foncière
qui ressort des recherches faites jusqu'ici n'est pas complète ;
car d'autres recherches, consignées dans la 2ᵉ partie de cet
ouvrage, montrent qu'à égalité, pour les exploitations, de la
fertilité du sol, de la position pour l'écoulement des produits,
de toutes les puissances capables d'influer sur la valeur de
ces produits, le sol donne encore une rente, pourvu qu'on ne

puisse avoir concession gratuite des terrains non cultivés.

Il doit donc exister une cause génératrice de la rente foncière plus profonde encore que l'évaluation de l'avantage d'une exploitation sur une autre.

Néanmoins la cause indiquée ici ne peut être ni contredite, ni annulée ; elle subsiste au contraire, et fait partie intégrante de la loi générale.

Par conséquent nous pourrons, dans la réalité, où souvent un sol quelconque qui ne donne aucune rente est mis en culture, prendre pour échelle d'appréciation de la grandeur de la rente foncière l'évaluation de la supériorité d'un sol sur celui qui n'a que peu de fertilité et une position défavorable, mais qui cependant est en culture.

§ XXVI a. — Sixième cercle. — Industrie du bétail.

Au § 23, on a vu que la culture du sol, quand l'assolement est basé sur la vente des grains, cesse à 31,5 milles de la ville. Cela ne veut pas dire, cependant, que ce soit la limite de toute culture ; car s'il existe des produits qui, proportionnellement à leur valeur, exigent moins de frais de transport que les grains, ces produits sont susceptibles de procurer des bénéfices. Or ces produits nous sont fournis par l'industrie du bétail ; et nous allons chercher à calculer le rendement d'une fruitière ou vacherie dans l'Etat isolé. Déterminons auparavant les frais de transport du beurre à la Ville.

Pour une charge de 2.400 livres, le prix du transport, § 4, est égal à $\frac{199,5\,x}{182+x}$ thlrs., soit $x = 31,5$, distance qui nous sépare de la Ville actuellement, et nous verrons que les frais de transport s'élèvent à 6/10 schel. par livre.

Plusieurs raisons empêchent, toutefois, que le transport du beurre soit à aussi bon marché que celui du grain. D'abord l'envoi du beurre ne peut se différer, comme celui du grain, jusqu'à l'hiver, époque à laquelle les chevaux n'ont souvent rien à faire ; le beurre doit être frais, conséquemment il faut le vendre et le transporter par petites quantités. On en expédiera souvent à la Ville des demi-chargements; ou bien on en confiera le transport à des voituriers, qui, faisant de cela leur métier et leurs moyens d'existence, exigeront un prix plus élevé que si l'on transportait avec ses propres chevaux. Et encore, dans ce cas, la vente du beurre sera opérée par un autre que par le producteur, ce qui, outre les frais de transport, nécessitera des frais de vente. En second lieu, le beurre envoyé s'enferme dans des tonneaux dont l'acquisition coûte, et dont le poids augmente les frais de transport, puisqu'on est obligé de le retrancher du chargement absolu en denrées.

Par suite de ces raisons, admettons que les frais de transport et de vente d'une livre de beurre soient de 1/5 schel. pour 5 milles, de 1 schel. pour 25 milles, de 1 1/5 schel. pour 30 milles, le double du prix que nous avions calculé pour le grain. Nous négligerons les différences qui proviennent des variations éprouvées par *les frais de transport par mille* à une distance plus ou moins grande. Considérons ces frais partiels comme égaux; car les frais de transport du beurre, relativement à sa valeur, sont tellement insignifiants, que l'égalité admise n'influera que bien peu sur l'exactitude du calcul, qui sera de cette manière plus clair et plus simple.

Si donc le prix du beurre au marché est de 9 schel. N. $^2/_3$ par livre de 36 onces, les frais de transport seront et la valeur du beurre,

pour une distance			sur le domaine,	
de 5 milles	$^1/_5$ schel.		sera de 8 $^4/_5$ schel. par livre.	
10 »	$^2/_5$	»	» 8 $^3/_5$	»
20 »	$^4/_5$	»	» 8 $^1/_5$	»
30 »	1 $^1/_5$	»	» 7 $^4/_5$	»
40 »	1 $^3/_5$	»	» 7 $^2/_5$	»
50 »	2	»	» 7	»

D'après le § 4, la valeur d'un schel. de seigle, sur un domaine à 30 milles de la Ville, est de 0,512 thlr., c'est-à-dire le tiers du prix du marché. A cette même distance, la valeur du beurre est encore de 7 4/5 schel. la livre, ce qui fait près des 7/8 du prix du marché.

La supériorité des contrées rapprochées de la Ville ou du

marché, si importante pour la culture des grains, est peu de chose pour les productions du bétail ; elle n'est même rien quand on considère que cette supériorité, due à une diminution des frais de transport, est directement contre-balancée par la diminution des frais de production dans les contrées éloignées.

Les frais d'entretien du personnel employé à l'industrie fruitière, les frais de construction et de réparation des bâtiments nécessaires aux bestiaux, ainsi que la plupart des autres dépenses, se règlent sur les prix du grain, et doivent être moindres là où le schef. de seigle vaut 1/2 thlr., que là où il en vaut 1 1/2.

Nous verrons, par les calculs suivants, jusqu'à quel point l'économie des frais de production dans les contrées éloignées couvre ou dépasse l'accroissement des frais de transport.

Pour éviter les malentendus qui pourraient provenir de ce que dans la première édition de cet ouvrage je n'ai indiqué que *le résultat* de mes calculs, je crois devoir faire connaître les expériences et les conclusions sur lesquelles se fonde ce résultat. Voulant déterminer la valeur nutritive du foin, de la paille et de l'herbe, j'ai pris pour échelle de mesure le rendement net qu'ont donné les meilleures fruitières du Mecklembourg, affermées pendant la période de 1810 à 1815. Cette période est la base de tous les calculs de cet ouvrage. A cette époque, et pour les meilleures fruitières, le loyer par vache était fixé à 12 1/2 thlrs. N. 2/3, ou à 13 thlrs. 18 schel. or, sous les conditions suivantes : le fruitier ou fermier des vaches n'avait droit à aucune subvention en grains, mais il avait la jouissance gratuite d'une vache sur 10 vaches baillées à rente ou louées, et on lui accordait en outre le pâturage et le fourrage pour 2 chevaux et 1 ou 2 poulains.

Pour une fruitière de soixante vaches louées, le revenu s'élève à
60 $\times$ 12 ½... 750 thlrs. N. 2/3
Les frais supportés par le bailleur, tels que logement, jardin, combustibles pour le fruitier, entretien du gardien des vaches, intérêt de la valeur des vaches, dépréciation de cette valeur, entretien

des attaches, etc., sont, d'après un calcul spécifié,

de...   303 thlrs. 25 schel.

                    Il reste............   446 thlrs. 23   »

dont il faut encore retrancher les frais de main-
d'œuvre pour 53 $^1/_4$ voitures de foin ($^3/_4$ voiture
de foin par tête de bétail), à 1 thl. la voiture....   53 thlrs. 12 schel.

ce qui laisse en rendement net................   393   »   11   »

    Les matières nutritives, c'est-à-dire l'herbe, le
foin et la paille absorbés par 60 vaches louées,
6 vaches gratuites, 2 taureaux et 3 chevaux, en
tout 71 têtes, donnent donc un profit de........   393   »   11   »

ce qui fait par tête.........................   5,54   »   N. $^2/_3$

Remarquons ici que les vaches dont il est question sont de la petite race du Jutland, et qu'elles ont un poids vif de 500 à 550 livres.

Mais ce calcul, destiné à faire connaître l'utilisation profitable du foin, de la paille et de l'herbe, ne résout nullement la question premièrement posée, puisque nous ne connaissons pas encore le rendement en beurre des vaches et la totalité des frais de la fabrication du beurre, détails indispensables à cette question.

Il fallait donc nécessairement calculer le rendement et les frais d'une fruitière, semblable en importance et en bonté à celle que nous décrivons ci-dessus. Dans ce but, nous avons cru devoir adopter pour base les expériences faites à nos risques et périls sur une petite fruitière à Tellow, pendant la période de 1810 à 1815.

Pendant cette période, les vaches avaient donné chaque année, en moyenne, 1.185 pots de lait par tête.

Le beurre qui restait après l'approvisionnement de la maison était vendu à une petite ville voisine par livres séparées. Selon la coutume de ce pays, le beurre vendu à la ville n'est pas pesé, mais mesuré dans un baril d'une livre à peu près ; je dis à peu près, car il contient toujours plus d'une livre ou 32 onces, et, après plusieurs pesages répétés, nous avons trouvé qu'en moyenne il contenait 36 onces de beurre.

Évaluer directement par un calcul le rendement en beurre des vaches était difficile, parce qu'on ne connaissait pas au juste les quantités de beurre et de crème employées dans la maison ; néanmoins, pour parvenir à un résultat de quelque exactitude, on a converti en beurre, par expérience, la crème d'une certaine quantité de lait à plusieurs époques de l'année, mais jamais régulièrement dans chaque mois; d'après ces expériences, nous admettons que 100 pots de lait donnent en moyenne 6 barils d'une livre à 36 onces.

Au moyen de ces données, les calculs sur le rendement net d'une fruitière de 71 têtes, dont 69 vaches et 2 taureaux en activité chez nous, furent fondés :

1° Sur la production moyenne annuelle de 1.200 pots de lait par vache.

2° Sur la production de 6 livres de beurre mesuré au baril par 100 pots de lait, ce qui, par vache, donnait une quantité de $1.200 \times \frac{6}{100} = 172$ livres de baril à 36 onces $= 81$ livres de Hambourg à 32 onces $= 83,7$ livres de Berlin.

3° Sur le prix moyen du beurre pour la livre de 36 onces, défalcation faite des frais de vente et de transport, qui est évalué à 8 3/5 schel. N. 2/3.

Ce qui procure le rendement suivant :

69 vaches à 72 livres mesurées au baril donnent 4968 livres de beurre à 8 3/5 schel.................................... 890 thlrs. 5 schel.

La valeur des veaux et du lait écrémé pour confection de fromages et pour nourriture de porcs, estimée à 1/4 de la valeur du beurre, donne.... 222 » 25 »

TOTAL... 1112 thlrs. 30 schel.

Les frais sont :

1. Gages et nourriture d'une femme chargée de surveiller la fruitière...................... 120 » »

(Lorsqu'il y a bail à rente, c'est le fruitier qui retire ces gages.)

2. Main-d'œuvre pour 53 1/4 voitures de foin.. 53 » 12 »

3. Dépenses occasionnées par les soins donnés aux vaches et à la production du beurre, d'après un calcul spécial......................... 542 » 4 »

Total des frais...... 715 » 16 »

Retranché du rendement, ce total laisse une différence de...................................... 397 » 14 »

Par le bail à rente, la différence était de.... 393 » 11 »

Différence finale.. 4 » 3 »

Les deux systèmes d'exploitation sont donc aussi avantageux l'un que l'autre, si l'on augmente les gages de la surveillante de 4 thlrs. 3 schel.

En ajoutant ces 4 thlrs. 3 schel., la somme des frais sera de...................................... 719 » 19 »

Et il reste pour payer la consommation de 69 vaches et 2 taureaux, en tout 71 bêtes, une somme de...................................... 393 » 11 »

Veut-on savoir maintenant, ce qui du reste est nécessaire, quelle est la quote-part de beurre, de rendement, de dépenses et d'excédant qui correspond à la quantité de fourrages consommée par une tête de bétail, alors il faut diviser chacune des sommes trouvées pour ces catégories, non par 69, mais par 71.

De cette sorte nous aurons par vache :

1. Rendement en beurre, $\dfrac{69 \times 72}{71} = \dfrac{4968}{71} = 70$ livres mesurées à 36 onces.............................. Th. N. $^2/_3$

2. Valeur du veau et du lait écrémé estimée à $^1/_4$ de la valeur du rendement en beurre, $\dfrac{70}{4} = 17 \ ^1/_2$ livres de beurre..

3. Recette en argent, $\dfrac{1112 \text{ thlrs. } 30 \text{ schel.}}{71} = 15,67$ thlrs. ou 87 $^1/_2$ livres de beurre à 8 $^3/_5$ schel. N. $^2/_3 =$ 15,67

4. Dépenses, $\dfrac{719 \text{ thlrs. } 19 \text{ schel.}}{71} = $..............   10,13

5. Excédant, $\dfrac{393 \text{ thlrs. } 11 \text{ schel.}}{71} = $..............   5,54

Remarquons, toutefois, que dans les frais d'entretien des bestiaux et de production de beurre, nous n'avons nullement fait mention des intérêts de la valeur des étables et des autres frais généraux de culture. Comme ce n'est qu'après avoir retranché les frais généraux de culture de l'excédant donné par l'industrie du bétail que l'on obtient la rente foncière, nous sommes obligé de chercher et d'estimer les frais généraux de culture pour ce cas (6).

Mais je ne connais pas dans la réalité d'industrie du bétail pure : celles que j'ai eu l'occasion d'examiner y joignent toujours la culture des terres ; l'expérience ne me fournit donc aucun moyen direct de solution. Il est fort difficile d'adopter un principe fixe de répartition, d'après lequel les frais généraux de culture d'une exploitation, qui fait de l'industrie du bétail et de l'agriculture à la fois, puissent être imputés à l'une ou à l'autre de ces deux branches, et faire connaître quelle part sur les frais généraux de culture d'un domaine incombe à l'agriculture, quelle part à l'éducation du bétail.

Un fait seulement nous paraît clair ; le voici : l'industrie pure du bétail a besoin de bâtiments pour abriter les bestiaux, pour serrer les fromages, pour loger les agents de service ; par conséquent, les intérêts de la valeur de ces bâtiments et de leur réparation doivent être portés au compte de cette industrie.

On trouve aussi dans l'industrie du bétail les dépenses désignées au § 5, sous le titre de frais généraux de culture, comme frais d'administration, assurances, etc.; mais à surface égale elles ne sont pas aussi fortes qu'en agriculture, parce que l'industrie du bétail exige moins de travail et que ses produits bruts en ont moins de valeur. Or, c'est sur la valeur du produit brut et sur la quantité de travail que se règle le chiffre des frais généraux de culture.

En me basant sur les circonstances de l'exploitation de Tellow et au moyen d'évaluations en détail, je fixe les frais généraux de culture d'une exploitation à bestiaux à 20 pour cent du produit brut.

A Tellow, le rendement brut d'une vache est de. 15,67 thlrs. N. $^2/_3$
Nous aurons pour les frais généraux de culture à
20 pour cent 3,13 thlrs.......................
Les frais de travail sont de 10,13 thlrs.........
Ce qui fait pour la somme de ces frais......... 13,26   »

En sorte que l'excédant net, servant de base à la rente foncière, s'élève par vache à............... 2,41 thlrs. N. $^2/_3$

Cherchons actuellement comment se comporte la rente foncière que donne le sol par l'industrie du bétail, quand la distance de la ville varie.

Suivant le § 14, la rente foncière $= 0$ lorsque le prix de 1 schef. de seigle $= 0,47$ thlr. or, ou $0,47 \times \dfrac{14}{15} = 0,45$ thlr. N. 2/3. Ce prix couvre seulement les frais de travail et les autres dépenses spéciales à la culture des céréales : de sorte qu'à une distance de plus de 31,5 milles de la Ville, le prix du seigle ne peut baisser au-dessous de 0,45 thlr. N. 2/3 ; c'est pourquoi nous adoptons ce prix pour le cercle entier de l'industrie du bétail.

Mais le grain n'est pas pour ce cercle un objet de commerce, parce qu'il n'a pas de débouché; la culture des céréales se bornera donc nécessairement aux besoins de la consommation sur place.

Plus haut, en montrant comment le prix des produits de l'industrie du bétail se réglait sur le prix des grains, nous avons indiqué les dépenses, partie en argent, partie en grains. Pour le cercle dont nous traitons, et dans lequel les produits des grains et du bétail sont en rapports tout à fait différents, cette méthode n'est plus applicable si l'on veut avoir une échelle de commune mesure. La partie des dépenses appliquée aux produits du bétail doit être exprimée en produits même du bétail et non être réduite en grains.

Je n'espère pas du tout parvenir ici à une distinction et à une opération arithmétique rigoureuse; mais je crois que nous approcherons beaucoup de la vérité, en exprimant les frais généraux de culture en produits du bétail, et les frais de travail, comme nous l'avons fait jusqu'à présent, 3/4 en grains, 1/4 en numéraire.

Une vache donne.................... 87 $^1/_2$ livr. de beurre.
Prenons sur cette quantité $^1/_5$ pour frais généraux de culture............................ 17 $^1/_2$

Et il restera............. 70 livr. de beurre.

Les frais de travail, pour une vache, sont de 10,13 thlrs. N. $^2/_3$

$^1/_4$ en numéraire $=$ 2,53 thlrs.

$^3/_4$ en grains... $=$ 7,60

7,60 thlrs. à Tellow, où le schef. vaut

1,205 thlrs. N. $^2/_3$, représentent 6,3 schef. de seigle.

Ainsi exprimé généralement, le rendement net d'une vache est de :
70 livres de beurre — 2,53 thlrs. N. $^2/_3$ —.....   6,3 schef. de seigle.

A 5 milles de la Ville, la valeur de 70 livres de
beurre à 8 $^4/_5$ schel. est de..................   12,83 thlrs. N. $^2/_3$

Dépenses :

6,3 schef. de seigle à 1,313 thlrs. or,

ou 1,225 thlr. N. $^2/_3$ =.....   7,72 » » ,

Numéraire......................   2,53 » »

Rendement net..........   2,58 thlrs. N. $^2/_3$

A 10 milles de distance.

Recette :

70 livres de beurre à 8 $^3/_5$ schel..............   12,54 thlrs. N. $^2/_3$

Dépenses :

6,3 schef. de seigle à 1,136 thlr. or,

ou 1, 06 thlr. N. $^2/_3$ =......   6,68 » »

Numéraire......................   2,53 » »

Rendement net..........   3,33 thlrs.

A 20 milles de distance.

Recette :

70 livres de beurre à 8 $^1/_5$ schel.............   11,96 thlrs.

Dépenses :

6,3 schef. de seigle à 0,809 thlr. or,

ou 0,755 thlr. N. $^2/_3$ = ...   4,76 •

Numéraire......................   2,53 »

Rendement net..........   4,67 thlrs.

A 30 milles de distance.

Recette :

70 livres de beurre à 7 $^4/_5$ schel..............   11,38 thlrs.

Dépenses :

6,3 schef. de seigle à 0,512 thlr. or,

ou 0,478 thlr. N. $^2/_3$ = ...   3,01 »

Numéraire......................   2,53 »

Rendement net..........   5,84 thlrs.

A 40 milles de distance.

Recette :

70 livres de beurre à 7 $^2/_3$ schill.............. 10,80 thlr. N. $^2/_3$

Dépenses :

6,3 schef. de seigle à 0,47 thlr. or,

        ou 0,45 thlr. N. $^2/_3 =$........ 2,83 » »

Numéraire...................... 2,53 » »

        Rendement net.......... 5,44 thlr. N. $^2/_3$

A 50 milles de distance.

Recette :

70 livres de beurre à 7 schill............... 10,21 thlr. N. $^2/_3$

Dépenses :

6,3 schef. de seigle à 0,47 thlr. or,

        ou 0,45 thlr. N. $^2/_3 =$ ...... 2,83 » »

Numéraire...................... 2,53 » »

        Rendement net...... 4,85 thlr. N. $^2/_3$

Par ce qui précède, nous voyons que la rente foncière du sol utilisé par l'industrie du bétail est très-basse dans les environs de la Ville, qu'elle augmente en raison directe de la distance, qu'enfin elle arrive à son maximum à 30 milles (plus rigoureusement à 31,5 milles). A partir de ce point la rente foncière baisse, mais si peu, qu'à 50 milles, elle est encore de 4,85 thlr., ce qui est le double de la rente foncière voisine de la Ville.

Puisque l'industrie du bétail présente de tels avantages à 50 milles de la Ville, ce n'est pas à cette distance qu'elle rencontrera ses limites ; elle s'étendra jusqu'à ce que les frais de transport engloutissent le rendement, et que la rente foncière $= 0$.

Par là, ce cercle devient très-étendu, et il crée pour envoyer à la Ville une si grande quantité de produits animaux, que ceux-ci ne se trouvent plus en proportion avec les grains amenés au marché et qu'ils ne trouvent plus de consommateurs.

La production peut bien alors dépasser la consommation momentanément, mais jamais d'une manière durable ; car ce qui reste sur le marché, après que les besoins sont satisfaits, ou bien ne trouve pas d'acheteurs, ou bien doit être vendu à des prix tellement bas, que les frais de production et de transport ne sont plus couverts. Si la diminution du prix dure quelque temps, et si la production d'une marchandise ou d'une denrée est toujours suivie de pertes, il faut nécessairement alors que les producteurs à qui cette production devient ruineuse cessent les premiers de s'en occuper, et la diminution de la production continue jusqu'à ce que l'équilibre entre la production et la consommation se soit rétabli. Dans ce cas, il ne subsistera parmi les producteurs que ceux qui, favorisés par la situation ou par d'autres circonstances, ont pu résister à la diminution des prix.

Supposons maintenant qu'une grande abondance de beurre sur le marché fasse descendre le prix de 9 schill. à 5 2\|3 schill. par livre, dans quelle localité de l'Etat isolé la production du beurre devra-t-elle être supendue?

Si le prix moyen du beurre baisse de 3,33 schill. par livre, alors le rendement d'une vache diminue de $70 \times 3,33$ schill. $= 233$ schill. $= 4,85$ thlr. N. 2/3, et cette diminution est la même pour chaque localité, qu'elle soit à 5 ou à 50 milles de la Ville.

Cette diminution du prix du beurre n'affecte aucunement les frais de travail et les frais généraux de culture, qui restent tels que nous les avons calculés pour le prix de 9 schill.; ainsi la diminution de recette grève entièrement le rendement net.

Le rendement net d'une vache	Était avec le prix de 9 schill.	Est avec le prix de 5,67 schill.
à 5 milles de distance	2,58 thlr......	— 2,27 thlr.
à 10 id........	3,33 »	— 1,52 »
à 20 id........	4,67 »	— 0,18 »
à 30 id........	5,84 »	0,99 »
à 40 id........	5,44 »	0,59 »
à 50 id........	4,85 »	0 »

Ce tableau nous fait voir, qu'au prix de 5,67 schill. par livre de beurre, l'industrie du bétail pour la production de cette denrée dans les environs de la Ville, non-seulement ne donne aucun rendement net, mais encore cause une véritable perte. Cette perte devient plus légère à mesure qu'on s'éloigne de la Ville, et disparaît enfin à une distance de 21 1\|2 milles. En partant de ce point, les vaches commencent à donner un rendement net, qui s'accroît avec la distance, atteint son maximum à 31,5 milles, pour baisser plus loin et retomber à 0 à 50 milles de distance.

Déjà, par la formule du § XIX, nous aurions pu démontrer que la production du beurre est plus avantageuse dans les contrées éloignées ; en effet, d'après cette formule, les frais de production et le rendement étant connus pour une surface donnée, on peut indiquer le lieu où l'on doit cultiver une plante quelconque.

Ainsi cette formule, § XIX, a permis de faire voir qu'un produit, dont les frais de production sont à lui-même comme 14 : 1, et dont les frais de transport sont au seigle comme 2 : 1, et c'est à peu près le rapport proportionnel qui doit exister entre la production du beurre et celle des grains, pouvait, dans le voisinage de la Ville, lui être fourni au prix de 9,2 schill., tandis qu'à 30 milles de distance ce même produit pouvait être amené au marché au prix de 5,3 schill. la livre ; si les contrées éloignées sont à même, comme c'est ici le cas, de satisfaire à la consommation entière, alors le prix auquel ces contrées livrent le produit à la Ville, sera son prix moyen dans la Ville même, d'où il suit *que la création de ce produit dans les environs de la Ville ne peut avoir lieu qu'à perte.*

Nous serions donc fondés à conclure que les cercles qui enveloppent la Ville immédiatement, doivent laisser entièrement de côté l'industrie du bétail pour ne s'occuper que de la culture des céréales qui est beaucoup plus lucrative.

Cela aurait certainement lieu, si une loi remarquable de la nature ne venait l'empêcher et la rendre impossible.

Les matières nutritives enlevées au sol par la production des céréales doivent lui être restituées pour fournir les éléments d'une autre production. Cette restitution ne serait pas effectuée en incorporant directement à la terre du foin et de la paille ; il faut absolument que ces substances soient transformées en engrais par l'intermédiaire du bétail.

On est donc conduit à considérer le bétail comme une machine indispensable pour convertir le foin et la paille en engrais, de sorte que l'industrie du bétail fait nécessairement partie intégrante de l'agriculture, même quand elle ne doit donner aucun bénéfice.

Mais alors la question : si les produits du bétail baissent de prix, sont-ce les contrées éloignées ou les contrées rapprochées de la Ville qui doivent abandonner l'industrie du bétail ? reçoit une autre solution.

Une perte provenant de l'industrie du bétail sera supportée sans trop d'inconvénients par les contrées rapprochées, parce qu'elles ont, pour compensation, la culture des céréales qui donne une rente foncière ; mais cette industrie sera délaissée aussitôt qu'elle ne donnera plus de rente par les contrées éloignées, qui n'ont pas d'autre ressource lucrative que l'industrie du bétail.

Pour être à même d'indiquer enfin le prix du beurre dans la Ville, il faudrait connaître la quantité employée, et l'étendue de la superficie nécessaire à la production de cette quantité.

En tous cas, ce prix doit être assez élevé pour que l'exploitation la plus lointaine, mais dont la culture est nécessaire à la consommation de la Ville, ait tous ses frais de production et de transports couverts.

Suivant notre hypothèse, la consommation de la Ville qui doit être satisfaite a besoin que l'industrie du bétail s'étende jusqu'à 50 milles de distance. Dans ce cas, il faut que le prix du beurre soit assez haut pour rembourser au domaine éloigné de 50 milles tous les frais occasionnés par l'industrie du bétail ; par conséquent, 70 livres devront valoir 5,36 thlr. N. 2/3 sur place, ce qui met la livre à 3 7/10 schill., et comme les frais de transport s'élèvent à 2 schill. par livre, le prix moyen du beurre sera dans la Ville = 5 7/10 schill. N. 2/3.

A 40 milles de la Ville, la production d'une livre de beurre coûte également......................	3,7 schill. N. $^2/_3$
Les frais de transport......................	1,6 » »
TOTAL.......	5,3 schill. N. $^2/_3$.

Ce dernier chiffre serait le prix moyen du beurre, si un cercle à rayon de 40 milles autour de la Ville suffisait à la consommation du centre. Mais la rente foncière disparaît à 40 lieues de distance, tandis que les localités situées sur ce point donnent encore une rente foncière, quand la culture du sol s'étend jusqu'à 50 milles. — Avec une distance de 30 milles, la production de 70 livres de beurre coûte 5,54 thlr. N. 2/3, ce qui fait 3,8 schill. par livre. Les frais de transport à la Ville montent à 1,2 schill. Si ce cercle à 30 milles de rayon suffit à la consommation du centre, alors la livre de beurre peut être vendue au prix de $3,8 + 1,2 = 5$ schill. N. 2/3.

§ XXVI b. — Suite.

Au moyen de la recherche précédente, nous sommes parvenus à la reconnaissance de cette loi importante :

Que, dans les circonstances semblables à celles de l'Etat isolé, la rente foncière provenant de l'industrie du bétail baisse au-dessous de 0, et devient même négative pour les localités rapprochées de la Ville, excepté toutefois pour celles qui font partie du cercle de la culture libre.

Cependant on s'est refusé fréquemment à reconnaître que cette recherche nous ait conduit à poser une loi, et l'on a prétendu que nous n'étions venus à un résultat, que parce que nous avions pris pour base de notre travail, des vaches à production inférieure en lait et en beurre, que par conséquent notre conclusion était inapplicable aux vaches à production supérieure.

Mettons la légitimité de cette prétention à l'épreuve et partons d'un autre point de vue : nous prendrons cette fois pour base des calculs indiqués plus haut, une fruitière à forte production de beurre.

Dans ce but, nous nous appuyons sur l'hypothèse suivante :

Les vaches de la petite race du Jütland sont supposées capables d'être amenées à une production de beurre deux fois plus forte par une meilleure alimentation, à donner par conséquent $2 \times 70 = 140$ livres mesurées à 36 onces, ou 158 1/2 livres hambourgeoises de beurre.

Désignons par A la fruitière à production en beurre de 70 livres par vache, par B la fruitière à production double.

Nous avons à nous occuper d'abord dans quelle proportion, relativement à la production du beurre devenue plus considérable, s'élèvent les dépenses.

On peut diviser en deux classes les frais de l'entretien du bétail et de la production du beurre, savoir :

1° Frais qui sont proportionnels au nombre de vaches et qui restent invariables, que la production du lait soit grande ou non ;

2° Frais qui sont proportionnels à l'importance du rendement en lait et en beurre, et qui sont en raison directe de sa progression ascendante ou descendante.

A la première classe appartiennent les frais d'entretien du vacher, les intérêts du prix d'acquisition des vaches, etc.

D'après un calcul fait à ce sujet, mais qui n'est pas parfaitement rigoureux, sur les 10,13 thlr. de frais par vache produisant 70 livres de beurre, la moitié revient à la première classe, l'autre moitié à la deuxième.

Pour une vache à production double de beurre, les frais de la première classe restent les mêmes, les frais de la deuxième doublent au contraire, la totalité des frais n'augmente que de 50 pour cent, et s'élève à $10,13 \times 1\ 1/2 = 15,20$ thlr. N. 2/3 ; ce qui exprimé en seigle et en argent donne :

$$6,3 \ \times 1\ ^1/_2 = 9,45 \text{ schef. de seigle,}$$
$$\text{et } 2,53 \times 1\ ^1/_2 = 3,80 \text{ thlr. N. } ^2/_3.$$

Sur les frais généraux de culture, une partie, comme le loyer des étables, appartient à la première classe ; une autre partie, comme le loyer des magasins de fourrage, à la deuxième ; quant aux frais d'administration, ils peuvent se répartir entre les deux classes par portions égales.

En nous servant ici de la même échelle de proportion que pour les autres frais, nous trouvons que les frais généraux de culture qui étaient fixés à 17 1/2 livres pour une vache à production de beurre de 70 livres, seront pour une vache à production double, de $17\ 1/2 \times 1\ 1/2 = 26$ livres de beurre.

Ainsi, le rendement d'une vache de la fruitière B sera :

Beurre...................................... 140 liv. à 36 onces.
Valeur du veau et du lait écrémé réduite en
beurre, 140 $\times$ 1/4 = ... 35   »
                                   ____
                        En tout.......... 175 livres.
Retranchons de cette somme les frais généraux
de culture............................... 26 liv. à 36 onces.
                                   ____
        Il reste, recette en nature........... 149 livres.

Au prix de 9 schill. N. 2/3 par livre de beurre, la recette en argent sera de 149 × 9/48 = 27,94 thlr. N. 2/3 par vache.

Les frais de transport à 25 milles de distance étant de 1 schill. par livre, ils seront, pour 149 livres, de 3 thlr. 5 schill. = 3,10 thlr. N. 2/3, par conséquent les frais de transport de 149 livres de beurre seront de 0,62 thlr. pour 5 milles de distance, et pour 10 milles, de 1,24 thlr. N. 2/3.

Ajoutons-nous 50 pour cent aux dépenses calculées pour les vaches de la fruitière A, alors nous aurons pour les vaches de la fruitière B, à différentes distances de la Ville, les rendements suivants :

DISTANCE de LA VILLE.	RECETTE PAR VACHE. Thlr. N. 2/3.	FRAIS DE TRANSPORT. Thlr. N. 2/3.	DÉPENSES DIVERSES. Thlr. N. 2/3.	RENDEMENT NET PAR VACHE. Thlr. N. 2/3.
5 milles.	27,94	0,62	15,38	11,94
10 »	27,94	1,24	13,82	12,88
20 »	27,94	2,48	10,94	14,52
30 »	27,94	3,72	8,31	15,91
40 »	27,94	4,96	8,04	14,94
50 »	27,94	6,20	8,04	13,70
100 »	27,94	12,40	8,04	7,50
160 1/2 »	27,94	19,90	8,04	0,00

Au prix de 9 schill. pour la livre de beurre, le cercle de l'industrie du bétail pourrait s'étendre jusqu'à une distance de 160 milles. Dans ce cas, le marché serait debordé, tellement qu'on ne saurait que faire du beurre. Cette affluence devra faire baisser les prix jusqu'à ce que la baisse ait réduit la production au niveau de la consommation.

D'un autre côté, si l'on admet des vaches qui produisent deux fois plus de beurre, chaque vache demandera pour sa nourriture une étendue plus grande de prairie et de pâturage, et l'on aura moins de vaches à entretenir qu'auparavant; mais à surface égale on produira cependant plus de beurre, et si, primitivement, il était nécessaire d'étendre le rayon du cercle de l'industrie du bétail jusqu'à 50 milles de distance, pour fournir à la consommation de la Ville, il suffira, dans le cas présent, de l'étendre jusqu'à 40 milles seulement pour y satisfaire. Le prix du beurre baissera par conséquent au point que le rendement net des vaches, à la distance de 40 milles de la Ville, sera $= 0$. Ce fait est accompli du moment que la vente de 149 livres de beurre couvre exactement les frais de transport qui sont de 4,96 thlr., et les autres dépenses qui sont de 8,04 thlr. par vache, c'est-à-dire quand la livre de beurre se paye 4,2 schill. N. 2/3 dans la Ville; par cette diminution du beurre de 9 schill. à 4,2 schill., il y a une diminution dans le rendement net des vaches de 14,94 thlr. pour toutes les localités de l'Etat isolé.

D'après cela, à une distance	Le rendement net d'une vache reste
de 5 milles	$11,94 - 14,94 = -3,0$ th. N. $^2/_3$
de 10 »	$12,88 - 14,94 = -2,06$ »
de 20 »	$14,52 - 14,94 = -0,42$ »
de 30 »	$15,91 - 14,94 = +0,97$ »
de 40 »	$14,94 - 14,94 = 0$

Comme nous nous sommes proposé de démontrer les résultats que l'on obtiendrait, dans le cas où nous aurions basé nos premières recherches sur une fruitière à rendement plus fort, nous sommes obligés d'envisager notre point de vue d'une manière conséquente. Nous supposerons donc que le nombre des vaches diminue dans une mesure proportionnelle à l'aug-

mentation du rendement par vache, que la production beur-
rière reste la même *en somme*, que conséquemment, le cercle
de l'industrie du bétail s'étend encore comme auparavant
jusqu'à 50 milles de la Ville.

Dans cette hypothèse, le rendement net des vaches, à
50 milles de la Ville, $= 0$, ce qui sousentend que 149 livres
de beurre valent $6,20 + 8,04 = 14,24$ thlr. N. 2/3 ; le
prix du beurre dans la Ville est alors de $\frac{14,24}{149} = 0,0956$ thlr.
N. 2/3 $= 4,6$ schill. N. 2/3 par livre.

Avec le rendement en beurre de 70 livres par vache, et
l'extension du cercle de l'industrie du bétail jusqu'à 50 milles
de la Ville, nous avions trouvé plus haut que le prix de la livre
de beurre dans la Ville était de 5,7 schill. N. 2/3 ; ce qui fait,
comparé au prix de 4,6 schill., une différence de 1,1 schill.
N. 2/3.

Lorsque le prix de la livre de beurre s'élève à 4,6 schill., il y
a 13,7 thlr. N. 2/3 à retrancher du rendement que nous
avions calculé par vache, lorsque le prix du beurre était
de 9 schill.,

Et à la distance	Le rendement net d'une vache reste à
de 5 milles	$11,94 - 13,7 = - 1,76$ thir. N. $^2/_3$
de 10 »	$12,88 - 13,7 = - 0,82$ »
de 20 »	$14,52 - 13,7 = + 0,82$ »
de 30 »	$15,91 - 13,7 = + 2,21$ »
de 40 »	$14,94 - 13,7 = + 1,24$ »
de 50 »	$13,70 - 13,7 = 0$ »

TABLEAU COMPARÉ.

DISTANCE de LA VILLE.	LE RENDEMENT NET D'UNE VACHE EST DE :	
	QUAND ELLE DONNE 70 livres de beurre.	QUAND ELLE DONNE 140 livres de beurre.
5 milles	— 2,27 thlr. N. $^2/_3$	— 1,76 thlr. N. $^2/_3$
10 »	— 1,52 » »	— 0,82 » »
20 »	— 0,18 » »	+ 0,82 » »
30 »	+ 0,99 » »	+ 2,21 » »
40 »	+ 0,59 » »	+ 1,24 » »
50 »	0	0

Le lecteur, qui a suivi les recherches faites jusqu'ici avec quelque attention, reconnaîtra que ce résultat en est la conséquence forcée. Enlevé à l'enchaînement des faits constatés, il doit sembler paradoxal, même contre le bon sens, que des vaches à production en beurre de 70 livres et de 140 livres donnent presque le même rendement net.

Il ne sera donc pas inutile de répéter encore une fois qu'un accroissement intensif *général* de la production, la consommation restant stationnaire, détermine une baisse de prix pour le produit créé en plus grande quantité ou à moindres frais, et que la baisse de prix neutralise ou dépasse l'effet, sur le rendement net, d'une production augmentée.

Quand un cultivateur accroît individuellement le rendement de son terrain, ou qu'il adopte avec avantage une nouvelle branche de culture, celle du colza, par exemple, le surplus des produits qu'il amène au marché n'exerce pas un effet sensible sur le prix de ces mêmes produits. Mais si tous les cultivateurs d'une même contrée adoptent simultanément, sur des étendues égales, le même genre de culture, alors le prix du produit subit une réduction considérable. Néanmoins, la réduction du prix de cette denrée par une culture générale, peut ne pas empêcher que sa production soit avantageuse;

dans ce cas, la culture nouvelle est une richesse acquise qui se conserve ; sans cela elle n'est qu'une éphémère apparition.

Nous ferons remarquer, comme le montre au reste la littérature agricole, qu'il y a une source d'erreurs immenses dans les conceptions au point de vue général d'une chose qui n'est vraie que dans certaines limites, et dans la préconisation absolue de ce qui, par hasard, a pu être avantageux, exceptionnellement parlant.

Jamais il ne faut oublier l'action réciproque entre la grandeur de la production et la hauteur du prix, quand on veut chercher des lois d'une application générale ; aussi la connaissance des lois qui règlent les prix des marchandises et des denrées est-elle indispensable à l'agriculteur, de même que l'économie politique est la base obligée de la haute agriculture.

Revenons à notre sujet après cette disgression.

Sans doute il n'existe, dans la réalité, aucun exemple d'une vache de la petite race du Jütland, au poids moyen de 500 à 550 livres, qui ait été amenée à produire, comme moyenne de troupeaux entiers, 140 livres à 36 onces, ou 158 1/2 livres à 32 onces de beurre, avec une simple nourriture d'herbes et de foin.

Rien que pour se rapprocher d'un rendement pareil, il faudrait non-seulement une race à part, mais il faudrait encore pour le bétail un pâturage tellement abondant pendant l'été, qu'il pût toujours choisir les herbes les plus jeunes et les plus succulentes, et recevoir pendant l'hiver une alimentation composée du foin le plus fin et le plus énergique, sans aucun mélange de paille.

Alimenter le bétail avec des racines ou avec des grains est chose complétement impossible dans le cercle de l'industrie du bétail, car le rendement net des vaches y est si minime, que s'il fallait nourrir le bétail avec des aliments dont la production coutât, relativement à leur faculté nutritive, plus de travail que celle du foin, ce rendement net serait rapidement abaissé au-dessous de zéro.

Au moyen d'une alimentation énergique le poids des vaches pourrait probablement s'élever de 550 à 600 livres, de sorte que le rendement annuel en beurre par 100 de poids vif serait de $\frac{158\ 1/2}{5,75} = 27\ 1/2$ livres.

En maintenant cette proportion, une vache de la grosse race d'Oldembourg ou de la Suisse pesant 1,100 livres donnerait 302 livres de beurre chaque année.

Mais ce chiffre dépasse les rendements les plus élevés en beurre que nous connaissions, même parmi les races étrangères.

Cependant, puisque malgré l'hypothèse d'un rendement énorme en beurre dont la réalité n'offre aucun exemple, nous avons un résultat qui nous prouve clairement que, dans l'Etat isolé, la rente foncière provenant de l'industrie du bétail est négative pour les localités rapprochées de la ville; il me semble superflu de prouver rigoureusement la nécessité de ce résultat, que l'on pourrait d'ailleurs faire connaître par une simple opération d'arithmétique. Au surplus, cette loi ressort de la seule considération de cette circonstance : qu'à mesure que la distance de la Ville augmente, les frais de production du beurre *diminuent plus fortement*, à cause de la baisse du prix du grain, *que ne croissent* les frais de transport du beurre.

Cette loi me paraît si importante pour l'agronome et pour le cultivateur praticien, que j'ai cru devoir y ajouter de nouveaux développements dans cette édition, afin d'éviter tout malentendu (7).

§ XXVI c. — Suite.

Il existe entre la viande et le grain une mesure commune, celle de la puissance nutritive, et nous devons nous demander si le prix de la viande, du beurre, etc., se règle sur les frais nécessaires pour amener ces denrées au marché, et s'il ne se fixe pas également d'après les rapports de la puissance nutritive.

Chez toutes les nations civilisées, en exceptant les populations nomades qui ne s'occupent que de l'éducation du bétail, nous trouvons qu'un volume de viande est toujours beaucoup plus payé qu'un volume égal de pain.

Cette différence de prix provient de deux causes :

1° On préfère généralement les mets de viande, et tous ceux qui ne sont pas réduits aux dernières nécessités emploient une portion de leur revenu à se procurer cette nourriture succulente et énergique;

2° Les légumes et les pommes de terre sont partout, quelques grandes villes excepté, un aliment beaucoup moins coûteux que le pain et les mets préparés avec des pâtes ou des farines de céréales; néanmoins, il y a trop peu d'éléments nutritifs concentrés dans ces denrées pour qu'elles deviennent l'unique aliment des classes laborieuses. Mais si aux légumes on ajoute la viande qui est beaucoup plus nourrissante que le grain, alors on obtient une combinaison qui remplace parfaitement le pain et les mets farineux, et le travailleur se trouve en situation de consacrer à l'acquisition de la viande qui coûte plus cher, ce qu'il a épargné en se procurant des légumes au lieu du pain.

Ceci nous ramène encore une fois aux pommes de terre.

Supposons qu'une livre de viande contienne autant d'éléments nutritifs qu'un pain fait avec deux livres de seigle, alors 42 livres de viande $=$ 84 livres de seigle $=$ 1 schef. de seigle $=$ 3 schef. de pommes de terre, et par conséquent 14 livres de viande $\times$ 2 schef. de pommes de terre $=$ 1 schef. de seigle.

Si le schef. de seigle vaut................	1 thlr.	24 schill.
et le schef. de pommes de terre 12 schill.,		
conséquemment 2 schef....................	24	»
Alors le travailleur économise............	1 thlr.	»

qu'il emploie à acheter 14 livres de viande; de sorte que, sans perte pour lui, il se trouve à même de payer la livre de viande 3,4 schill., bien qu'il puisse acheter la même masse de nourriture en pain au prix de 1,7 schill.

D'après Campbell (*Voir* Thaer , *principes d'Agric. rat.*, tome 4, page 222) 1 schef. de pommes de terre donné à un bœuf à l'engrais augmente son poids de 3 livres. D'après Thaer (page 369, même ouvrage), un bœuf à l'engrais qui reçoit journellement 40 livres de bon foin augmente chaque jour de 2 livres.

Ainsi, d'aprés les données de Campbell, il faudrait, pour produire 42 livres de viande qui, suivant notre hypothèse, ont autant d'éléments nutritifs que 1 schef. de seigle, faire consommer 14 schef. de pommes de terre à un bœuf à l'engrais ; pendant que, préalablement à la consommation de l'animal, 3 schef. de pommes de terre ont autant d'éléments nutritifs que 1 schef. de seigle.

Il ressortirait de ce fait que par la conversion des pommes de terre en viande, la masse nutritive absolue serait presque réduite à 1/5.

Actuellement, si un schef. de seigle peut se remplacer par 14 livres de viande × 2 schef. de pommes de terre, et s'il faut 4 2/3 schef. de pommes de terre pour produire 14 livres de viande, alors 4 2/3 + 2 = 6 2/3 schef. de pommes de terre remplaceront 1 schef. de seigle.

Mais comme, d'un autre côté, la même surface qui produit 1 schef. de seigle peut produire plus de 6 2/3 schef. de pommes de terre, il devient possible , d'après notre calcul (que nous ne donnons pas comme complet ni rigoureux), de nourrir un bien plus grand nombre d'hommes par l'extension de la culture des pommes de terre que par la culture des céréales ; mais non pas un nombre aussi grand que quelques-uns l'ont prétendu.

Abandonnons pour un instant ce que nous avons supposé au commencement de cet ouvrage, à savoir, que la culture du sol de l'Etat isolé reste stationnaire ; admettons que le désert ait un terrain encore susceptible de culture ; admettons que le cercle qui, dans l'Etat isolé, était consacré à l'industrie du bétail, soit graduellement défriché et soumis à la culture des céréales jusqu'aux limites extrêmes où le sol est susceptible d'être cultivé ; qu'arrivera-t-il ?

D'un côté, le nombre des produits du bétail qui étaient livrés à la Ville diminue ; d'un autre côté, le nombre des consommateurs croît proportionellement à l'extension de la culture de la plaine ; cette moindre quantité de produits du bétail doit se répartir sur un plus grand nombre de consommateurs, et la quotepart pour chacun devient plus petite qu'auparavant.

Nous arrivons par là à une autre question , celle de savoir quelle influence ce changement exercera sur le prix des produits animaux, et comment s'exécutera la répartition d'une moindre quantité de produits entre les diverses classes de citoyens.

Un approvisionnement insuffisant de viande sur les marchés détermine une concurrence parmi les acheteurs, et par suite une hausse de prix. Le plus indigent ne peut payer la viande qu'au prix qu'elle vaut pour lui, relativement aux autres matières alimentaires ; ce prix vient-il à augmenter, alors il est forcé d'en abandonner, ou au moins d'en restreindre l'usage. Le riche, au contraire, peut payer et payera un bon aliment plus cher que la valeur réelle de la viande relativement au grain. Par ce moyen, le riche en payant un prix plus élevé, au-dessus des ressources du pauvre, empêche ce dernier d'en acheter, et trouve sa table aussi bien pourvue qu'auparavant ; tandis que la classe laborieuse est obligée de se contenter des aliments végétaux moins énergiques.

Ainsi, la transition à une extension de la haute culture du sol produit des conséquences peu profitables pour le travailleur, en réduisant la satisfaction de ses premiers besoins.

Néanmoins, la richesse nationale peut progresser au point que les produits animaux se payeront beaucoup plus cher, ce qui permettra de cultiver avec avantage des pommes de terre pour la nourriture des bestiaux ; dans ce cas, un accroissement soudain des produits du bétail a lieu, et la quotepart de ces produits qui revient à chacun s'augmente considérablement.

D'après mes calculs, un morgen de pommes de terre nourrit 2 2/3 autant de fois de bétail qu'un morgen de pâturage sur sol de richesse égale.

Si le salaire est assez fort pour que le travailleur puisse payer le prix augmenté des produits du bétail, et c'est ce qu'on doit admettre, car sans la concurrence des classes laborieuses le prix aurait difficilement atteint ce taux, alors le travailleur se permettra l'usage plus étendu de la viande et passera à une existence matérielle plus agréable.

Une pareille situation de la société présente encore une autre face très-satisfaisante ; en effet, qu'une mauvaise année rende la récolte insuffisante à tous les besoins, alors les pommes de terre destinées à l'engraissement du bétail s'emploient directement à la nourriture des hommes, le bétail lui-même est abattu maigre, et comme cette mesure quintuple presque la masse alimentaire convertie en viande dans les circonstances ordinaires, il est à peu près impossible qu'une nation qui aurait atteint ce dégré d'aisance souffre jamais d'une disette.

Mais si, par suite de l'introduction de la culture des pommes de terre, la population d'un état se multiplie trop, qu'en conséquence de cet accroissement de population le salaire baisse au point que le travailleur ne puisse plus acheter que des pommes de terre et ne vive que de cet aliment sans addition de nourriture animalisée, alors la situation devient pitoyable.

En outre, on ne connaît pas les moyens de conserver des pommes de terre d'une année à l'autre, comme le grain, de sorte que l'abondance d'une saison ne saurait compenser la disette d'une autre saison.

Que les pommes de terre viennent alors à manquer, et il n'y a plus la ressource de passer d'un aliment cher à un aliment peu coûteux, comme de la viande aux pommes de terre, et dans ce cas arrive le moment terrible dont parle Malthus, lorsqu'il dit : « Quand le peuple n'a pour nourriture « ordinaire que les aliments les plus inférieurs, il n'y a plus « de salut, à moins qu'il n'ait recours à l'écorce des arbres ; « mais la faim ne tarde pas à emporter les victimes. » — Par conséquent, et bien que cela paraisse paradoxal, ce sont précisément les pommes de terre qui traîneront après elles le fléau d'une disette revenant fréquemment sur les mêmes lieux. L'Irlande nous montre déjà l'exemple d'une situation pareille.

La nature a donc abandonné au libre arbitre des hommes un présent qu'ils peuvent faire servir à leur ruine ou à leur bien–être.

Engraissement du Bétail.

Le bétail engraissé s'envoie sans frais considérables sur les marchés lointains, et l'engraissement s'opère, dans le cercle dont nous traitons, à meilleur marché que dans les localités voisines de la Ville où le sol donne une rente foncière considérable ; cependant le trajet à longue distance d'un bétail très-gras est accompagné de beaucoup d'embarras et d'un amaigrissement considérable des animaux ; il pourra se faire alors que l'engraissement commence dans ce cercle et s'achève dans une localité plus rapprochée de la Ville.

Éducation du jeune bétail.

Le jeune bétail se rend d'un endroit à un autre sans beaucoup de fatigue et à peu de frais. Comme dans ce cercle la rente foncière du sol et la valeur vénale des fourrages sont très-basses, on y pourra toujours se défaire du jeune bétail à un prix inférieur, de sorte qu'aucune autre localité de l'Etat isolé ne pourra faire concurrence.

Le cercle de la culture pastorale utilisera son sol au moyen de fruitières pour production de beurre, beaucoup mieux que par l'élevage ; ce cercle achètera tous les jeunes animaux dont il aura besoin au cercle de l'industrie du bétail.

Dans la Réalité il existe des contrées où la position et d'autres circonstances ne permettent pas l'élevage, où cependant certaines exploitations trouveront profitable d'élever les jeunes animaux qui leur seront nécessaires : cela aura lieu quand il s'agira de créer une race supérieure à la race ordinaire. Mais dans l'Etat isolé où nous supposerons pour tous les cultivateurs une même intelligence et par conséquent les mêmes connaissances des bonnes races de bestiaux, c'est la position seule du domaine qui décide s'il y a avantage ou non à élever.

Lorsque les besoins de la Ville en produits animaux exigent que l'industrie du bétail s'étende jusqu'à 50 milles de la Ville, alors, ainsi que nous l'avons vu précédemment, le prix moyen du beurre dans la Ville $=$ 5,67 schill. N. 2/3 par livre; c'est sur ce prix du beurre que se régleront proportionellement les autres produits animaux, tels que laine, viande, etc.

D'après nos recherches, le rendement net d'une vache pour une localité qui est à

30 milles de la Ville, s'élève à			0,99 thlr. N. ²/₃	
40 »	»	»	0,59	»
50 »	»	»	0	»

La rente foncière est donc très-minime dans tout ce cercle, et le revenu des domaines ne se compose guère que des intérêts du capital employé à la construction des bâtiments, à l'acquisition du mobilier, etc...

On ne cultive ici que le grain strictement nécessaire aux hommes occupés à l'industrie du bétail; mais ce peu de grain ne donne que peu de paille, et l'on ne doit hiverner que le nombre de bestiaux qu'il est possible de nourrir pendant la mauvaise saison avec cette paille et le foin retiré des prairies naturelles.

En revanche, les pâturages d'été qui couvrent la presque totalité de la superficie sont tellement riches, que le bétail ne consomme pas toute l'herbe et qu'il en laisse perdre une partie.

Enfin, il est impossible de songer à augmenter les ressources d'hiver en cultivant des fourrages artificiels et des racines, parce que les frais occasionnés par ces cultures ne seraient pas payés par le rendement si faible du bétail.

De sorte que les prairies naturelles forment l'échelle de proportion d'après laquelle on saura le nombre de bestiaux que l'on pourra tenir, et la minime rente foncière provenant de l'industrie exercée dans ce cercle devra être attribuée aux seules prairies, parce que les pâturages sont en excès et qu'ils ne peuvent s'utiliser que par l'intermédiaire des prairies.

Ce cercle, relativement à sa grande étendue, n'amènera donc au marché qu'une petite quantité de produits animaux.

La population de ce cercle est peu considérable, et un domaine d'une surface donnée qui, dans le voisinage de la Ville, nourrira 30 familles, n'en nourrira et n'en occupera que 3 ici.

A 50 milles de distance, la rente foncière de l'industrie du bétail cesse entièrement ; et comme plus loin les intérêts du capital employé sur le domaine ne seraient plus payés, cette dernière branche d'agriculture disparaît.

Au delà du cercle de l'industrie du bétail, il n'y a plus de moyen d'existence que pour quelques chasseurs vivant épars dans les forêts ; ces hommes, dont les occupations et la vie ressemblent à celles des sauvages, finissent par en prendre les mœurs. Leurs seules communications avec la Ville consistent à échanger la peau des animaux sauvages contre le peu d'objets qui leur sont nécessaires.

Telle est la dernière influence de la Ville sur cette plaine, qui plus loin encore n'offre plus qu'un désert inhabité.

Un voyageur qui parcourrait l'Etat isolé, pourrait en peu de jours voir l'application pratique des systèmes de culture connus jusqu'à présent. La régularité avec laquelle il s'apercevrait que les divers systèmes de culture se succèdent, le préserverait de croire à tort, comme cela arrive si souvent dans la Réalité, que l'ignorance des cultivateurs est cause que la culture du sol n'est pas aussi bonne dans les contrées éloignées que dans les contrées rapprochées de la Ville.

L'art et la complication qui caractérisent les systèmes avancés de culture, les connaissances plus élevées qu'ils exigent, font qu'ils exercent sur les yeux une influence qui éblouit et qui trompe.

Comme ces systèmes donnent un rendement réellement plus fort, et qu'ils tirent mieux parti du sol dans les localités où on les pratique, il est excusable, mais d'autant plus dangereux, de croire qu'il suffit de posséder les connaissances nécessaires pour introduire un système de culture plus avancé dans les localités médiocrement cultivées.

Nos recherches ont démontré que le système pastoral ou le système alterne pratiqué sur un domaine situé dans le cercle de la culture triennale devait être écrasé par le temps, et disparaître sans laisser aucun vestige.

Réciproquement le système triennal transplanté dans le cercle de la culture pastorale, ou dans celui de la culture alterne, n'y pourra subsister ; mais ce dernier essai n'est pas assez encourageant ; le désavantage est trop clair pour qu'on s'avise de le faire.

L'Etat isolé présente, sous le rapport de la culture du sol, l'image d'un Etat à travers la succession des siècles.

Il y a cent ans qu'on ne faisait que de la culture triennale dans le Mecklembourg, ce qui était conforme aux circonstances de l'époque. Auparavant la chasse et l'industrie du bétail étaient sans doute les seules sources alimentaires ; depuis la culture pastorale s'est généralisée, et dans cent ans, ce sera sans doute la culture alterne qui aura pris sa place.

A mesure que la richesse et la population d'un pays augmentent, une agriculture intensive devient de plus en plus avantageuse. Quand l'ensemble des conditions est parvenu au point de rendre utile l'emploi d'un système de culture plus avancé, alors l'œuvre du cultivateur qui introduit ce système n'est pas destiné à périr. Non-seulement le système se maintiendra sur son domaine, mais encore il s'étendra, lentement, il est vrai, mais irrésistiblement sur toute la contrée, et deviendra la culture en usage.

C'est ce qui est arrivé dans le Mecklembourg, lorsque l'assolement pastoral y fut introduit d'abord ; c'est encore ce qui est arrivé en Angleterre lorsque l'assolement pastoral et l'assolement triennal durent disparaître devant l'assolement alterne.

SECTION DEUXIÈME.

L'ÉTAT ISOLÉ COMPARÉ A LA RÉALITÉ.

---

§ XXVII. — Coup d'œil rétrospectif sur la marche de nos recherches.

Dans la formation de l'Etat isolé tel que nous l'avons présentée dans la première partie de cet ouvrage, nous avons pris pour base les circonstances de l'exploitation de Tellow, et nous avons développé les changements que subirait la culture de cette exploitation, en la supposant tantôt éloignée, tantôt rapprochée du marché où s'achètent les denrées agricoles.

Au § V, nous avons admis que le rendement brut d'un domaine pouvait s'exprimer entièrement en grain, et que le prix des produits du bétail était en rapport avec le prix du grain.

Cette hypothèse reste vraie, si nous considérons les conditions réelles d'un Etat cultivé qui n'est pas entouré de contrées sauvages n'ayant pour toute industrie que celle du bétail. Mais le tableau de l'Etat isolé que nous avons présenté nous montre déjà que l'exploitation de Tellow est située dans un pays où l'influence des contrées sauvages consacrées à l'industrie des bestiaux est de beaucoup diminuée, et que, dans l'Etat isolé les rapports entre les prix des produits animaux et ceux du grain ne peuvent être identiques à ceux qui se rencontrent à Tellow.

Il nous faut donc rechercher quels sont les changements qu'éprouverait la configuration de l'Etat isolé, si le prix des produits animaux était indépendant du prix des céréales.

Pour Tellow le prix du beurre est de 9 shill., ou, après avoir retranché les frais de transport, de 8/35 schill. N. 2/3 par livre de 36 onces. Dans l'Etat isolé, le prix du beurre au marché peut, suivant nos calculs, s'élever à 5,7 schill., mais sa valeur sur le domaine même ne diminue pas, en raison de la distance de la Ville, aussi rapidement que la valeur du grain.

En substituant dans notre calcul ce dernier prix au premier, et en le prenant pour base, nous trouverons une rente foncière moindre pour les environs de la Ville, mais avec l'accroissement de la distance elle subira une diminution moins rapide, et, sur le domaine situé à 25 milles de la Ville, elle sera plus forte que nous ne l'avions indiquée, parce que, dans ce cas, malgré le prix minime du marché, le beurre aura une valeur plus considérable que si son prix se réglait sur le prix du grain de cette localité.

De plus, nous avons encore adopté comme point fondamental de nos recherches, que les dépenses dépendant de la culture du sol doivent être exprimées 1/4 en argent et 3/4 en grain ; cela nous a permis de déterminer le rendement net et le système de culture, sur un domaine donné, pour chaque changement survenu dans le prix du grain.

Plus tard, nous avons aussi montré quel était le changement dans le prix du grain provoqué par la distance plus ou moins grande du marché, ce qui a, pour ainsi dire, tracé l'étendue occupée par chaque catégorie de culture qui en résulte ; et nous sommes ainsi parvenus à construire l'Etat isolé.

Cependant, et nous l'avons mentionné au § V, le rapport dans lequel les dépenses doivent être exprimées, soit en argent, soit en grains, n'est pas invariable ; il diffère, au contraire, suivant la situation des lieux ; ce phénomène se manifeste plus clairement dans l'Etat isolé que dans la Réalité.

Le prix de toutes les marchandises et des matériaux que le cultivateur de l'Etat isolé ne peut trouver que dans la Ville centrale, ne se règle point sur le prix du grain de la localité qu'habite le cultivateur; celui-ci est obligé de payer d'abord le prix que ces marchandises ont dans la Ville, et ensuite les frais d'expédition depuis la Ville jusqu'à son habitation.

Dans le prix des produits des ouvriers industriels proprement dits qui habitent la campagne, on comprend:

1º Les dépenses pour nourriture et autres objets dont ils ont besoin pendant leur travail;

2º Les dépenses pour acheter les matières brutes.

Si les matières mises en œuvre par l'ouvrier, le fer, par exemple, sont tirées de la Ville, alors le prix du produit de son travail ne se règle qu'en minime partie sur le prix des grains de la localité qu'il habite; si, au contraire, la matière brute est créée sur place, comme le lin, alors les frais de fabrication de la toile sont presque entièrement proportionnels au prix du grain de l'endroit; car alors on ne doit exprimer en numéraire que ce que le tisserand est obligé d'acheter à la Ville pour son habitation, son mobilier et son entretien.

Nous trouvons conséquemment que, sur les dépenses inhérentes à la culture du sol, il ne faut exprimer en numéraire que les objets achetés directement à la Ville par le cultivateur et par les ouvriers industriels travaillant pour le cultivateur et demeurant à la campagne.

Cette somme à payer dans la Ville pour l'acquisition de marchandises et de matériaux est la même pour les exploitations d'égale étendue, qu'elles soient loin ou près de la Ville. Mais outre le prix d'acquisition de ces marchandises, le cultivateur de l'Etat isolé paye encore les frais d'expédition depuis la Ville jusqu'à sa demeure; en d'autres termes, le prix de ces marchandises est, à la campagne, plus élevé que dans la Ville. de tous les frais d'expédition, y compris les frais de commission. Les frais d'expédition, dont une partie, § IV, doit être exprimée en argent, augmentent avec la distance, de telle sorte que, finalement, les domaines éloignés ont à supporter une dépense plus forte, soit en numéraire, soit en grains.

Deux discordances se manifestent donc à la suite de l'application à l'Etat isolé de nos calculs basés sur un point pris dans la Réalité :

1° Le rendement de l'industrie du bétail, dans les contrées éloignées, est plus fort que ne l'indique notre calcul;

2° Il faut encore tenir compte, pour les contrées éloignées, des frais d'expédition de toutes les choses nécessaires achetées à la Ville.

Ces deux discordances réagissent l'une contre l'autre, se détruisent et se rapprochent en définitive durésultat de notre calcul.

De quelque manière que puisse varier ainsi la rente foncière exprimée en nombres, les résultats capitaux suivants de nos recherches restent invariables:

Sous l'influence de prix minimes pour les céréales, l'assolement pastoral doit se transformer en assolement triennal, parce que ce dernier produit les grains à meilleur marché.

Sous l'influence de prix des céréales encore plus bas, la rente foncière de l'assolement triennal cesse également, et alors elle ne peut plus envoyer de grains à la Ville.

Derrière le cercle de l'assolement triennal se développe enfin le cercle de l'industrie du bétail.

Ces résultats capitaux et toutes les conséquences qui en sont tirées sont invariables ; il n'y a que l'extension des cercles exprimée en chiffres, et le point limitrophe où deux systèmes de culture se séparent qui changent avec le nombre des milles. Mais ces chiffres ne servent *ici* qu'à matérialiser l'idée; ils n'ont aucune action sensible sur les lois principales que nous avons démontrées ; car, sous ce rapport, il est indifférent que, par exemple, le cercle de l'assolement triennal commence quelques milles plus loin ou plus près de la Ville.

De même une simple modification de la fraction qui représente le quantième de la dépense à exprimer en numéraire regularise, comme le montre l'appendice n° 8, l'inégalité des proportions diverses dans lesquelles la valeur du grain et la valeur des produits du bétail se comportent à mesure que la distance de la Ville augmente. Si la quantité partielle de 1/4 empruntée à la Réalité n'est pas applicable aux circonstances de l'État isolé, alors la méthode d'après laquelle les produits du bétail sont, suivant leur valeur, réduits en seigle est néanmoins justifiée, et prouve la possibilité d'arriver ainsi à des résultats exacts.

§ XXVIII. — Différence entre l'État isolé et la Réalité.

Les États et les pays, tels qu'il existent réellement, diffèrent essentiellement de l'État isolé dans les points suivants :

1° Il n'y a pas dans la Réalité de contrées dont le sol contienne partout la même richesse et présente une constitution physique identique ;

2° Il n'y a pas une seule grande ville qui ne soit située sur une rivière, un fleuve ou un canal ;

3° Chaque État un peu considérable, outre une ville capitale, a encore un grand nombre de villes plus petites parsemées sur son territoire ;

4° Dans la Réalité, il est rare, il n'arrive presque jamais, que les localités qui ne donnent que des productions brutes du bétail exercent une aussi forte influence sur le prix des produits animaux que celle que l'on a pu voir dans l'État isolé. Reprenons :

Discussion sur chacun de ces points.

1. De nos recherches, § XIV, il résulte que les prix inférieurs des céréales ont la même influence que les forces minimes d'engrais du sol, en ce que les uns et les autres transforment la culture pastorale en culture triennale, et qu'en diminuant encore ils réduiraient la rente foncière à 0.

On pourrait tout aussi bien, au lieu de considérer comme mobile le prix du grain et comme fixe la fertilité du sol, supposer fixe au contraire le prix des grains, mobile la fertilité du sol, et ensuite appliquer à la Réalité cette double hypothèse.

Mais on peut s'en passer, du moins sous ce rapport, parce que nous savons déjà quel est le point qu'occuperait un domaine à degré inférieur de fertilité sous l'influence du prix du grain $= 1\,1/2$ thlr. par schef. de seigle ; la solution du problème suivant va nous le montrer (1).

Premier problème. — Quelle rente foncière donnera un domaine dont la terre èn culture triennale porte $5 \times \frac{84}{100} = 4,2$ grains, lorsque le schef. de seigle vaut $1\,1/2$ thlr. sur le domaine même, et dans quelle partie de l'État isolé une pareille rente foncière se rencontre-t-elle ?

D'après le tableau du § XIV, la rente foncière d'un assolement triennal à $5 \times \frac{84}{100} = 4,2$ grains , est de 240 schef. de seigle —246 thlr. Au prix de $1\,1/2$ thlr. par schef., 240 schef. seigle valent 360 thalers, par conséquent la rente foncière s'élève à $360 - 246 = 114$ thlr.

Dans l'État isolé, le rendement étant de $8 \times \frac{84}{100} = 6,72$ grains, la rente foncière $= 696$ schef. — 327 thlr.

La rente foncière des deux exploitations devient égale quand :

```
696 schef. de seigle — 327 thlr. = 114 thlr.; en ajoutant
de part et d'autre        + 327   »   + 327
                          ─────────────────
nous avons 696 schef. de seigle.      = 441 thlr.
ce qui fait pour 1 schef...........   0,633 thlr.
```

Ce prix est celui du seigle sur un domaine situé à environ 26 milles de la Ville.

Par conséquent la rente foncière d'un domaine de 4,2 grains, le prix du seigle étant de $1\,1/2$ thlr. par schef., est égale à la rente foncière d'un domaine de l'État isolé qui est à 26 milles de la Ville.

Deuxième problème.— Le schef. de seigle valant sur le domaine $1\,1/2$ thlr., quel devra être le nombre des grains pour que la rente foncière égale 0 ?

---

(1) Il ne faut pas oublier ce qui a été dit au § XIV b., que des exploitations qui, sur sol et dans des conditions complétement identiques, donnent des rendements de grains différents, ne sont pas soumises à la loi de la rationalité progressive, et qu'elles n'appartiennent pas à l'État isolé, mais à la Réalité.

D'après le § XIV, pour $(10-x)\frac{84}{100}$ grains, la rente foncière est de 1000 schef. — 152 x schef. —381 thlr, $+$ 27 x thlr ; le schf. étant à 1 1/2 thlr., cela donne 1500 thlr. — 228 thlr. — 381 thlr. $+$ 27 x thlr. ou 119 thlr. — 201 x thlr.

Maintenant pour que la rente foncière $=$ 0
il faut nécessairement que 201 $x=$ 1119
ou que x.................... 5,57

Conséquemment le nombre de grains cherché avec lequel la rente foncière $=$ 0, est de $(10-5,57)\frac{84}{100} = 3,72$ grains.

Troisième problème. — Avec quel rendement en grains, autrement dire, avec quel nombre de grains l'utilisation du sol par la culture pastorale est-elle égale à l'utilisation du sol par la culture triennale quand, pour les deux systèmes, la valeur du schef. de seigle sur le domaine est de 1 1/2 thlr.

La rente foncière des deux systèmes devient égale quand, d'après § XIV :

1710 sch. —271 x sch. —747 thlr. $+$ 53 x th. comme rente foncière du système pastoral égalent

1000 » —152 x —381 » $+$ 27 x » qui représentent la rente foncière du système triennal; alors nous avons :

710 » —119 x —366 » 26 x » $=$ 0

En mettant le schef. de seigle à $1\,^{1}_{2}$ thlr.,

cela donne 1065 thlr. — 366 th. — 178,5 x th. $+$ 26 x th. $=$ 0,

par conséquent 699 » — 152,5 x $=$ 0

ou x » $=$ 4,58

Avec une richesse du sol qui, en système pastoral, est de 10 — 4,58 $=$ 5,42 grains, et, en système triennal, de $(10-4,58)\frac{84}{100} = 4,55$ grains, le prix du schef. de seigle étant de 1 1/2 thlr., la rente foncière du premier système est égale à celle du second.

2. Quand on a trouvé à combien s'élève l'économie du transport des grains par eau, relativement au transport par terre, il n'y a pas de difficulté pour déterminer le point de situation d'un domaine qui envoie ses grains au marché par eau.

Supposons que le transport par eau coûte 1/10 de ce que coûte le transport par terre, alors un domaine situé au bord d'un fleuve à 100 milles du marché se trouvera, sous le rapport de la valeur du grain sur place et des conséquences qui en découlent, dans les mêmes conditions qu'un domaine à 10 milles de la Ville qui ne jouit pas de cette situation.

Un domaine situé à 5 milles du fleuve, et à 100 milles de la Ville supporte les frais de transport par terre pour 5 milles et les frais de transport par eau pour 100 milles; dans ce cas, il est dans la même situation qu'un domaine à 15 milles de la Ville.

3. Les petites villes parsemées sur la surface du territoire ont besoin d'être aussi bien approvisionnées que la Ville capitale, et les domaines situés dans leur voisinage y apporteront leurs grains tant qu'elles en auront besoin, au lieu de l'envoyer à la Ville principale. On pourrait désigner, sous le nom de *territoire* de l'une quelconque de ces villes, le nombre de domaines, ou la surface de terre nécessaire pour l'approvisionner suffisamment de matières alimentaires. Ce territoire est perdu pour la Ville capitale, puisqu'elle n'en obtient rien, et la petite Ville agit sur la Ville capitale sous le rapport de l'approvisionnement des matières alimentaires, comme si son territoire n'était qu'un désert aride, sans production aucune. Que l'on se représente la vaste plaine de l'État isolé parsemée d'un grand nombre de ces points déserts, alors la consommation de la Ville centrale ne peut tirer son approvisionnement qu'à des distances plus considérables, et les cercles s'étendent jusqu'à ce qu'ils suffisent à la demande. Mais avec cet agrandissement de la distance s'augmentent les frais de transport des grains livrés à la Ville par la partie extrême de la plaine consacrée à l'agriculture, et une pareille augmentation des frais de transport a pour conséquence, comme nous l'avons vu, une hausse du prix des grains dans la Ville centrale.

Quant aux petites villes, le prix du grain y est déterminé par des lois tout autres que si, avec leur territoire, elles étaient complétement isolées du reste du monde. En effet, les domaines situés sur ce territoire ont le choix d'envoyer leur grain, ou à la petite Ville, ou à la Ville centrale. Si donc la petite Ville veut aussi du grain, il faut qu'elle décide le producteur à lui en envoyer de préférence, en payant le prix du marché de la Ville centrale, moins celui des frais de transport, c'est-à-dire le prix de la valeur du grain sur le domaine.

Ainsi les prix du grain dans les petites villes sont déterminés par le prix du marché de la Ville principale; ils en dépendent même entièrement.

Au lieu de petites Villes, nous pouvons imaginer des Etats indépendants considérables; et la liberté du commerce étant admise, ils ne peuvent pas plus qu'elles se soustraire à l'influence toute puissante de la grande Ville sur les prix du grain.

4. Dans la Réalité, l'influence des contrées, qui ne livrent que des produits animaux bruts sur d'autres contrées, est affaiblie ou complétement annulée par le grand éloignement ou par les droits de douane.

Si la Podolie et l'Ukraine étaient situées à l'ouest de la Vistule, et si elles avaient la faculté d'envoyer leurs produits animaux francs de droits à Berlin, la rente foncière de l'industrie du bétail dans la partie nord-ouest de l'Allemagne serait encore très-minime.

Cependant lorsque cette influence diminue ou cesse entièrement, alors les rapports de prix entre les céréales et les produits animaux se modifient considérablement et haussent en faveur de ces derniers. Dans ce cas, l'industrie du bétail peut donner partout une rente foncière plus ou moins forte, ce qui réagit beaucoup sur la fixation du point de limite entre les systèmes triennal et pastoral, et encore plus sur celui qui doit séparer les systèmes pastoral et alterne. S'il fallait rechercher les lois nouvelles qui agissent dans cette circonstance, nous irions trop loin; cependant nous nous en occuperons dans la deuxième partie de cet ouvrage.

Le principe qui a présidé à la formation ou configuration de l'Etat isolé se retrouve dans la Réalité; seulement les phénomènes auxquels il donne lieu se montrent sous des formes différentes, parce qu'alors il y a coaction de plusieurs circonstances étrangères.

De même que le géomètre calcule avec des points sans étendue, avec des lignes sans largeur, ce qui est contraire à ce qui existe réellement, de même nous devons affranchir une force active de tout accessoire et de tout imprévu ; c'est ainsi que nous parviendrons à apprécier sa part d'influence dans les phénomènes que nous remarquons.

Comme il est possible de trouver un point dans l'Etat isolé qui s'accorde avec les circonstances d'un domaine, alors on ne peut nier, en laissant de côté les difficultés matérielles d'exécution, qu'il ne soit possible de dresser la carte d'un pays entier, sur laquelle on distinguerait par des couleurs le cercle auquel appartient une localité donnée. Une carte pareille serait très-intéressante et très-instructive. Mais les cercles ne s'y succéderaient pas régulièrement comme dans l'Etat isolé. Ils seraient mêlés entre eux ; par exemple, un domaine situé à 100 milles de la Ville centrale, mais touchant à une rivière et ayant un sol très-fertile, pourrait appartenir au troisième cercle, pendant qu'un domaine à sol sablonneux, situé à 10 milles de la Ville et n'ayant que les communications ordinaires, pourrait faire partie du dixième cercle.

Nous allons maintenant nous occuper d'une industrie et de quelques branches culturales naturellement attachées à l'agriculture ; nous n'en avons pas parlé dans la première partie de cet ouvrage, afin de ne pas interrompre son ensemble ; nous les examinerons au point de vue de la Réalité.

§ XXIX. — Fabrication de l'eau-de-vie.

Les grains produits dans le cercle de l'industrie du bétail ne peuvent être envoyées à la Ville, à cause de leurs frais trop élevés de transport ; mais si on les convertit en un produit qui, relativement à sa valeur, ne coûte pas beaucoup à transporter, alors on pourra cultiver utilement la partie de ce cercle la plus rapprochée de la Ville. Ce produit, c'est l'eau-de-vie, puisque l'alcool obtenu de 100 schef. de seigle pèse à peine autant que 25 schef. du même grain.

On se sert avec avantage, pour l'engraissement du bétail, des résidus de fabrication d'eau-de-vie. Mais le cercle de l'industrie du bétail est déjà destiné à engraisser du bétail, et comme le grain et le combustible y sont au plus bas prix possible, tout se réunit pour rendre avantageux la fabrication de l'eau-de-vie.

Ici donc cette industrie obtiendra ses produits à si bon marché qu'aucune autre localité de l'Etat isolé, encore moins la Ville elle-même ne pourra soutenir la concurrence, pourvu qu'il y ait entière liberté commerciale. Il est clair, en effet, que la fabrication de l'eau-de-vie à la Ville, où le grain et le bois coûtent trois fois plus cher et où le salaire a une valeur nominale beaucoup plus élevée, doit y coûter au moins deux ou trois fois plus que le prix auquel le cercle de l'industrie du bétail peut fournir l'alcool.

Quand des mesures restrictives forcent la fabrication de l'alcool dans la Ville exclusivement, alors il y a diminution dans les revenus nationaux, parce qu'on emploie, en pure perte, une quantité considérable de forces à transporter les grains et le combustible. Néanmoins, plusieurs raisons font désirer que le prix de l'alcool ne soit pas trop bas ; mais alors l'Etat peut frapper cette fabrication d'un impôt lourd, ce qui fait remonter le prix de ses produits au taux qu'ils auraient eu fabriqués dans la Ville ; et cette cherté de l'alcool réagira sur l'Etat d'une manière plus bienfaisante que la cherté provenant d'un inutile emploi de forces qui pourraient être reportées avec plus de fruits sur d'autres industries. La partie du cercle de l'industrie du bétail, dans laquelle a lieu la fabrication de l'alcool, adoptera l'assolement triennal, parce qu'avec ce système elle obtiendra le moins chèrement possible les grains nécessaires à cette fabrication.

Une exploitation où l'on fabrique de l'eau-de-vie en même temps que l'on y engraisse des bestiaux, créé une plus grande masse d'engrais que la culture triennale qui produit des grains pour la vente ; la première pourra donc consacrer une plus grande étendue aux céréales, sans épuiser pour cela son terrain.

En ne considérant que la division des soles des domaines, il faudrait réunir au cercle de la culture triennale la partie à production d'alcool du cercle de l'industrie du bétail, et même au fond le cercle tout entier. En ne considérant, au contraire, que le produit principal des domaines, et je préfère cette manière de voir pour plusieurs raisons, alors nous devons séparer la contrée qui envoie des grains à la Ville, de celle qui n'y envoie que de l'alcool et des produits animaux ; je suis donc fondé à appeler la première division, le cercle de l'assolement triennal proprement dit.

Pour l'assolement triennal produisant du grain destiné à la vente, la rente foncière $= 0$ lorsqu'on est à 31,5 milles de la Ville. Sur ce point, la fabrication de l'alcool et l'industrie du bétail donnent encore une rente foncière. Mais l'assolement triennal et l'industrie du bétail se séparent là où la rente foncière des deux systèmes est égale ; alors le cercle de l'assolement triennal ne peut s'étendre jusqu'à 31,5 milles de la Ville ; il cesse à une distance un peu moins grande. Comme nous ne connaissons pas la grandeur de la rente foncière que donne le sol par la fabrication de l'alcool et par l'industrie du bétail, nous ne sommes pas encore à même d'exprimer cette distance en chiffres.

§ XXX. — Bêtes à laine.

Depuis l'introduction du mérinos en Allemagne, le profit d'une bergerie dépend presque complétement de la bonté du troupeau ; il depend si peu de la localité et du sol, qu'il est absolument impossible d'exprimer d'une manière générale quelle est la rente foncière d'un sol utilisé par les bêtes à laine.

Lorsque les troupeaux fins seront assez multipliés, que la connaissance de la haute éducation des bêtes à laine sera assez répandue pour que chacun puisse devenir propriétaire d'un troupeau en payant le prix que la création des races a coûté, et pour qu'il sache en même temps comment il faut les traiter, alors le rendement net des bergeries pourra servir d'échelle pour estimer la rente foncière d'un sol utilisé par l'éducation des bêtes à laine. Mais cet avenir est encore loin de nous, et tant que nous ne l'aurons pas atteint, nous ne pourrons pas considérer comme rente foncière le profit plus élevé de l'éducation des bêtes à laine fine relativement à l'éducation des bêtes à cornes ; ce profit ne représentera pour nous que l'intérêt du capital en troupeaux fins, et la récompense due à l'industrie de l'éleveur.

Divers phénomènes ont accompagné l'introduction des bêtes à laine fine en Allemagne et l'expulsion graduelle des bêtes à laine grossière.

Il y a 30 ans, les animaux à laine grossière rendaient si peu, que le sol sur lequel ils vivaient ne donnait aucune rente foncière. Les troupeaux les plus fins donnent, au contraire, un rendement net si élevé, que souvent la culture des grains rend moins que l'éducation des bêtes à laine qui, pour le moment (1), est le pivot sur lequel tournent toutes les dispositions culturales. Avant de porter un jugement motivé sur la bonté d'une exploitation, on examine aujourd'hui d'abord la bergerie ; car la bonté du troupeau décide des frais que l'on veut faire pour produire des fourrages. Si le troupeau est de première qualité, alors l'alimentation, même avec des grains, est richement payée ; l'alimentation avec des pommes de terre et du trèfle vaut mieux encore, et un domaine qui, sous l'influence d'une culture rationnellement avancée, et par suite de la richesse de son sol et de sa situation, serait voué à l'assolement pastoral, peut maintenant s'adonner à l'assolement alterne.

Les gros bénéfices de l'éducation des bêtes à laine fine dans l'est de l'Allemagne ont excité, chez tous les cultivateurs, le désir de se procurer des troupeaux fins. Comme, d'un côté, ces animaux multiplient assez rapidement, qu'en outre, on a importé de France et d'Espagne des troupeaux considérables de mérinos, ce qui a augmenté le nombre des bêtes pures, que, d'un autre côté, la plupart des bergeries indigènes ont été

(1) Nous rappellerons au lecteur que ce chapitre a été écrit en 1826, époque à laquelle les laines, et surtout les laines fines, étaient en grande faveur.

améliorées par des croisements avec des béliers mérinos, il s'est manisfesté depuis 30 ans, dans l'est de l'Allemagne, un accroissement extraordinaire dans la production de la laine fine.

On a cru, dans le principe, que cet accroissement excessif de laine fine en ferait bientôt baisser le prix, et que la surabondance sur le marché aurait pour résultat de faire diminuer ce prix au-dessous de ce qu'il doit être pour couvrir les frais de production.

Mais cette crainte s'est si peu confirmée jusqu'à présent, qu'en présence d'une baisse de prix de toutes les denrées agricoles, la valeur seule des laines fines s'est maintenue à sa première hauteur, et a même monté relativement, c'est-à-dire par rapport au grain. A mesure que la production augmentait, la demande augmentait dans les mêmes proportions, et encore maintenant le prix de la laine fine surpasse de beaucoup le prix pour lequel elle peut être amenée au marché, autrement dire, son prix naturel.

Comment se fait-il que le prix d'une denrée ou d'un produit se maintienne si longtemps au-dessus du prix naturel et comment la quantité si extraordinairement accrue de cette denrée peut-elle toujours trouver des acheteurs ?

Je m'explique cela principalement par deux raisons :

1° Par les découvertes et les perfectionnements des fabriques de drap ;

2° Par la création d'une nouvelle race de bêtes à laine en Saxe qui dépassent de beaucoup les races espagnoles en finesse de laine.

Dans le prix des draps et des autres étoffes de laine, les frais de fabrication forment la plus grosse part ; les frais d'acquisition de la matière première ou laine, la plus petite. Si donc, par des perfectionnements remarquables et exécutés sur une grande échelle, les frais de fabrication du drap et autres étoffes de laine devaient considérablement diminuer, il en ressortirait un triple résultat :

1° Le prix des étoffes de laine diminuerait ;

2° L'usage de ces étoffes augmenterait ;

3° La matière première, la laine, serait demandée en plus grande quantité, et le prix s'élèverait.

L'acheteur, qui a le choix entre deux marchandises dont l'une peut remplacer l'autre, préférera celle qui coûtera le moins et lui fera le même usage. Si le prix du drap baisse, pendant que le prix des autres objets de vêtements reste le même, l'usage du drap s'accroît, celui des autres étoffes se restreint. Pour répondre aux demandes plus nombreuses de drap, il faut une plus grande quantité de laine qu'auparavant, et l'on ne décidera le producteur de cette matière première à en livrer plus qu'en la payant plus cher. Par la même occasion le fabricant de drap fera plus de bénéfices et tâchera d'agrandir sa fabrique. Ainsi, les profits d'une découverte nouvelle se partagent entre l'acheteur, le fabricant et le producteur de la matière première. Mais les fabriques peuvent être multipliées et agrandies en si peu de temps, qu'elles ne tardent pas à produire ce qu'il faut ; alors les bénéfices de ces entreprises s'arrêtent. Quant à l'augmentation de la matière première sous le rapport de la production, elle met plus de temps à arriver au niveau, et le bénéfice du producteur se maintient mieux ; mais enfin arrive le moment où l'offre équilibre la demande sous ce rapport ; dans ce cas, tout l'avantage de la découverte ne profite plus qu'à l'acheteur ou à celui qui fait usage de la marchandise.

En Saxe, on a créé une race de bêtes à laine de la plus haute finesse, en faisant une selection intelligente et soigneuse des animaux reproducteurs, peut-être aussi parce que les circonstances de climat et de localité y ont contribué : on ne trouve en Espagne que quelques individus de cette finesse, mais ils ne constituent pas des races entières.

La laine extrêmement fine, douce et flexible des animaux de Saxe appelés bêtes à laine électorale, est particulièrement propre à la confection d'étoffes fines pour l'usage des femmes, destination à laquelle ne convient nullement la laine moins fine, forte, mais rude de la race espagnole connue sous le nom de race *infantado*. Ces tissus délicats, qui auparavant n'étaient pas en laine, remplacent et se préfèrent en partie aux tissus en soie ou en coton ; c'est ainsi que la laine électorale s'est créée un marché spécial, qui peut être deviendra beaucoup plus important par la suite.

Puisque la laine électorale est employée pour des marchandises qui n'existaient pas du tout auparavant, sa production ne nuit aucunement à la consommation des autres espèces de laine ; c'est un produit nouveau qui développe un besoin nouveau et qui y répond. La production générale de la laine peut donc augmenter considérablement, sans que pour cela il y ait surabondance immédiate.

Il y a peu d'années que la brebis infantado à toison épaisse était encore le but vers lequel tendait une grande partie de l'est de l'Allemagne, et un animal de cette race qui, outre la finesse de la laine et l'épaisseur de la toison, possédait d'autres qualités désirables, était regardé comme le modèle, l'ideal d'une brebis ; aussi les agriculteurs du nord de l'Allemagne ont-ils consacré de fortes sommes pour se rendre possesseurs de troupeaux pareils.

Plusieurs maintenant regrettent leur erreur (1), puisque c'est la brebis électorale à laine superfine que l'on prend pour idéal, que l'on considère comme celle qui fait retirer le plus haut profit du fond et du sol.

Mais était-ce bien une erreur? y a-t-il quelque chose d'absolument parfait ? existe-t-il une laine qui sera recherchée dans tous les temps, de laquelle on puisse dire que les animaux qui la porteront seront toujours les plus profitables; ou bien un pareil idéal est-il soumis à changer à mesure que progressera l'éducation des bêtes à laine?

Le mouton infantado à riche toison porte autant de laine que le mouton commun à laine grossière. Par conséquent la transition du dernier au premier, ou l'amélioration du mouton commun jusqu'au dégré de finesse du mouton infantado, n'est donc pas suivie d'une diminution dans la tonte, et se paye elle même par la plus haute valeur que la laine a acquise.

On sait toutefois que le plus haut dégré de finesse de la laine ne comporte pas la plus grande richesse de toison, qu'à

(1) Je prie le lecteur de se rappeler que ceci est écrit en 1825. Depuis cette époque, la balance a penché beaucoup en faveur des bêtes à laine de moyenne finesse.

partir d'un certain point, on ne peut atteindre à un dégré supérieur de finesse qu'aux dépens du rendement en laine.

Si le prix de la laine fine, telle que la porte le mouton infantado, était, il y a plusieurs années, de 1 thlr. par livre, et si ce mouton donnait 3 livres à la tonte, chaque animal rendait 3 thlr. par sa laine ; si d'un autre côté le mouton électoral ne donnait que 1 3/4 livres de laine à 1 1/2 thlr., la valeur de sa toison n'était que de 2 5/8 thlr., conséquemment 3/8 thlr. de moins que ne valait la toison de l'infantado ; et l'on avait raison par conséquent de préférer l'infantado à l'électoral.

Mais comme 1° il était plus avantageux de produire de la laine fine que de la superfine, que 2° par un premier dégré d'amélioration des moutons communs, la laine fine était devenue très-abondante, tandis que la laine superfine continuait à être rare ; par ces deux raisons, les marchés se sont trouvés débordés par la première dont le prix a baissé par conséquent, tandis que le prix de la seconde s'est maintenu. Que, par exemple, la livre de laine fine ne vale plus que 36 schill. la livre, alors la toison de l'infantado ne se paye plus que 2 1/4 thlr., tandis que celle de l'électoral se paye encore 2 5/8 thlr. C'est donc avec justice que l'on préfère à présent l'électoral à l'infantado, mais les efforts qui se font partout pour produire de la laine électorale en créeront une si grande quantité en quelques années, que les marchés finiront par en être richement approvisionnés, et que les prix baisseront. Alors il faudra se rattacher à une autre source de bénéfice.

Par cela même que les prix de la laine superfine baisseront, ceux des étoffes qu'on fabrique avec elle baisseront proportionellement, et cesseront d'être un objet de luxe. Or, les riches ont la fantaisie de ne se servir pour leurs vêtements que de tissus qui sont assez chers pour que ceux qui sont moins aisés ne puissent se les procurer ; de sorte que les tissus de laine fine pourraient bien, à cause de leur bas prix, devenir hors de mode, et se trouver de nouveau dépassés par les tissus de soie et de coton.

Heureusement pour les producteurs, la laine est encore

susceptible d'un dégré plus élevé de finesse; ainsi on trouve dans les bergeries de bêtes à laine superfine quelques animaux d'une finesse tout à fait exceptionelle : jusqu'ici on n'a pas encore cherché à en faire la souche d'une race plus avancée, parce qu'ils donnent trop peu de laine.

Cependant il est probable qu'un jour la laine superfine sera suffisante à la consommation, et qu'alors le prix de cette laine extra-fine montera tellement, qu'il deviendra profitable de chercher des individus, que l'on n'a pas recherchés jusqu'à présent, pour les rassembler et en former une sous-race. Les animaux qui donnent cette laine extra-fine ne rendent guère à la tonte que 1 à 1 1/2 livre. Leurs frais de production seront très-élevés; et comme la fabrication des étoffes avec une laine aussi fine sera également très-coûteuse, les tissus auront un tel prix, qu'ils resteront un objet de luxe.

Peut-être à l'avenir fera-t-on avec la laine des produits d'une valeur aussi inégale qu'avec le lin aujourd'hui ; on sait que cette matière première sert à la confection des toiles grossières et des dentelles les plus recherchées de Bruxelles.

Lorsqu'enfin on produira suffisamment de laine extra-fine, lorsque l'offre sera égale à la demande, et qu'arrivera l'état fixe où il n'y a pas avantage à réduire ou à développer la production, d'après quelles lois se réglera le prix de la laine, et le prix des différentes qualités de laine?

A cette question, nous devons encore rattacher celle-ci : dans quelle partie de l'Etat isolé aura lieu la production de laine?

Quand l'état fixe ou stationnaire pour la laine est arrivé, c'est le moment de se servir des lois que nous avons démontrées au sujet de la détermination du prix des autres produits.

En développant les formules présentées au § XIX, nous avons trouvé :

1° Que de deux produits qui, par rapport au poids, donnent un rendement égal sur une surface donnée, celui qui exige le plus de frais de production doit être créé à une plus grande distance de la Ville;

2° Qu'à frais égaux de production, la création du produit qui, par rapport au poids, rend moins sur une même surface donnée, doit avoir lieu plus loin de la Ville que l'autre produit qui rend plus.

Les frais de production du beurre, à poids égal, sont moindres que ceux de la laine, et sur une même surface on peut produire infiniment plus de beurre que de laine; donc, dans l'Etat isolé, l'industrie du beurre devra être plus rapprochée de la Ville que l'industrie de la laine.

Ensuite, les bêtes à laine fine portent une toison moins lourde que les bêtes à laine grossière, mais elles demandent une meilleure nourriture et des soins plus minutieux. Comme une surface donnée consacrée à l'éducation des bêtes à laine donne moins de laine fine que de grossière, qu'en outre une quantité de laine fine a plus de frais de productions qu'une même quantité de laine grossière, il s'ensuit, *à moins d'autres circonstances*, que les animaux fins doivent être élevés plus loin de la Ville que les animaux grossiers.

Enfin, les contrées éloignées donnent moins de rente foncière que les contrées rapprochées de la Ville; par conséquent, les bergeries à bêtes moins fines donneraient une rente foncière plus forte, seraient conséquemment plus profitables que les bergeries à bêtes de finesse supérieure, quoique cependant le prix de la laine fine restât plus élevé, à cause des frais plus considérables de production que celui de la laine grossière.

Je dois rappeler ici, que ce principe repose sur l'hypothèse :

1° Que tous les éleveurs de bêtes à laine ont même savoir et même intelligence;

2° Que les animaux fins sont assez nombreux pour qu'on puisse les acheter, comme les animaux grossiers, en payant le prix simple de l'élevage.

Partout où cette hypothèse ne serait pas admise, ce principe resterait inapplicable.

Bien que dans cette situation hypothétique nous soyons fort éloignés de la réalité, on ne peut nier que les résultats de la culture progressive nous en rapproche de plus en plus, et que l'on puisse constater, dans les efforts généraux vers une culture plus élevée, une tendance qui, avec le temps, finira par nous amener cette situation.

Dans la réalité, nous en sommes encore à la période de transition, en fait d'éducation de bêtes à laine ; dans l'Etat isolé, nous regardons, au contraire, cette transition comme accomplie, et nous n'examinons que le résultat final, indépendamment de la succession des temps. Plus haut j'ai dit : *à moins d'autres circonstances* ; car il pourrait se faire, par exemple, que le mouton fin dégénérât dans les pâturages incultes, dans les steppes du cercle de l'industrie du bétail, et qu'il reproduisît de la laine grossière. Dans ce cas, il faudrait que la production des laines fines eût lieu dans la partie extrême du cercle de l'assolement pastoral, et l'on retrancherait à la production du beurre autant de terres qu'il en serait nécessaire pour suffire à la consommation des laines fines. Alors les bergeries de race élevée donneraient plus de rente foncière, seraient conséquemment plus profitables que les bergeries de race grossière ; mais, dans la partie du cercle de l'assolement pastoral rapprochée de la Ville, les fruitières seront toujours plus avantageuses que la bergerie la plus fine.

Il est également très-important de savoir, si la quantité et la qualité du fourrage et du pâturage, donnés aux moutons, réagissent sur la bonté et la finesse de la laine, surtout quand nous avons en vue le résultat final qui doit couronner nos efforts dans l'éducation des bêtes à laine. S'il arrivait, par exemple, que la production de la laine de haute qualité dépendît de quelques localités ou même de quelques domaines, alors ces localités ou ces domaines, comme certains vignobles qui produisent des vins remarquables, donneraient constamment une rente foncière élevée, parce que la production de l'espèce de laine en question ne pourrait pas être augmentée à volonté.

Quoique les résultats de nos recherches aient démontré que le jour où la rareté des troupeaux aura cessé, où la production de la laine équilibrera la consommation, serait aussi le jour à partir duquel les bergeries à race élevée rendraient moins que les fruitières, et peut-être moins que les bergeries à moutons communs, il ne faut pas, par plusieurs raisons, abandonner le perfectionnement et l'amélioration de nos troupeaux.

a. Lors même que les profits élevés d'une bergerie à race pure n'ont lieu que pendant l'époque de transition, et qu'ils s'évanouissent aussitôt que l'état stationnaire est arrivé, il n'en est pas moins vrai, comme le prouve l'expérience, que cette époque de transition est fort longue. La Saxe recueille depuis soixante ans, le reste de l'est de l'Allemagne depuis trente ans, les fruits de cette transition, et il peut s'écouler encore trente ans avant que ce mouvement s'arrête (1).

Car, d'un côté, la baisse du prix des laines vulgarisera l'usage des tissus de laine, la demande en laine fine augmentera, et ne sera pas de sitôt contentée par l'accroissement de la production ; d'un autre côté, les fautes nombreuses commises jusqu'ici dans le croissement des troupeaux, fautes qui se répéteront plusieurs fois sans doute dans l'avenir, causeront un véritable empêchement à la multiplication des animaux surfins.

b. L'est de l'Allemagne peut difficilement, à elle seule, produire assez de laine fine pour que les prix tombent au niveau du prix naturel. Cela n'aura guère lieu que lorsque la Pologne, la Russie, la Hongrie, l'Australie, etc., feront en grand et avec succès de l'élève de bêtes à laine fine. Ces pays sont au marché européen, sous ce rapport, ce qu'est le cercle de l'industrie du bétail à la Ville centrale de l'Etat isolé... Cependant si la présomption que le mouton fin dégénère dans les steppes et sur les pâturages perpétuels de l'assolement

---

(1) Cette conjecture, exprimée en 1825, ne s'est pas confirmée. Car si les prix moyens de la laine fine, et surtout de la laine moyenne, se sont depuis maintenus au-dessus du prix de production, il faut reconnaître que, dans ces dernières années, le prix de la laine fine a tellement baissé, qu'en supposant que cette situation dure, il deviendra plus avantageux sur les bons terrains, — pour le Mecklembourg du moins, — de substituer les fruitières aux bergeries fines, ce qui, du reste, commence à avoir lieu au moment où nous écrivons (1842).

triennal était fondée, alors l'est de l'Allemagne resterait encore longtemps dans la possession privilégiée des races fines ; car la transplantation de ces races dépendrait du dégré de perfection de la culture du sol, de la substitution de l'assolement pastoral à l'assolement triennal, et ne pourrait avancer qu'à pas lents. On peut admettre que, dans une longue période, tous ces pays seront mieux cultivés, et qu'alors on y pourra introduire l'élève des bêtes de laine fine avec d'autant plus de profit que la rente foncière y est moins élevée que dans l'est de l'Allemagne.

Mais avant que par une transition progressive vers cette situation la laine fine soit tombée à son prix naturel, l'élève des animaux de race pure sera devenue depuis longtemps désavantageuse dans les pays riches et mieux cultivés de l'ouest de l'Europe, comme en France par exemple. La multiplication des moutons fins dans les États de l'est est donc en corrélation avec leur diminution dans les Etats de l'ouest, ce qui prolonge nécessairement de beaucoup la période de transition.

c. Admettons au pire, que toutes ces considérations soient nulles, qu'aujourd'hui la laine soit enfin parvenue au prix que, sous l'influence de la liberté commerciale en Europe, on pourrait appeler le prix naturel ; nous n'en serions pas moins chargés de la production des laines fines par les systèmes de protection et de prohibition actuellement en vigueur.

Le marché universel de Londres est fermé pour toutes nos denrées agricoles, il n'est ouvert que pour nos laines. Par cette prohibition, tous les liens qui unissaient les nations sont rompus, aucune des lois par lesquelles, sous la liberté commerciale, le prix des grains est déterminé, ne peut être efficace ; chaque Etat veut être pour lui un Etat isolé.

Sous l'influence de ce système de prohibitions, le prix des grains dans les Etats de l'ouest est très-haut, tandis qu'il est très-bas dans les Etats de l'est où l'on faisait autrefois de l'exportation. Le marché universel de Londres, qui jadis réglait le prix de nos denrées agricoles, ne règle plus maintenant le prix de nos grains, mais règle encore celui de nos laines.

Le froment vaut à présent à Londres 3 fois plus qu'il ne vaut dans les ports de la mer Baltique ; le prix de la laine à Londres n'y vaut en plus que chez nous que les frais de transport, et tandis que dans nos pays les grains, la viande et le beurre, etc., sont à rien, le prix de la laine seul est réglé comme il doit l'être par la liberté des transactions commerciales.

Voilà pourquoi l'éducation des bêtes à laine est chez nous beaucoup plus lucrative que l'élève des chevaux et des bêtes à corne. Nous sommes donc invités, pour ainsi dire forcés, de concentrer toute notre énergie et toute notre attention sur l'éducation des bêtes à laine.

Cependant, même avec la liberté commerciale complète, le froment ne vaudrait guère dans les ports de la Baltique que les 2/3, les 3/4 au plus, de ce qu'il vaut par le marché de Londres, à cause des frais considérables de transport. Par conséquent, en ne pas tenant compte des règlements protec-teurs, la culture céréale serait toujours plus avantageuse pour le cultivateur anglais que pour nous ; elle doit donner en Angleterre une haute rente foncière. Mais cette supériorité de l'agriculture anglaise devient insignifiante, dès qu'il s'agit de la production des laines ; car le rendement brut d'une bergerie,— en tant qu'il provient de la laine,— ne diffère en Angleterre du nôtre que des moindres frais de transport que les cultivateurs ont à y supporter.

Nous pouvons donc retirer d'une surface en pâturage, ou d'une quantité de fourrage consommé par une bergerie, un profit aussi grand que les Anglais. Quant au rendement net, il est chez nous beaucoup plus élevé par la même raison que, dans l'Etat isolé, la rente foncière de l'industrie du bétail est positive à une grande distance de la Ville, tandis qu'elle est négative dans son voisinage, et les Anglais avec la liberté commerciale ne pourront jamais soutenir notre concurrence. Plus la différence dans les prix du grain sera grande, plus grande sera la perte en Angleterre de l'éducation des bêtes à laine au point de vue de la production des laines, plus grand sera le bénéfice que cette production donne ici ; c'est ainsi que le système des prohibitions et la hausse artificielle qui en resulte, auront pour conséquence l'annihilation des bêtes à laine en Angleterre et leur développement chez nous.

d. Dans de semblables circontances, la haute éducation des bêtes à laine devient d'autant plus intéressante que les règles d'après lesquelles on doit procéder ne sont pas encore aussi connues que dans les autres branches d'agriculture, et sont même en parties inexplorées. De même que le rendement d'une bergerie dépend de la bonté du troupeau, de même la conservation et le perfectionnement de ce troupeau dépend des capacités personnelles du cultivateur, de son attention, de son observation et de ses vues plus ou moins justes. Il est fort douteux que ces qualités deviennent jamais une propriété publique, et que l'on puisse jamais parvenir à connaître mécaniquement les lois de l'éducation ou à imiter un modèle. Tant que ce point n'aura pas été atteint, le rendement des bergeries les plus brillantes ne constitueront jamais en entier la rente foncière ; une partie restera toujours comme le salaire ou la récompense de vues les plus judicieuses et les plus approfondies.

§ XXXI. — Culture des plantes commerciales (1).

Nous avons admis, dans la première partie de cet ouvrage, que la terre arable de chaque domaine était divisée en deux portions : la première, qui est la plus grande, se maintient en force égale ou fixe, en elle ou par elle-même ; la seconde re-

---

(1) Je me souviens avoir entendu dire, à propos des plantes commerciales, que l'un de nos professeurs d'agriculture n'était pas d'avis en principe que l'on en conseillât la culture. Faire cultiver ces plantes qui sont épuisantes, c'est, selon lui, pousser à l'appauvrissement du sol déjà si misérable sur une grande partie du territoire. Si ce mot est vrai, c'est la condamnation du bon sens public et celle de tous les traités d'agriculture connus en France ; car cela ferait supposer que ces traités préconisent ces cultures de parti pris, au lieu d'indiquer quand et comment il est permis de s'en occuper. Si, au contraire, ces ouvrages remplissent cette dernière condition, c'est vouloir exercer sur la marche agricole une compression morale funeste. Il faut que chaque cultivateur connaisse les particularités de toutes les plantes cultivables, et qu'il choisisse ce qui doit lui donner le plus grand bénéfice. On n'a pas plus droit de lui dire : faites du fourrage, que de lui conseiller de produire des

çoit des engrais par l'intermédiaire des prairies, et suit dans son système de culture d'autres règles que la première.

Dans le commencement de l'ouvrage où nous avions à nous occuper de la formation figurée de l'Etat isolé, et à examiner les différents systèmes de culture dans leur forme pure et simple, nous ne devions considérer que la première portion, sans même mentionner la culture des plantes commerciales.

Maintenant nos premières hypothèses ne nous empêchent nullement de supposer que la culture des plantes commerciales ait lieu dans la seconde portion ; nous allons donc chercher dans quelles contrées de l'Etat isolé on devra produire les plantes commerciales dont la Ville a besoin.

Au § XIX, nous avons inscrit ce principe : *qu'à égalité de frais de production, il faut cultiver loin de la Ville la plante à laquelle incombe une plus forte rente foncière.* De l'application de ce principe à une plante donnée résulte une question, savoir : comment on détermine la rente foncière imputable à une plante donnée.

En assolement pastoral de 7 ans, il faut annexer une sole de pâturage, à chaque sole de céréales, pour réparer l'épuisement causé par la culture des céréales. Si nous supposons préalablement, afin de simplifier la question, que l'on désigne ici une contrée où l'industrie du bétail, conséquemment la sole de pâturage, ne donne ni rente foncière, ni perte, alors la sole des céréales est obligée de supporter la rente foncière de deux soles, ou, ce qui revient au même, il échoit à la sole de céréale une rente foncière double de celle qu'elle aurait supportée proportionnellement à la surface.

---

plantes commerciales. Si ses fourrages, convertis en lait, viande ou laine, lui rapportent de la perte, si sa position particulière et surtout si des contrats à courte échéance auxquels il est obligé de se soumettre, ne l'engagent pas à fertiliser la terre qui lui sera enlevée le lendemain, il est juste qu'il retire le plus possible sans ménagement. Que l'on se fie à l'intérêt de chacun ; c'est un sentiment qui développe singulièrement les capacités, surtout quand il est accompagné du besoin, et que l'on cherche à faire voir comment les intérêts divers doivent s'harmoniser. Pour le moment, c'est au propriétaire qui cultive par fermiers ou métayers à entrer dans une voie rationnelle. Sous ce rapport, son éducation est à faire, et elle a besoin d'être faite avant celle du cultivateur proprement dit. (L)

Comparons actuellement aux céréales une plante qui épuise encore plus le sol, qui exige, par exemple, deux soles de pâturage par sole, pour réparer l'épuisement qu'elle effectue, alors une sole de cette plante sera chargée d'une rente foncière triple proportionnellement à sa surface. Ainsi, à rendement égal sous le rapport du poids, cette plante qui épuise considérablement devra donner la plus haute rente foncière ; et par suite de la loi citée plus haut, elle devra être cultivée aussi loin que possible de la Ville.

Mais si cela a déjà lieu quand la rente foncière des soles de pâturage $= 0$, cela sera d'autant plus vrai quand les soles de pâturage, dans le voisinage de la Ville, donnent une rente foncière négative, et une rente foncière positive à une plus grande distance ; car la plante fortement épuisante cultivée dans le voisinage de la Ville ne porte plus seulement une rente foncière triple de celle que donne le sol sur lequel elle croît, mais elle supporte encore la perte des deux soles de pâturage qui lui sont annexées ; tandis que, cultivée à une plus grande distance, il ne lui échoit que la rente foncière triple allégée par le rendement des deux soles de pâturage.

Comme corollaires des lois du § XIX, et par suite des considérations ci-dessus, nous trouvons, pour déterminer les points successifs de distance où il faut cultiver les différentes plantes commerciales, les principes suivants :

1° A égalité de frais de production et de rendement d'après le poids, il faut cultiver le plus loin de la Ville la plante qui épuisera le sol le plus fortement ;

2° A égalité de rendement et d'épuisement, il faut produire dans la contrée la plus éloignée les plantes qui exigent le plus de frais de production ;

3° A égalité d'épuisement et de frais de production, la plante qui donne le moindre rendement en poids pour une surface donnée doit être cultivée aussi loin de la Ville que possible.

Appliquons ces principes à quelques plantes commerciales. Malheureusement les agronomes s'accordent si peu sur le degré de forces épuisantes des plantes commerciales, qu'il semble que l'expérience que l'on aurait pu recueillir depuis les milliers d'années que l'on cultive est complétement perdue. C'est pourquoi je conseille de ne considérer les chiffres avec lesquelles j'indiquerai les degrés d'épuisement occasionnés par les plantes commerciales, que comme des chiffres qui serviront à éclaircir des formules algébriques ; je dois cependant ajouter qu'à ma connaissance, je ne saurais les remplacer par des chiffres plus exacts.

1. *Colza.*

Primitivement on regardait dans le Mecklembourg le colza comme très-épuisant, et dans la première édition de cet ouvrage j'avais adopté cette opinion en m'appuyant sur l'autorité de Thaer et de Voght. Ce qui, du reste, m'avait encore poussé à admettre à cette époque que le colza est très-épuisant, c'est que j'avais basé mes démonstrations, sans expériences suffisantes, sur des données tirées d'un domaine de mon voisinage, où la culture du colza s'exécutait très-lucrativement en petit et en terrain très-fertile.

Depuis, la culture du colza a envahi tous les domaines à meilleur terrain du Mecklembourg ; il occupe même dans certains domaines une sole entière. Je puis par conséquent me servir aujourd'hui, non seulement de ma propre experience qui est plus grande, mais encore des observations faites sur un nombre considérable de domaines.

En Mecklembourg, la culture du colza est une source d'aisance pour beaucoup de cultivateurs; elle est devenue, associée au marnage, un levier qui a fait hausser le prix du fermage et de l'acquisition des propriétés foncières. Comme cette culture peut avoir les mêmes effets dans les pays où elle est encore inconnue, je crois devoir m'étendre à son sujet.

Épuisement du Colza.

Je connais dans le Mecklembourg une exploitation (celle de Bülow), dans laquelle le colza se cultive sur des soles entières depuis 30 ans, avec un assolement qui n'épargne pas le terrain, et cette exploitation, au lieu d'avoir reculé, a progressé. Ce fait, pourtant, n'est pas décisif en faveur de la faculté restreinte d'épuisement du colza ; car ce domaine récolte beaucoup de foins, et il possède d'excellents limons que l'on répand sur les terres arables en grandes quantités.

Feu le conseiller des domaines Pogge de Roggow, qui, pour pouvoir communiquer avec un champ semé en colza, faisait ensemencer avec cette crucifère une bande divisant par le milieu un champ de seigle bien fumé qu'il devait traverser à l'époque de la récolte du colza, a trouvé que l'avoine venue en troisième récolte après fumure sur cette bande était meilleure que celle venue dans la terre qui avait porté du seigle en première récolte. Son fils, J. Pogge, dans les expériences duquel j'ai entière confiance, a fait aussi des essais sur l'épuisement du colza.

Il a constaté que de l'avoine venue sur froment après colza rendait plus que de l'avoine venue avec le même traitement cultural sur froment après orge.

Sans compter ces observations, on s'est généralement aperçu, lors de l'introduction de la culture en question, que le froment sur colza était presque aussi beau que sur jachère pure, et que l'épuisement occasionné par cette plante semblait en grande partie réparé par les racines et les chaumes restant sur place et par les feuilles qui tombent en automne. En outre, j'ai remarqué avec nombre d'autres cultivateurs, que lorsque le colza revient sur la même place, le froment qui lui succède était moins luxuriant que sur jachère pure, et qu'alors la différence entre les deux céréales était d'autant plus considérable, par rapport à la différence des deux mêmes céréales pendant la première rotation, que dans le premier cas le blé se soutenait, tandis qu'il versait dans le second. Il semblerait, d'après cela, que le colza s'approprie de préférence comme nourriture une substance particulière, peut-être de la potasse, quand cette substance est présente en assez grande quantité dans le sol ; qu'ensuite, lorsque la provision accumulée de cette substance est absorbée, il s'assimile les autres parties constitutives de fumier.

De la somme des expériences et des observations qui me sont actuellement connues, je crois pouvoir conclure avec probabilité que l'épuisement du colza, qui ne revient que tous les douze ou quatorze ans sur la même place, est à l'épuisement du seigle comme 2 est à 3, que par conséquent une sole de colza consomme les 2/3 (1) de la quantité d'engrais que consomme une sole de seigle sur terrain de même richesse.

Rendement du Colza.

Pendant la période de 1830 à 1840, où l'on a cultivé le colza sur le domaine de Tellow, non pas sur une grande échelle, mais néanmoins en proportions plus fortes qu'auparavant, le rendement moyen, sur 100 verges carrées, s'est élevé à 7,10 schf. de Berlin.

J'estime la puissance productive du sol sur lequel le colza était cultivé à 12 schf. de seigle par 100 verges carrées (quoique en réalité ce terrain ne puisse produire cette quantité de grains ; car le seigle verserait).

Les renseignement fournis par d'autres exploitations sur le rendement moyen du colza en terre analogue s'accordent à peu près avec le rendement de Tellow. Nous admettons, en thèse générale, que le rendement moyen du colza, en mesure de capacité, est à celui du seigle comme 6 : 10, ce qui donne pour un terrain à production de 12 schf. seigle $12 \times 6/10 = 7,2$ schf. de colza pour 100 verges carrées.

Pendant les premières années, le rendement du colza par 100 verges carrées était plus fort que maintenant, et s'élevait, à

---

(1) Au point de vue de la faculté qu'ont les plantes d'absorber plus ou moins de substances dans l'atmosphère ou dans le sol, Hlübeck range le colza et toutes les oléagineuses parmi celles qui épuisent fortement, c'est-à-dire parmi celles dont l'épuisement, par rapport à la quantité de carbone comparativement nécessaire, ne peut être balancé que par les 2/3 de leur rendement.

Au point de vue de l'état dans lequel elles laissent le sol après la récolte, les oléagineuses cultivées en ligne sont considérées comme améliorantes, parce qu'elles détruisent les mauvaises herbes, qu'elles ameublissent le sol, qu'elles rendent la Richesse plus assimilable, et qu'ainsi elles développent l'activité (L).

Tellow, durant la période de 1820 à 1830, à 9,72 schf. Cette diminution du rendement provient en partie de ce que, dans la culture en petit, la terre pour le colza était choisie avec plus de soins ; en partie de l'incroyable multiplication des ennemis mortels du colza, la cincydèle et le puceron : les uns s'attaquent à la fleur, les autres aux siliques de la plante. Lors de l'introduction de la culture, ces insectes étaient si peu nombreux qu'on les remarquait à peine ; mais leur nombre s'est augmenté en raison du développement de la culture, et leurs ravages ont été si grands que souvent les champs ont dû être rompus en partie.

Il y a encore diminution dans le rendement du colza quand, pendant la seconde rotation, la plante revient sur la même place qu'elle occupait pendant la première ; cette diminution se manifeste même lorsque le sol a autant de richesse et de faculté productive pour les autres plantes que pendant la première rotation. Tous les cultivateurs ne conviennent pas de ce fait ; d'ailleurs, il existe des variétés de terrain où la diminution ne s'effectue que lentement et ne s'aperçoit que plus tard ; de plus, on peut la combattre en chargeant la couche arable de certaines espèces de limon. Mais tout cela n'affaiblit pas le principe ci-dessus, appuyé sur des observations générales et sur l'expérience des Marches où la culture du colza est usitée depuis des siècles.

Si, comme nous l'avons admis, l'épuisement d'une récolte de colza s'élève aux 2/3 de ce qu'enlèverait au même sol une récolte de seigle, alors une récolte de colza de 7,2 schf. détermine un épuisement de $12^\circ \times 2/3 = 8^\circ$; et la quote-part d'épuisement qui échoit à 1 schf. de colza récolté s'élève à $1,11^\circ$.

Détermination de la rente foncière qui charge le Colza.

La récolte du seigle de 12 schf. coûte au sol 12°, la récolte de colza de 7,2 schf. lui enlève 8° de richesse.

Le seigle donne $12 \times 190 = 2280$ livres de paille, dont on tire $\frac{2280}{870} = 2,62$ voitures de fumier; cette quantité de fumier restitue au sol, ayant 3,2° de qualité, une richesse de $2,62 \times 3,2 = 8,38°$. En retranchant la valeur de cette restitution, on voit que le seigle a épuisé le sol de $12° — 8,38° = 3,63°$.

D'après une récolte moyenne de l'année 1838, j'ai estimé la quantité de paille, obtenue pour le colza, à 1200 livres par 100 verges carrées. Il en résulte $\frac{1200}{870} = 1,38$ voitures de fumier, et $1,38 \times 3,2 = 4,42°$ de richesse. En retranchant ce qui est restitué par la paille, il reste un épuisement de $8° — 4,42° = 3,58°$.

Bien que le colza épuise beaucoup moins la terre que le seigle, il exige, à cause du peu de paille qu'il produit, un supplément de fumier presque aussi fort que le seigle, et si une sole de seigle a besoin d'une sole de pâturage pour compenser l'épuisement, le colza a également besoin du secours d'une sole de pâturage pour maintenir l'équilibre dans la richesse du sol.

Par conséquent, une sole de colza est chargée d'autant de rente foncière qu'une sole de seigle.

Mais, en répartissant, comme l'exige le calcul suivant, la rente foncière sur le nombre de schf. récoltés, 7,2 schf. de colza supporteront autant de rente foncière que 12 schf. de seigle; conséquemment 1 schf. de colza supporte 1 2/3 de fois autant que 1 schf. de seigle.

Frais comparés de production pour le colza et pour le seigle.

SEIGLE.

Une sole de 1000 verges carrées et d'un produit de 1200 schf. de grains exige :

	Thlr. N.2/3.	Thlr. N. 2/3.
Frais de préparation............................	274,5	»
Semailles.....................................	145,7	»
Frais de récolte et battage.....................	....	190,3
Charrois de fumier pour réparer l'épuisement.	....	70,8
Frais généraux de culture, 26,6 pour 100 du rendement brut..............................	....	382
	420,2	643,1
	1063,3	

D'après cela, les frais de production de 1200 schef. sont de 1063,3 th., ce qui fait 0,886 thlr. N. $^2/_8$ pour 1 schef.

COLZA.

Pour une sole de 10000 verges carrées produisant 720 schef., les frais sont :

	Thlr. N. $^2/_3$.	Thlr. N. $^2/_3$.
Frais de préparation 274,5 $\times$ 1 $^1/_8$ =.........	308,8	»
Semailles..............................	15,0	»
Frais de récolte...........................	....	206,9
Charrois de fumier 70,8 $\times$ $^2/_3$................	....	47,2
Frais généraux de culture..................	....	325,3
	323,8	579,4
		903,2

Les frais de production de 720 schf. s'élèvent donc à 903,2, ce qui fait pour 1 schf. de colza 1,254 thlr. N. 2/3.

Par conséquent, entre les frais de production du seigle et ceux du colza, il y a un rapport proportionnel de 0, 886 : 1,254 = 100 : 141,4.

Éclaircissements pour le calcul précédent : Le travail de la jachère pour colza doit être plus soigné, s'exécuter en moins de temps, et ajouter quelquefois un labour de plus que pour le seigle ; en outre, les semailles de colza se rencontrent avec les travaux si pressants de la récolte des céréales. Par ces raisons diverses, j'ai estimé les frais de jachère pour colza à 1/8 de plus que pour le seigle.

Quant aux frais de récolte, ils sont tels que les indiquent mes comptes de 1838, époque à laquelle nous avons eu une récolte moyenne de colza.

Lorsque le prix moyen du colza, tel que je l'admets, est 1 2/3 fois plus élevé que celui du seigle, alors la valeur de la récolte du colza égale celle de la récolte de seigle. Les frais généraux de culture sont proportionnels au rendement brut ; en partant de ce point il faudrait compter 382 thlr. à la sole de colza comme à celle de seigle. Mais comme le colza n'a pas besoin d'emplacements couverts pour battage et autres manipulations, nous retranchons de ce chiffre ce qui est compté au seigle pour cet article, c'est-à-dire 56,7 thlr.; il ne reste plus alors que 325,3 thlr.

Frais de transport du Colza.

Le schf. du colza pèse à peu près autant que le schf. de seigle ; par conséquent, les frais de transport pourraient être égaux pour l'un et pour l'autre. Mais, comme on ne transporte pas le colza comme le seigle en hiver, que ce transport s'effectue aussitôt après la récolte de colza dans un moment où les occupations sont multipliées et où l'absence des chevaux amène le chômage forcé d'autres travaux importants, j'ai dû élever ces frais de 20 pour 100 au-dessus de ceux du seigle (1).

Quel est le rapport entre les prix auxquels le colza peut être livré à la Ville par les différentes localités de l'Etat isolé, et dans quelle localité la culture du colza donnera-t-elle le plus haut rendement net ?

Après avoir trouvé le rapport entre le colza et le seigle aux points de vue des frais de production, de la rente foncière et des frais de transport, il ne nous est pas difficile de répondre à cette question en consultant la formule du § 17, qui nous permet de déterminer les frais auxquels le seigle peut être livré à la Ville par tous les points de l'État isolé.

A x milles de la Ville, nous aurons pour un chargement de 28,6 schf. de colza

$$\text{En frais de production.} \quad \frac{5975 - 93,2\,x}{182 + x} \times 1,414 = \frac{8449 - 131,8\,x}{182 + x}$$

$$\text{En rente foncière}\ldots\ldots \quad \frac{1838 - 64,2\,x}{182 + x} \times {}^2/_3 = \ldots \frac{3063 - 107\,x}{182 + x}$$

$$\text{En frais de transport}\ldots \quad \frac{199,5\,x}{182 + x} \times 1,2 = \ldots\ldots \frac{239,4\,x}{182 + x}$$

$$\text{Somme des frais}\ldots\ldots \quad \frac{11512 + 0,6\,x}{182 + x}$$

(1) L'usage de vendre et de transporter le colza aussitôt après sa récolte ne semble pas être inhérent à sa culture ; mais comme cet usage est général, je n'ai voulu me permettre aucun écart dans un calcul qui s'appuie sur la Réalité.

Ce qui donne	Prix d'1 charge.	Prix d'1 schef.
	Thlr. or.	Thlr. or.
Pour $x =$ 0 milles	63,3	2,21
» $x =$ 10 »	60,0	2,10
» $x =$ 20 »	57,0	2,00
» $x =$ 30 »	54,1	1,90 (1)

Ainsi, le prix du schf. de seigle étant de 1,5 thlr, celui du colza de 30 milles de distance de la Ville sera de 1,9 thlr., celui des environs de la Ville de 2,21 thlr. or.

Les contrées éloignées pouvant satisfaire aux besoins en colza de la Ville, il faut que cette denrée descende nécessairement au prix de 1,9. Mais alors la culture du colza dans les environs de la Ville se fait à perte, et doit être par conséquent abandonnée.

Comme conséquence pour la Réalité, il résulte de ceci que, sous un régime de liberté commerciale, les Etats riches, à richesse égale de sol, ne peuvent soutenir la concurrence des Etats plus pauvres, en fait de culture du colza, et que cette culture appartient aux contrées à grains de bas prix et à rente foncière minime ; là elle est plus lucrative que la culture des céréales.

Par conséquent, la culture du colza ne convient ni à l'Angleterre, ni aux terres riches de la Belgique et de la Hollande (2), et cependant les terres extraordinairement fertiles des Marches flammandes sont tellement propres au colza, que les inconvénients que nous venons de signaler disparaissent en partie.

Quoique nous ayons trouvé de prime abord que la culture

(1) Si l'on n'évalue pas à plus que ceux du seigle les frais de transport du colza, le prix de livraison d'un chargement $= \dfrac{11512 - 39,3\,x}{182 + x}$

Pour $x =$ 0 cela fait	63,3 thlr.
» $x =$ 10 »	58,0 »
» $x =$ 20 »	55,1 »
» $x =$ 30 »	48,8 »

(2) Les besoins en colza n'ont pas encore été satisfaits par la production des pays à basse rente foncière ; cette circonstance a empêché les prix des oléagineuses de fléchir ; ils restent assez élevés pour être avantageux même aux pays riches à haute rente foncière, ce qui explique pourquoi dans les contrées à valeur inférieure de sol la culture du colza est si lucrative.

du colza était plus profitable que celle des céréales dans les pays où le sol et le grain ont une valeur minime, il ne faut pas oublier que cela dépend d'une condition : celle d'une ri-chesse suffisante dans le sol pour pouvoir produire un colza bien fourni. Car l'expérience enseigne que cette oléagineuse résiste beaucoup moins bien aux intempéries et même aux insectes lorsque le sol est pauvre que lorsqu'il est riche et que la plante croît vigoureusement. Le colza qui, sur terrain riche, donne les 6 10 du rendement en seigle, donne à peine la moitié du rendement en seigle sur terrain pauvre; alors le colza cesse d'être une récolte avantageuse.

Il semble qu'avec les données prises dans la Réalité, qui ont servi de base au calcul ci-dessus, il doive y avoir un moyen assuré de savoir si le colza doit être avantageux ou non *dans telle localité*, ce résultat devant ressortir de la comparaison établie entre le prix trouvé de production et le véritable prix moyen de l'oléagineuse.

Sans doute le calcul donne la solution capitale; mais pour obtenir une solution vraie dans toutes ses parties, il faut en-core tenir compte des conditions suivantes :

1. Dans notre recherche sur la culture des plantes com-merciales nous avons pris pour base un point dans l'Etat isolé, sur lequel la rente foncière produite par l'industrie du bétail est égale à zéro. C'est pourquoi nous n'avons fait entrer dans le calcul que la valeur du fumier et de la paille, non sa valeur nutritive. En Réalité, la valeur nutritive de la paille, soit du colza, soit du seigle, doit être ajoutée à la valeur des grains.

2. Quelquefois le colza souffre tant de l'hiver et des insectes qu'il faut le rompre et l'enfouir. La récolte qu'on lui sub-stitue rend rarement autant que le colza aurait rendu dans une récolte moyenne, et occasionne en outre les frais d'une seconde culture et d'une seconde semaille. On ne pouvait se préoccuper de cet accident dans l'État isolé, où, avec la sup-position d'un terrain et d'un climat partout égaux, cet accrois-sement de frais frappe toutes les terres de la même manière, et où le prix auquel on peut livrer le colza, résultant *des rap-ports* de prix entre eux, indique le lieu même qui doit retirer

le plus de profit de cette culture. Mais en supposant; comme ici, le prix du colza connu, si l'on veut apprécier l'avantage de sa culture en comparant le prix de la graine aux frais de production, alors on est nécessairement obligé de tenir compte de l'inconvénient en question.

3. Le colza est un excellent précédent pour le froment ; son adoption dans un assolement ne prend pas la place d'une récolte d'hiver, mais celle d'une récolte de printemps moins productive, ce qui ne peut qu'exercer une action favorable sur le rendement net de l'exploitation. Il n'est pas possible de connaître l'importance de cet avantage sans comparer entre eux les calculs sur le rendement net de deux assolements, l'un avec colza, l'autre sans colza.

Ces trois conditions ne sauraient entrer dans une formule générale. Chacun devra chercher à les calculer selon sa localité et autres circonstances particulières.

Le petit monde des insectes exerce une singulière influence sur la solution de la question suivante : la culture du colza est-elle ou n'est-elle pas avantageuse dans un pays?

Aujourd'hui les ravages des insectes sur le colza sont si considérables dans le Mecklembourg, qu'ils réduisent le rendement moyen actuel à 20 p. 100 du rendement moyen primitif ; si ces insectes n'existaient pas, nous pourrions compter sur un rendement moyen de 9 schf. au lieu de 7,2 schf. par 100 verges carrées.

Cette différence de 7,2 à 9 schf. exprimée en numéraire est énorme ; elle est cause que d'autres provinces où les insectes ennemis ne sont pas encore très nombreux, produisent e colza plus avantageusement que le Mecklembourg, malgré même qu'elles ne soient pas aussi bien douées sous certains rapports pour cette culture.

On dirait que la nature en multipliant beaucoup plus ces insectes que l'on ne peut étendre les champs de colza, destine cette oléagineuse à de perpétuelles migrations.

Si toutes les provinces au sud de la Baltique appartenaient

au même propriétaire, il trouverait bientôt qu'il est de son intérêt de promener la culture du colza de province en province; aussitôt que les insectes paraîtraient sur un point, la culture du colza cesserait pour aller s'établir sur un autre point éloigné; elle n'y reviendrait que lorsque les insectes seraient morts faute d'aliments; ainsi de même pour les autres.

Ce qui serait avantageux pour ce grand propriétaire, le serait à plus forte raison pour l'ensemble des propriétaires fonciers de ces provinces. Mais la division des terres et le manque d'unité dans les mesures empêchent l'exécution de ce plan; et la législation ne peut intervenir sans toucher au droit de propriété; aussi le mal subsistera-t-il toujours au grand détriment de tous.

Il ressort de tout ce qui précède un enseignement pour les propriétaires qui habitent une province où la culture du colza n'est pas répandue, et où le sol cependant lui convient.

Il vaut mieux adopter la culture du colza immédiatement sur une grande échelle, et l'abandonner ensuite entièrement pour quelque temps, lorsque cette culture aura passé une fois sur toutes les terres qui y sont propres.

Pour avoir un bon colza, on devra partout faire précéder la culture d'un marnage, excepté dans les bas-fonds.

En supposant que les bénéfices promis par la culture du colza excitent à l'opération du marnage, on verra la marche de cette oléagineuse dans les pays de l'Est de l'Europe être suivie d'une plus grande aisance et d'une culture plus élevée; et ces deux sources de richesse ne seront pas passagères, elles seront durables.

Quoique, dans la culture en grand du colza, c'est-à-dire sur une grande partie de la surface du sol, les frais de production soient plus considérables que dans la culture en petit, à cause de la nécessité d'appeler des bras étrangers, ou à cause de la négligence d'autres travaux pressants à l'époque de la récolte du colza, quoique le rendement diminue, parce que sur grande échelle il n'est guère possible d'avoir des terrains aussi bien choisis, cependant, il y a tant d'avantage à le cultiver sur un champ qui n'a jamais porté de colza, et qui n'est pas exposé aux ravages des insectes, que tous les inconvénients sont plus que balancés.

Quelques agriculteurs du Mecklembourg se sont conduits d'après ce principe; ils ont semé des soles entières en colza, en ont retiré des récoltes énormes, et ont gagné beaucoup d'argent.

Mais, si les circonstances favorables qui seules justifient et rendent avantageuse la culture du colza en *grand* viennent à disparaître, si cette culture alors n'est pas restreinte et qu'on lui conserve les mêmes développements, alors les sommes gagnées par les premières opérations s'engrouffrent successivement et s'annihilent.

1. *Tabac.*

Le tabac épuise à peu près autant que le seigle lorsqu'on laisse au sol d'un côté les souches du tabac, de l'autre la paille du seigle. Sous le rapport du rendement en poids, il n'y a pas non plus grande différence entre les deux plantes. Mais les frais de production du tabac sont incomparablement plus élevés ; c'est pourquoi sa production doit avoir lieu plus loin que celle du grain, c'est-à-dire dans le cercle de l'industrie du bétail.

2. *Chicorée.*

Les frais de production et l'épuisement de la chicorée me sont inconnus ; mais le rendement en poids de ses racines est si considérable que chaque charge n'a qu'une minime rente foncière et, probablement aussi, qu'une petite quote-part de frais de production à supporter. Par conséquent, la production de cette plante a lieu dans le voisinage de la Ville.

3. *Trèfle pour semences.*

Les frais de production du trèfle pour semences sont très-forts à cause des difficultés du battage et surtout de l'égrenage. Quant à l'épuisement que cette plante occasionne, il ne me semble pas grand, il est sans doute plus que compensé par la restitution au sol des tiges de trèfle récoltées avec la graine.

En revanche, le rendement d'une surface donnée est si peu de chose, que chaque charge de semence de trèfle se trouve grevée d'une quote-part importante de rente foncière. Par ces causes, la culture du trèfle pour semence aura lieu dans la partie éloignée du cercle de l'assolement pastoral, et la partie du cercle rapproché de la Ville aura plus d'avantage à acheter ces semences de trèfle qu'à les reproduire elle-même.

4. *Lin.*

Sous le rapport du poids, la récolte de lin, sur une surface donnée, s'élève à 1/4 d'une récolte de seigle; ou le rendement du lin est à celui du seigle comme 1 est à 4.

Admettant qu'une récolte de lin épuise autant le sol qu'une récolte d'Orge, il faut pour réparer l'épuisement d'une sole de lin 2 (rigoureusement 2,07) soles de pâturage, en supposant le lin cultivé dans le système pastoral sur un terrain qui a la richesse d'une sole d'orge; pour réparer l'épuisement causé par une sole d'orge, il ne faut qu'une sole de pâturage, à cause de la paille qui est rendue à la terre, ce qui n'a pas lieu pour le lin.

La valeur de la récolte en grains de lin retranchée des frais de sa culture donne, d'après mes calculs, le rapport entre les frais de production du lin et ceux du seigle, qui sont entre eux comme 1352 est à 182 ou comme 7 1/2 est à 1.

. Par conséquent, les raisons qui, chacune en particulier, auraient pour conséquence de reléguer la culture du lin derrière celle du grain se trouvent toutes réunies ici; de sorte que cette plante ne se cultivera pas seulement plus loin de la ville que le grain, mais encore plus loin que le tabac et le colza.

Je m'abstiens de parler de plusieurs autres plantes commerciales soit parce que je n'en connais pas la culture, soit parce que pour plusieurs d'entre elles mon expérience ne me fournit pas des renseignements suffisants.

Nous trouvons donc que la plupart des plantes commerciales ne doivent pas se cultiver dans le voisinage de la Ville,

mais dans le cercle de l'industrie du bétail. Ce cercle, borné
à l'éducation des bestiaux, ne serait que peu peuplé; mais la
fabrication de l'alcool et la culture des plantes commerciales
sont pour lui des sources de bénéfices qui ne tardent pas à
appeler une population plus nombreuse. La culture du lin en
particulier procure le travail et l'entretien à un grand nombre de bras. Suivant un calcul à ce sujet, je trouve qu'une famille de journaliers qui cultive le lin pendant l'été, qui le file
et le convertit en toile pendant l'hiver, gagne son entretien sur
une surface de 300 verges carrées de bon terrain, tout en payant
un loyer de 25 thlr. pour son champ. Ce n'est que par l'extension de la culture du lin que l'on peut expliquer comment,
dans la province de la Flandre de l'est, où il n'y a que Gand
qui soit une ville considérable, 12,000 âmes trouvent moyen
de vivre sur un mille carré.

La partie du cercle de l'industrie du bétail rapprochée
de la Ville offre le spectacle intéressant d'une contrée passa-
blement cultivée ne donnant que peu ou presque pas de rente
foncière. Car le prix des végétaux produits dans ce cercle ne
s'élève pas assez pour qu'une rente foncière un peu considérable en puisse résulter, parce qu'alors la partie plus éloignée de ce cercle si étendu se hâterait de s'adonner à la culture de ces végétaux qui demandent si peu de frais de transport, et feraient fléchir immédiatement les prix. Ainsi la
presque totalité des revenus de ce territoire se composera des
revenus du capital et du salaire du travail.

Nous avons vu au § 5 que, sur un sol à production de
10 grains, les frais de production pour 1 schf. de seigle étaient
de 0,437 thlr., et qu'ils étaient de 1,358 thlr. sur un sol à
production de 5 grains, par conséquent que la production
des grains était beaucoup moins chère sur un sol riche que
sur un sol pauvre. Cela est encore plus vrai pour les plantes commerciales. En effet, la plupart de ces plantes récla-
ment tant de travaux, tels que cultures minutieuses de la
terre par labours, buttage, sarclage, etc., travaux qui sont

proportionnels à l'étendue de la surface, et non à la grandeur de la récolte, que la forte récolte du terrain riche coûte peu de chose de plus que la récolte minime du terrain pauvre ; de sorte que la culture des plantes commerciales, pour être profitable, ne peut avoir lieu que sur les terres trop fertiles pour les céréales, parce que ces dernières seraient exposées à y verser.

Tournons-nous vers la Réalité, sous le rapport de ces cultures, nous ne trouvons plus, comme dans l'État isolé, une richesse partout égale du sol ; nous rencontrons, au contraire, ordinairement, dans les pays d'agriculture avancée, une grande richesse de sol à côté de prix élevés des grains, et, réciproquement, dans les pays à culture arriérée, des prix minimes de grain à côté d'une petite richesse de sol.

Si dans ces conditions nous nous demandons dans quel pays doit avoir lieu la culture des plantes commerciales, la liberté commerciale étant admise, nous voyons que l'avantage du pays pauvre, à salaires et à rente foncière minimes, est en opposition directe avec l'avantage du pays riche à sol fertile. Mais la supériorité de ce dernier est si grande dans ce cas, que l'avantage d'être favorisée par un sol fertile ne compense pas seulement, mais dépasse considérablement la supériorité qu'ont les pays pauvres sous le rapport de la rente foncière et des salaires minimes.

Voilà pourquoi, la part faite de l'habileté industrielle et culturale de la population, les pays riches ont encore des cultures étendues de plantes commerciales, non-seulement pour leurs besoins, mais encore pour l'exportation. Voilà pourquoi la culture du lin, qui devrait appartenir aux pays moins avancés de l'est de l'Europe, constitue la principale branche agricole de la Frandre, ce jardin de l'Europe. Mais, du moment que dans les pays des bords de la Baltique le sol aura acquis un plus haut degré de richesse, et cela est au pouvoir de l'agriculteur, cette branche agricole diminuera d'importance en Flandre ; la diminution sera même très-rapide, si le gouvernement des Pays-Bas continue à grever de droits pesants l'entrée des céréales, et à augmenter ainsi la différence des prix du grain.

En Angleterre, on cultive aussi les plantes commerciales, malgré l'élévation des salaires et de la rente foncière, et on les protége par des droits de prohibition. Mais le cornbill a tellement élevé la différence dans les prix du grain, que les Anglais trouvent déjà leur profit à nous acheter, au lieu de blé, des matériaux d'engrais tels que : os, tourteaux de colza, etc. Si l'Angleterre maintient son cornbill, alors les cultivateurs de ce pays s'apercevront bientôt que l'engrais leur revient trop cher pour l'appliquer aux plantes commerciales, qui en absorbent beaucoup pour la plupart ; ils abandonneront la culture de ces plantes aux pays éloignés à bas prix de grain, et seront forcés d'en laisser l'entrée libre chez eux.

§ XXXII. — A quel prix le lin et la toile peuvent-ils être livrés à la Ville par les différentes localités de l'État isolé.

D'après les données ci-dessus au sujet de la culture du lin, l'épuisement d'une sole de lin est égale aux éléments réparateurs fournis par deux soles de pâturage. Sur 3,000 verges carrées de terre arable, on ne peut donc en cultiver que 1,000 en lin si l'on veut conserver la richesse du sol, tandis que sur la même étendue totale, on aurait pu en consacrer 1,500 aux céréales, sans courir risque de l'épuiser.

Dans les contrées où la rente foncière des soles de pâturage $=0$, une sole de lin serait chargée d'une rente foncière 1 1/2 fois plus forte qu'une sole de grains; et comme à surface égale on n'obtient en lin que 1/4 en poids de ce que l'on aurait obtenu en seigle, il s'ensuit qu'une charge de lin de 2,400 liv. est grevée d'une rente foncière six fois plus forte qu'une charge de seigle.

Nous savons que, d'un autre côté, dans le voisinage de la Ville, la rente foncière du pâturage est négative, que plus loin, elle est positive ; cela posé, le lin cultivé près de la Ville supportera *plus*, le lin cultivé loin de la Ville supportera *moins* que cette rente foncière sextuple. Mais nous ne pouvons, avec nos recherches, exprimer la différence en chiffres ; et nous nous contenterons d'attribuer au lin, pour tout l'État isolé, une rente foncière six fois plus forte que celle du grain. Mais alors notre calcul portera trop haut le prix du lin produit dans le voisinage de la Ville, trop bas celui du lin cultivé dans les localités éloignées.

En fixant, relativement au grain, les frais de production du lin à 7 1/2, la rente foncière à 6, nous trouvons pour un chargement de lin de 2,400 liv.

En frais de production.......
$$\frac{44812 - 699\ x}{182 + x}$$

En frais de transport........
$$\frac{199,5\ x}{182 + x}$$

En rente foncière..........
$$\frac{11028 - 385\ x}{182 + x}$$

Somme....
$$\frac{55840 - 884,5\ x}{182 + x}$$

	Le prix d'une charge est de :	Le prix d'une livre :
Pour $x =$ 0 milles	307 thlr.	6,1 schill.
» $x =$ 10 »	245 »	4,9 »
» $x =$ 28 »	148 »	3 »

Ce tableau montre que la livre de lin à 28 milles de distance peut être livrée au marché pour 3,1 shill., ou pour 50 pour 100 de moins, que dans le voisinage de la Ville.

Rappelons en outre que c'est la rente foncière de l'assolement pastoral qui a servi de base régulatrice à tous ces calculs. Si, au lieu de celle-ci, on voulait adopter la rente foncière de la culture libre, alors le lin produit dans les environs de la Ville reviendrait infiniment plus cher.

Les frais de conversion du lin en toile grossière sont considérables. D'après les renseignements que j'ai obtenus, le filage de 2,400 liv. de lin, le tissage et le blanchîment de la toile qui en résulte coûtent 413 thlr. En comparant ces frais aux frais de production d'une charge de 2,400 liv. de seigle qui coûtent 18,2 thlr. à Tellow, on trouve que les frais de conversion en toile d'une charge de lin, autrement dire, les frais de fabrication de la toile, sont aux frais de production du seigle comme 22,7 sont à 1.

Cependant les frais de fabrication de la toile, exprimés en numéraire, ne peuvent pas toujours être invariables; ils doivent changer avec le prix en argent du travail et du grain. Afin donc de pouvoir indiquer les frais de fabrication de la toile pour chaque localité de l'Etat isolé, nous devons chercher à les exprimer par une formule générale, ce que les rapports proportionnels ci-dessus nous mettent à même de faire.

En effet, si, en nous guidant sur ces rapports proportionnels, nous multiplions par 22,7 les frais de production indiqués au § 19 pour un chargement de seigle, nous trouverons que les frais de fabrication de la toile provenant de 2,400 liv. de lin s'élèvent à :

$$\left(\frac{5975 - 93,2\,x}{182 + x} \right) 22,7 = \frac{135632 - 2116\,x \text{ thlr.}}{182 + x}$$

D'après cela, la quote-part des frais de fabrication sera :

	Par charge.	Par livre.
A $x =$ 0 milles	745 thlr.	14,9 schill.
$x =$ 10 »	596 »	11,9 »
$x =$ 28 »	363 »	7,3 »

La marche entière de nos recherches fait voir clairement que nous portons le salaire réel du travail, ou la somme des besoins de première nécessité, que se procurent les travailleurs avec leur salaire, également haut pour toutes les contrées de l'Etat isolé. Quant au prix en numéraire du travail, il varie avec les changements dans les prix du grain et les autres choses nécessaires à la vie, et cette variation du salaire en numéraire amène une telle variation dans les frais de fabrication de la toile, que la conversion en toile de 2,400 liv. de lin peut revenir à 745 thlr. dans le voisinage, et ne revenir qu'à 363 thlr. à 28 milles de la Ville, ce qui établit une différence de moitié environ.

La conversion du lin en toile blanchie occasionne une perte en poids d'à peu près 25 p. 100 ; en d'autres termes, la toile pèse 25 p. cent de moins que ne pesait le lin au moyen duquel on l'a confectionnée.

Plus haut nous avons vu que les frais de transport d'une charge de lin s'élevaient à $\dfrac{199,5\,x}{182 + x}$ thlr. Les frais de transport de la toile faite avec ce lin coûtent donc 1/4 de moins, par conséquent $\dfrac{149,6\,x}{182 + x}$ thlr.

Voulons-nous déterminer maintenant le prix auquel la toile pourra être livrée à la Ville par les différentes contrées de l'Etat isolé, nous n'avons qu'à réunir les frais occasionnés par la culture du lin aux frais de fabrication de la toile.

Pour 2,400 livres de lin nous avons :

En frais de production	$\dfrac{44812 - 699\,x}{182 + x}$
En rente foncière	$\dfrac{11028 - 385\,x}{182 + x}$
En frais de fabrication de la toile....	$\dfrac{135632 - 2116\,x}{182 + x}$
En frais de transport de la toile.....	$\dfrac{149,6\,x}{182 + x}$
TOTAL.....	$\dfrac{191472 - 3050,4\,x}{182 + x}$

	Le prix de la toile de 2,400 livr. de lin est de :	Le prix de la toile d'une livr. de lin est de :
Pour $x =$ 0 milles	1052 thlr.	21 schill.
» $x =$ 10 »	838 »	16,8 »
» $x =$ 28 »	505 »	10,1 »

Les habitants de la Ville payeraient donc la toile plus du double, s'il fallait cultiver le lin et fabriquer la toile dans le voisinage, de ce qu'ils la payeraient si toutes les opérations s'exécutaient à 28 milles de la Ville.

Mais en présence de ces calculs une pensée doit venir au lecteur. Nous avons employé la formule, trouvée pour déterminer le prix des produits agricoles, à chercher les frais de fabrication et le prix de la toile : ne serait-il pas possible, par les mêmes moyens, de déterminer quelle serait la localité où les différentes fabriques et industries seraient exploitées avec le plus d'avantage, et d'où les produits manufacturiers seraient livrés au prix le plus bas?

Celui-là seul serait capable de présenter un pareil tableau qui aurait la connaissance de toutes les industries ; car il saurait alors quelle quote-part de capital, de salaire et de profit il faudrait attribuer à une quantité donnée de produits manufacturés.

Un tableau semblable montrerait que toutes les fabriques et manufactures ne doivent pas se presser dans la Ville capitale ; qu'au contraire une grande partie devrait avoir son siége dans la contrée qui produit à meilleur marché la matière première, et qu'ainsi l'Etat isolé ne peut pas avoir que la *seule grande Ville* que nous lui avons supposée, mais qu'il doit en contenir beaucoup d'autres d'un ordre inférieur.

Cela contredit notre première hypothèse, mais nous n'avions besoin de cette hypothèse que pour simplifier nos recherches. Car plus tard, nous avons démontré, § XXVIII, que les petites Villes n'influaient aucunement sur la fixation du prix des produits agricoles, et que sous ce rapport elles étaient tout à fait indépendantes de la Ville capitale. Seulement, la Ville capitale doit rester le marché principal : et sur ce marché tous les produits agricoles auront leur maximum de prix ; ce qui d'ailleurs a lieu nécessairement, et se trouve suffisamment motivé, parce que 1° cette Ville se trouve au centre de la plaine ; 2° qu'elle est le siége du gouvernement ; 3° que tous les gisements métallifères et autres mines se trouvent dans le voisinage.

Toutefois une recherche sur la position topographique des fabriques, pour avoir une utilité pratique, aurait encore à tenir compte de deux points de vue, dont nous n'avons pas parlé, pour arriver à déterminer le prix des produits agricoles.

1° Nous trouvons, dans la Réalité, que, pour tous les pays riches, le taux de l'intérêt est plus bas que pour les pays pauvres ; ce fait résulte-t-il de la nature et de la force des choses, ou bien de la division des différents Etats? c'est ce que nous abandonnons au jugement particulier de chacun. Or, il y a des frabriques et des manufactures dont les frais annuels se composent, pour une forte part, de l'acquittement des intérêts du capital d'établissement, et, pour une part relativement faible, des frais de salaire et d'acquisition de la matière première ; toutes ces fabriques et manufactures devront avoir leur siége dans les pays riches, lors même que le salaire et le prix de la matière première y seraient beaucoup plus élevés. Il y aurait donc dans cette recherche à diviser le prix des marchandises en trois parties : salaire du travail, intérêt du capital, rente foncière.

2° De la grandeur du marché ou du débouché dépendent l'importance et le développement qu'une fabrique peut acquérir dans une localité. De l'importance de l'entreprise dépend le degré jusque auquel on doit favoriser la division du travail, et remplacer la force humaine par les machines. Ces deux conditions, comme le prouve Adam Smith, ont une influence décisive sur le prix de la marchandise.

La saine appréciation de ces deux points de vue fera comprendre pourquoi certaines fabriques, qui paraissent appartenir aux pays pauvres parce qu'elles y trouvent la matière première à bon marché, s'établissent pourtant avec plus d'avantage dans les pays riches, et pourquoi les pays pauvres y vont chercher des marchandises à plus bas prix que s'ils les avaient fabriqués eux-mêmes.

§ XXXIII. — De la restriction des libertés commerciales.

Quel sera l'effet exercé sur le bien-être général de l'Etat isolé lorsque le gouvernement aura contraint, par des règlements forcément exécutoires, la culture du lin et la fabrication de la toile à se transporter dans une localité plus rapprochée de la Ville?

Pour nous rendre ce cas possible, nous devons admettre pour un instant que l'Etat isolé est divisé en deux Etats différents.

Afin de chercher les conséquences d'une semblable division, il nous faut encore admettre les hypothèses suivantes :

1° La Ville centrale, avec un cercle de 15 milles de diamètre, forme l'Etat A ;

2° Le reste de la plaine, avec l'étendue que nous lui avons précédemment donnée forme le second état B, que nous appellerons l'Etat pauvre, par opposition au premier, qui sera pour nous l'Etat riche ;

3° Chaque Etat songera à son intérêt particulier, alors même que l'un ne pourra se procurer un avantage qu'aux dépens de l'autre.

Maintenant, supposons que l'Etat riche A défende tout à coup l'importation du lin et de la toile, afin de garder à l'intérieur le numéraire qui en sortirait sans cela, et pour encourager ses habitants à produire du lin et à fabriquer de la toile: jusqu'à quel point cette mesure influera-t-elle sur le bien-être 1° de l'Etat riche A qui prohibe l'importation ; 2° de l'Etat pauvre B ?

Pour simplifier autant que possible la question, nous supposerons encore que, relativement à toutes les autres marchandises, il existe entre les deux autres Etats une entière liberté commerciale.

Dès que l'importation du lin et de la toile sera défendue, il faudra que la production du lin et la fabrication de la toile aient lieu sur les frontières de l'Etat A, par conséquent à 15 milles de la Ville. Mais à cette distance, le sol donne déjà une forte rente foncière, et le salaire est, à cause du haut prix des céréales, considérablement plus élevé que dans les localités à 30 milles de la Ville. Aussi la toile n'y peut-elle être livrée à la Ville qu'à un prix de beaucoup supérieur au prix d'autrefois. Néanmoins, comme cet article est absolument nécessaire, les habitants de la ville devront payer ce prix supérieur.

Quant au cultivateur de l'Etat A qui produisait auparavant du grain, qui produit actuellement du lin, il ne retire aucun avantage de l'introduction de cette culture, malgré la hausse du prix du lin. En effet, 1° le prix des grains, sous l'influence de ce changement, ne monte pas, il fléchit, au contraire, un peu, comme nous le verrons plus tard ; de sorte que la rente foncière provenant de la culture des grains reste au moins stationnaire ; 2° comme, dans l'intérieur du cercle à culture de céréales, la grandeur de la rente foncière est déterminée par elle, ainsi que cela ressort de toutes nos recherches antérieures, il s'ensuit que la culture du lin, sur l'endroit où elle est appliquée, ne peut pas donner une plus haute rente foncière que la culture des céréales. Conséquemment, l'introduction de la culture du lin n'aura d'autre effet que de changer la plante par laquelle le sol était utilisé ; mais elle ne changera pas le degré profitable de cette utilisation.

En poursuivant, nous devons nous apercevoir que la localité, sur laquelle on cultive du lin, et qui auparavant produisait du grain, ne peut plus en envoyer à la Ville, et comme tout le grain de ce district était nécessaire à l'alimentation de la Ville, il en résulte une disette pour cette dernière.

D'où faudra-t-il tirer alors le grain qui manque?

Le district de l'Etat pauvre B, qui produisait auparavant du lin, mais qui n'en produit plus, puisque son principal débouché lui manque, ne peut pas non plus envoyer du grain à la Ville, tant que le seigle n'est qu'à 1 1/2 thlr. le schef., à cause des frais de transport. Pour faire cesser la disette de l'Etat A, il est nécessaire que le prix du grain monte assez haut pour que ce district de l'Etat B, qui, à proprement parler, fait partie de l'ancien cercle où se fabriquait l'eau-de-vie, et où se cultivait le colza, puisse s'adonner à la culture des céréales et en envoyer à la Ville.

Mais y a-t-il dans la Ville centrale de l'Etat A un fond inépuisable au moyen duquel on puisse payer des grains de plus en plus cher? et de quelle source sort l'argent pour les payer si chèrement ?

Il existe dans la Ville un grand nombre d'hommes dont l'entier revenu suffit juste pour leur procurer les choses les plus nécessaires à la vie, pourvu que les prix moyens ne s'éloignent pas du niveau qu'ils avaient eu jusque-là. Si le producteur éloigné de l'Etat B est dans l'impossibilité de livrer du grain à la Ville au prix de 1 1/2 thlr. le schef. de seigle, il est non moins impossible à la classe laborieuse de la Ville de l'acheter plus cher. Et si la baisse des grains, au-dessous des prix moyens connus jusqu'alors, empêche la culture de la partie extérieure de la plaine qui produisait des céréales, le fait rétrograder à l'état sauvage et force ses habitants à s'expatrier ; par une raison analogue, quoique inverse, la hausse du prix moyen des grains aura pour conséquence l'appauvrissement et l'émigration de la classe laborieuse de la Ville, à moins que de nouvelles sources de profit ne soient découvertes.

Or, le système de prohibition en lui-même n'a jamais fait découvrir de nouvelles sources de profit qui aient augmenté le salaire du travailleur, et l'aient mis en position de solder les prix plus élevés du grain. Au contraire, le renchérissement d'une chose indispensable, « de la toile, par exemple, » porte atteinte au bien-être de tous, surtout à celui du travailleur, qui, après avoir employé une forte partie de son salaire à acheter la toile qui lui est nécessaire, n'a plus que peu de chose pour acheter du grain ; par conséquent, le prix du grain, au lieu de hausser, devra fléchir, si l'on veut que le travail puisse subsister.

Ainsi donc, il ne faut pas songer à une hausse du prix des grains, et partant à l'extension du cercle de la culture des céréales. Le district de l'Etat B, qui produisait du lin auparavant, ne peut s'adonner ni à la production des céréales ni à celle d'autres plantes, parce que le prix du grain et des plantes commerciales ne suffit plus pour rembourser les frais à cette distance de la Ville. Le terrain cultivé jusque-là doit rester inculte, se convertir en parcours de bestiaux, et tous les hommes, qui vivaient autrefois de la culture du lin, perdent leurs occupations et sont forcés d'émigrer.

Avec la dépopulation de ce district, avec la disparition des habitants qui y vivaient de la culture du lin, cessent toutes les demandes d'objets en fer, de drap, d'ustensiles, etc., qu'ils avaient coutume de faire à la Ville. Par conséquent, les mineurs, les fabricants, les ouvriers, etc., qui créaient ces marchandises pour ce district, perdent leurs profits, et sont obligés d'émigrer également ou de mourir de faim.

Nous trouvons donc comme résultat final de cette restriction de la liberté commerciale :

1° Que dans l'Etat pauvre B, le district à culture de lin disparaît avec tous les hommes qui y vivaient.

2° Que la Ville de l'Etat riche A perd tous les fabricants, les ouvriers, etc., qui travaillaient jusque-là pour ce district, et qu'elle diminue en grandeur, richesse et population.

Tandis que l'Etat riche fait une blessure mortelle au bien-être de l'Etat pauvre par ses restrictions commerciales, il se blesse lui-même non moins profondément.

Remarquons qu'il n'y a pas eu représailles de la part de l'Etat pauvre, et que le régime des prohibitions n'en a pas moins cruellement réagi sur l'Etat riche.

Il est difficile, dans les théories d'économie politique, de donner une définition juste et complète de la richesse nationale, et d'indiquer avec certitude les signes de son accroissement ou de son abaissement. Cette difficulté, nous croyons l'avoir surmontée; car nous avons, dans l'extension ou dans la restriction de la plaine cultivée de l'Etat isolé, des signes caractéristiques infaillibles de la richesse ascendante ou décroissante de cet Etat.

Nous avons montré l'action de la restriction de la liberté commerciale au point de vue d'une seule production agricole, le lin; en examinant successivement toutes les autres branches de l'agriculture, en y appliquant le même raisonnement, nous ne ferions que répéter les mêmes conclusions, et que constater des résultats semblables. Ainsi, l'introduction forcée de l'éducation des bêtes à laine, ou de la culture du colza dans une localité rapprochée de la Ville, amènerait toujours en fin de compte : *resserrement de la plaine cultivée, diminution de la grandeur de la Ville.*

Jetons un coup d'œil sur les Etats d'Europe. Nous trouverons entre ces divers pays, sous le rapport de l'état de la culture, de la population, du prix des grains, et de la rente foncière, une aussi grande différence qu'entre les diverses localités de l'Etat isolé.

Entre les environs de Londres et les provinces de l'est de la Russie, les bords du Volga et de l'Oural, il y a peut-être une différence plus marquée et plus considérable que, dans l'Etat isolé, entre les environs de la Ville centrale et la partie extrême du cercle de l'industrie du bétail.

De même que dans l'Etat isolé la restriction des libertés commerciales coûte, non-seulement à l'Etat pauvre, mais à l'Etat riche, une partie de leur richesse et de leur population, de même cette restriction entre les contrées européennes, qui sont à divers degrés de culture, doit non-seulement écraser l'agriculture des contrées plus pauvres, mais encore enlever aux plus riches une partie de leur puissance et de leur grandeur.

Et cependant nous voyons à cette heure le système des prohibitions et des restrictions commerciales employé dans toute l'Europe.

On a renoncé à vouloir forcer dans le Nord la culture des plantes qui appartiennent au Midi; on permet l'échange des produits des climats divers, et l'on croit avoir fait quelque chose d'avantageux au bien-être national; mais on méconnaît malheureusement de nos jours que l'échange des produits entre peuples qui habitent sous les mêmes latitudes, mais qui sont à différents degrés de culture, est aussi bien ordonné par la nature, et aussi profitable aux nations, que lorsque la diversité des produits est causée *par la diversité des climats.*

Il n'est pas hors de propos de rappeler que le cultivateur de l'Etat isolé, qui apprécie judicieusement sa position locale, est en même temps pourvu des connaissances nécessaires pour faire ce qu'il doit.

Pour développer et tracer la configuration de l'Etat isolé, nous n'avons pas eu besoin d'un autre principe que de supposer chacun capable de bien juger ses propres intérêts et d'agir en conséquence. Et comme de l'action simultanée de tous ces hommes, dont chacun vise à son intérêt bien entendu, ressortent les lois d'après lesquelles l'ensemble se dirige, il s'ensuit que l'observation de ces lois comprend l'avantage de chacun en particulier.

Pendant que l'homme s'évertue à poursuivre son intérêt personnel, il n'est qu'un instrument entre les mains d'une puissance supérieure, et travaille souvent sans s'en douter à l'œuvre si grande et si ingénieuse de la constitution de l'Etat et de la société. Les travaux que les hommes, considérés comme ensemble, exécutent, de même que les lois qui les dirigent, ne sont pas moins dignes d'attention et d'admiration que les phénomènes et les lois du monde physique.

SECTION TROISIÈME.

EFFET DES IMPOTS SUR L'AGRICULTURE.

L'Etat isolé, dans la première partie, n'est parvenu à revêtir la forme que nous lui avons donnée qu'à la condition de ne payer d'impôt sur aucun point de son territoire ; car, au § V, où l'on a calculé le rendement net de la terre d'après des proportions prises à la réalité, on n'a pas compris dans les frais les impôts payés à l'Etat ; ce que nous appelons rente foncière est le rendement net du sol lorsqu'il n'a pas d'impôts à payer.

Admettons actuellement que l'Etat isolé, qui ne connaissait pas les impôts, soit frappé des impôts ordinaires dans les contrées de l'Europe : quel en sera l'effet sur l'agriculture et sur la situation entière de la nation ?

§ XXXIV. — Impôts qui sont proportionnels avec la grandeur de l'exploitation.

A. *Sous le point de vue de l'État isolé.*

L'impôt sur la consommation, en tant qu'il frappe les choses les plus nécessaires à la vie, comme le sel, la farine, etc. , la contribution personnelle, le droit sur le bétail, les douanes, les patentes, l'impôt du timbre et plusieurs autres impôts, grève toutes les propriétés foncières, proportionnellement à l'importance de leur exploitation, sans avoir égard au rendement du sol.

Un domaine dans l'Etat isolé, qui sera à 30 milles de la Ville, contribuera autant pour ces impôts que le domaine à 10 milles de la Ville, lorsque l'exploitation de ces deux domaines sera égale, c'est-à-dire lorsque les deux domaines exigeront pour leur culture autant de forces actives et autant de capital l'un que l'autre.

D'après le § XIV, le domaine situé à 31,5 milles de la Ville doit se cultiver en assolement triennal, et dans ce système (§ VIII) on ne peut soumettre à la culture des grains que 24 pour 100 de la surface arable. Le domaine situé à 10 milles de la Ville se cultive en assolement pastoral, qui consacre aux céréales 43 pour 100 de la surface arable. Or, comme d'une part, le système pastoral met en céréales une plus grande proportion de terres, que d'autre part la culture des terres dans ce système est (§ X) beaucoup plus coûteuse qu'en assolement triennal, nous devons en conclure que l'importance de l'exploitation sur le domaine à 31,5 milles de la Ville n'est environ que moitié de celle de l'exploitation sur le domaine à 10 milles de la Ville, l'étendue des deux domaines étant égale.

Si le montant des contributions du domaine rapproché est de 200 thlr., par exemple, sur une superficie de 100,000 verges carrées, le domaine éloigné n'en devra payer que 100. La rente foncière étant (§ V) de 685 thlr. pour 100,000 verges carrées sur le premier domaine, il restera encore au propriétaire 485 thlr., après payement des contributions.

Pour le propriétaire du domaine éloigné, la rente foncière étant = 0, et son revenu se bornant aux intérêts du capital en bâtiments, en mobilier et cheptel (inventaire), il est obligé d'acquitter ces contributions, c'est-à-dire de payer 100 thlr., en les prenant sur son capital.

Mais un capital écorné pendant plusieurs années successives cesse bientôt d'être un capital ; et alors le propriétaire se voit forcé d'abandonner la culture du sol et de laisser les champs incultes.

On pourrait dire : Il est vrai que le propriétaire de ce domaine n'a pas de rente foncière ; mais il jouit des intérêts du capital représenté par les bâtiments et l'inventaire ; il peut donc à la rigueur payer ses impôts sur ses intérêts. A cela je réponds, que personne n'engage ses capitaux dans une industrie pour n'en retirer aucun intérêt. Le fabricant suspend la fabrication des marchandises quand il s'aperçoit qu'en prêtant son capital, il en retire un plus gros bénéfice qu'en l'appliquant à une industrie quelconque et en travaillant lui-même. Ainsi, dans ce cas, l'agriculteur ne fera plus de frais pour réparer ses bâtiments, et quand ceux-ci menaceront ruine, il vendra ses bestiaux, abandonnera ses terres, entreprendra quelque autre chose, ou émigrera.

Tous les domaines, dont la rente foncière n'égale pas le montant des contributions, sont dans cette situation. Seulement, les impôts ne produisent ici le même effet que plus lentement.

Actuellement, dans le cercle de la culture triennale, ce n'est que le domaine à 26,4 milles de la Ville, qui donne une rente foncière de 100 thlr. sur une surface de 100,000 verges carrées ; par conséquent, l'impôt nouveau détruira la production du grain sur toute la portion territoriale enfermée entre cette distance et la distance égale à 31,5 milles. Néanmoins, cette portion territoriale ne devient pas complétement déserte ; à la place de la culture des grains, on pourra faire désormais de l'industrie du bétail ; mais, par compensation, le bord extrême du cercle de l'industrie du bétail sera complétement abandonné, cette partie de l'État isolé se transformera en terres sans culture, toujours sous l'influence de l'impôt (1).

Du moment que la culture disparaît dans cette dernière con-

____

(1) Malgré la progression toujours croissante des impôts, surtout en ce qui concerne l'agriculture et ses produits, nous ne voyons nulle part en France de localités complétement abandonnées. Néanmoins notre siècle a vu naitre un mouvement qui tend à prendre des développements de plus en

trée, tous les hommes qui y vivaient se trouvent sans pain, car
ils n'ont plus un travail qui les nourrisse ; et comme l'Etat, lorsqu'il était florissant, n'avait d'hommes que ce qui fallait pour
exécuter tous les travaux utiles, il s'ensuit que toute espèce de
travaux venant à cesser dans le district abandonné, les habitants qui y vivaient ne trouvent de l'occupation nulle part,
par conséquent ni revenus, ni entretiens. Cela n'a pas lieu
seulement pour les hommes adonnés à la culture des terres,
mais encore pour tous les habitants de la Ville qui, jadis, travaillaient pour ce district, désert aujourd'hui, tels qu'ouvriers,
fabricants, merciers, etc., qui perdent aussi leurs moyens
d'existence. Cette population, devenue superflue, émigre alors,
et cherche une autre patrie pour échapper à une misère complète.

Après la concentration de la culture du sol sur un cercle
moins étendu, et après l'émigration du trop plein de population qui en résulte, les choses reprennent leur ancien équilibre ;
seulement l'Etat a perdu en étendue et en population, et en
même temps une partie de son capital et de sa rente foncière.

L'impôt n'aura une influence aussi terrible que là où il est
nouvellement appliqué ; si le système des contributions a fait
partie de la constitution primitive de l'Etat, la culture n'a pris
que l'extension comportée par les circonstances, et la population n'a pas augmenté d'une façon disproportionnée aux impôts. Tout y est donc en équilibre aussi parfait que dans l'Etat
qui ne connaît pas les impôts.

Mais qu'on vienne à abolir tout d'un coup les impôts d'un Etat,
alors nous verrions apparaître des phénomènes opposés à ceux

plus considérables ; je veux parler de l'émigration des habitants de la campagne vers les villes. Et dans nos villes on remarque une tendance de plus en
plus prononcée à quitter le sol de la patrie pour aller chercher l'aisance que
l'on ne trouve plus dans son pays. L'impôt n'est certainement pas étranger
à ce phénomène ; il n'en est pas la cause unique, car l'éducation et l'indus-
trialisme y ont bien leur part. Mais on sait que l'industrie n'a, relativement à
l'agriculture, que peu d'impôts à payer ; de sorte qu'elle offre plus d'avantages
pécuniaires. En outre, l'industrie a le don d'attirer les masses irréfléchies
par des exemples brillants de fortune promptement réalisée, et de dissimuler,
par des contrastes extrêmes, ses nombreuses banqueroutes (L).

que nous venons de décrire : des capitaux seraient accumulés ;
ils auraient de la valeur par l'application qu'on en ferait pour
défricher et mettre en culture des terrains déserts, le travail
et les moyens d'existence naîtraient pour une plus grande
quantité d'hommes ; enfin la population croîtrait rapidement.

Ainsi l'influence de l'impôt est celle-ci : l'accroissement de
l'Etat est empêché, l'augmentation de la population et des
capitaux est arrêtée.

B. Sous le point de vue de la Réalité.

Nous avons vu que, dans l'Etat isolé, l'impôt exerçait la
plus forte action sur le domaine le plus éloigné. Dans la Réalité, où ordinairement la distance du marché n'est pas assez
grande pour que la rente foncière tombe à zéro, c'est le domaine à terrain le plus inférieur qui se trouve le premier et le
plus fortement frappé par les impôts.

On ne trouve presque jamais en réalité, sur un seul et
même domaine, cette égalité parfaite que nous avons supposée
dans l'Etat isolé sous le rapport de la bonté du sol. Presque
chaque domaine est composé d'un mélange de bon et de
mauvais terrain, de champs qui ont en partie une forte, en
partie une minime puissance productive.

La valeur d'un champ, pour plusieurs raisons et à cause de
certaines circonstances, peut être minime et se rapprocher
de zéro.

Dans cette catégorie il faut ranger le champ :

1° De mauvaise constitution physique ;

2° De richesse minime ;

3° Très-éloigné du siége de l'exploitation ;

4° Qui a besoin d'un grand nombre de fossés profonds pour
être assaini.

5° Qui est voisin de prairies et même presque à leur niveau,
ce qui rend la culture de ce champ difficile et ses récoltes
très-précaires ;

6° Qui est coupé à angle aigu par un grand nombre de fossés, ce qui retarde tous les travaux de culture ;

7° Qui est très-pierreux ;

8° Qui est entouré de hauts bois, etc.

Il serait très-difficile de citer un seul domaine un peu considérable dans lequel il ne se trouve pas un champ qui n'ait l'un ou l'autre de ces défauts, et dont la valeur ne soit par là réduite. Sur la plupart des domaines, les champs de cette nature sont très-nombreux, et dans quelques contrées ils l'emportent tellement, que les champs de valeur élevée ne sont qu'exceptionnels, et qu'ils ne se rencontrent que dans le voisinage des villages.

Une contribution nouvelle imposée fera baisser à zéro, ou au-dessous de zéro, la rente foncière de pareilles terres, qui, jusque-là, avaient donné un rendement net très-médiocre.

Alors chaque domaine doit ou devrait en abandonner la culture, pour ne plus s'occuper que de la culture des meilleures terres, de celles qui, après l'établissement de l'impôt, sont encore capables de donner une rente foncière.

Tout comme, dans l'Etat isolé, l'action de l'impôt se manifeste par l'inculture de la contrée éloignée de la Ville, de même cette action se manifeste sur chaque domaine en particulier, où l'on abandonne la culture du champ le plus mauvais ou le plus éloigné de la ferme.

Que ce soit la cinquième partie de la totalité des domaines d'un pays qui disparaisse pour la culture, ou que l'on sacrifie le cinquième des terres de chaque domaine en particulier, il en résulte un effet identique sur la diminution de la population et de la richesse nationale.

Néanmoins, l'œil n'aperçoit guère, dans la Réalité, de villages complétement désertés, et cet abandon, occasionné par les impôts, peut échapper parfaitement aux regards de l'homme d'Etat, pour qui la situation intérieure des familles reste cachée (1) ; mais il peut reconnaître les ravages à la diminu-

______

(1) Sous l'influence de la misère qui résulte d'un tel état de choses, la caisse de l'État ne se remplit plus que difficilement. Avec la misère viennent le découragement et le mécontentement, et la rentrée des impôts ne se fait plus qu'avec de grandes difficultés. Dans ce cas, outre de nombreux employés, il faut un déploiement de forces considérables, afin de maintenir l'ordre. De

tion progressive des recettes annuelles. Car chaque nouvel impôt, assez rigoureux pour amener un semblable résultat, doit donner la première année la plus forte recette ; mais pendant les années suivantes, ces recettes baissent, parce que la population et la richesse nationale, qui payent ces contributions, diminuent. Ce n'est que lorsque l'effet de l'impôt est achevé, c'est-à-dire lorsque la culture est assez concentrée pour pouvoir subsister sous les charges dont elle est grevée, que la recette reste à un niveau fixe.

L'Etat isolé se distingue encore de la Réalité en ce que l'agriculture est supposée progressivement avancée, tandis que, dans la Réalité, cette hypothèse, surtout à l'époque de la transition d'une situation à une autre, n'est confirmée que par l'exception. Nous sommes persuadés que l'agriculteur de l'Etat isolé, en voyant les cinconstances se modifier, modifie son exploitation, et qu'il ne continue pas, mais suspend la culture d'un champ dont la rente foncière serait alors négative.

Cela n'a pas lieu dans la Réalité, car l'agriculture usuelle n'y est pas le résultat d'une pensée unique embrassant à la fois les détails et l'ensemble des circonstances ; elle est l'œuvre de plusieurs générations et de plusieurs siècles : elle est devenue ce qu'elle est par des améliorations lentes et continues, et par ses efforts pour se conformer de plus en plus aux circonstances du temps et de la localité ; en général, elle a beaucoup mieux atteint son but qu'on ne le croit communément.

La forme de culture obtenue si lentement par cette voie ne peut passer de suite et instantanément à de grandes et nouvelles améliorations. Lorsque, par un coup imprévu, par un impôt, par exemple, l'ancienne forme de culture devient surannée, ou ne répond plus aux besoins de l'époque, il n'en faut pas moins un long espace de temps avant qu'on se sépare

sorte que la rentrée des impôts coûte énormément, ce qui réduit d'autant les ressources qu'ils devaient procurer. Mais si les ressources sont insuffisantes, la création d'un nouvel impôt devient nécessaire et le mal augmente, de sorte que l'on parcourt un cercle vicieux dont le résultat finit par amener la ruine d'un pays (L).

d'une coutume agricole pour s'engager dans une voie conforme aux exigences nouvelles.

En pratique, la création d'un nouvel impôt ne fera donc pas suspendre de suite la culture du mauvais terrain, qui continuera à être traité comme auparavant.

De là, une double tâche pour le cultivateur : d'abord il faut qu'il paye l'impôt de création récente, ensuite qu'il supporte la perte de la culture du mauvais terrain ; ou, ce qui revient au même, le rendement des bonnes terres devra non-seulement servir à acquitter l'impôt qui grève leur culture, mais encore celui qui charge la culture des mauvaises.

Cet accroissement de dépenses a pour effet de priver le fermier des moyens de payer son fermage, le propriétaire obéré, de faire rentrer ses revenus ; de sorte que ce qui manque est ordinairement compensé par une diminution du capital d'exploitation et de l'inventaire. Avec un inventaire diminué, la bonne culture de la superficie arable entière devient impossible ; mais la force de l'habitude est si grande, il est si difficile de se persuader qu'une terre inférieure, qui donne un produit brut assez fort, peut ne pas donner de produit net et occasionne au contraire des pertes considérables, que l'on préfère mal cultiver la superficie arable entière que d'en abandonner une partie, système qui aboutit à l'abolition de tous les revenus du domaine.

Ce n'est qu'après une expérience prolongée que l'agriculture générale du pays se modifiera conformément aux nouvelles circonstances, et restreindra ses travaux sur des terres qui en payent les frais. Malheureusement, pendant cette marche lente et vacillante, la nation perd un capital beaucoup plus considérable que celui qu'elle aurait dû nécessairement perdre sous l'influence seule du nouvel impôt frappé.

Malgré ces phénomènes, le bien-être avance en Réalité, et s'augmente progressivement ; alors l'effet d'un nouvel impôt n'apparaît pas clairement, car il agit, à moins d'être trop lourd, non pas d'une manière destructive, mais d'une manière suspensive, sur l'accroissement de la richesse nationale. Au contraire, dans l'État isolé, où le bien-être est fixe au lieu

d'être progressif, l'effet naturel d'un nouvel impôt se manifeste par la marche rétrograde du bien-être et de la population.

§ XXXV. — Effet de l'impôt, lorsque la consommation du grain reste la même.

Les considérations précédentes ne sont valables que dans le
cas où, sous l'influence du nouvel impôt, la consommation des
grains diminue. Là où le peuple est assez riche pour pouvoir
payer les grains plus chèrement, et où conséquemment la consommation reste la même, l'effet des impôt est tout autre.

Quand, par exemple, les contrées éloignées de l'Etat isolé,
par suite de l'impôt, sont mises dans l'impossibilité d'envoyer
du grain à la Ville, la disette se fait immédiatement sentir
dans la Ville, et fait hausser les prix : les prix plus élevés
rendent aux contrées éloignées la possibilité de cultiver des
grains pour la Ville, et l'équilibre est rétabli. Comme la consommation de la Ville ne peut être satisfaite qu'à la condition
de cultiver du grain jusqu'à 31,5 milles de distance, il faut
que le prix du grain monte de manière à pouvoir rembourser
au domaine situé sur le point extrême de cette distance, non-
seulement les frais de production et de transport du grain,
mais encore le montant de la nouvelle contribution.

C'est donc le consommateur du grain qui est obligé de payer
la totalité de l'impôt qui pèse sur l'agriculture.

Suivant les doctrines de l'école des physiocrates, tous les
impôts frappés sur les professions industrielles retombent en
définitive sur l'agriculture. Ainsi, lorsqu'un travailleur industriel est obligé de payer une patente de 10 thlr., il la paye
effectivement, mais pour pouvoir continuer de vivre, il augmente le prix de ses marchandises jusqu'à ce qu'il ait récupéré
ces 10 thlr. D'après ces doctrines, il vaudrait infiniment mieux
imposer directement l'agriculture que d'y parvenir par cet
intermédiaire.

Mais nous venons de démontrer que l'impôt frappé sur le
cultivateur n'est réellement pas payé par lui, mais bien par

le consommateur, en admettant que la consommation reste la même.

Tandis que les agriculteurs et les industriels se renvoient réciproquement la charge des impôts, les agents salariés par l'Etat ne peuvent pas augmenter de leur propre mouvement le prix de leurs services ; de sorte qu'ils sont obligés d'acquitter avec leurs appointements et leurs contributions personnelles le prix renchéri de toutes les choses nécessaire à la vie ; ces appointements suffisants, avant l'impôt, ne le sont plus après ; ces agents quitteront donc leur poste, à moins que l'Etat n'augmente leurs salaires, pour les mettre à même de faire face à leurs besoins.

Il semblerait, en conséquence, qu'à l'exception des capitalistes vivant de leurs seuls revenus, tout le reste de la population reçoit une indemnité continue, et que l'Etat pourrait élever les impôts indéfiniment sans compromettre la fortune publique, puisque tous les citoyens actifs ne les supportent que pour la forme, en avançant un impôt qui leur est ensuite remboursé par une élévation des prix.

Les conclusions qui nous ont conduit à ce résultat bizarre reposent sur l'hypothèse : qu'après le nouvel impôt, la consommation reste la même. Voyons si cette hypothèse est ou non fondée.

Ainsi que nous l'avons démontré au § XXXIII, le prix du grain n'est pas seulement déterminé par la somme des frais qu'occasionne au cultivateur l'apport au marché, il l'est en même temps par la possibilité du consommateur de payer ce prix.

A la Ville comme à la campagne, il existe un grand nombre d'hommes dont le revenu suffit juste à l'achat des choses de première nécessité. Si le prix du grain vient à augmenter, leur revenu, ou ce qu'ils gagnent, ne suffit plus pour leur procurer ces choses en proportion de leurs besoins. Bien qu'il ne puisse se passer de grains, le consommateur pauvre ne peut, en définitive, consacrer à leur achat que son salaire et ses économies; si ces deux valeurs n'y parviennent pas, alors il est forcé de diminuer sur sa principale nourriture, la faim se fait sentir bientôt, et il meurt, à moins qu'il ne trouve des secours, aux dépens des autres citoyens, dans la caisse de mendicité.

Admettons que, par suite d'un impôt frappant directement ou indirectement l'agriculture, le prix du grain hausse dans l'Etat isolé : les habitants gênés de la Ville ne peuvent plus payer ce prix, et la consommation diminue. Mais comme au moment même où l'impôt est appliqué, la production ne s'est pas encore arrêtée, et qu'il n'y a pas encore réellement disette de grains, il arrive que la diminution de la consommation est cause d'une grande affluence de céréales, et fait conséquemment fléchir les prix au point que les classes pauvres retrouvent momentanément les moyens de satisfaire leurs besoins sous ce rapport ; ce qui veut dire que le grain revient à son prix moyen d'auparavant.

Mais, avec ce prix moyen, l'agriculture grevée d'un impôt qu'elle n'avait pas à supporter d'abord, cesse de s'exercer à certaines distances, parce qu'en continuant elle serait en perte. Alors toutes les conséquences mentionnées au § précédent se font sentir, et nous voyons la culture se concentrer, les habitants du district abandonné et de la Ville émigrer.

Lorsque l'Etat est dans une situation stationnaire, et que tous les rapports sont en équilibre, le prix que peuvent payer les consommateurs coïncide avec le prix auquel le grain peut être livré par le producteur le plus éloigné. C'est pourquoi, dans la première partie de cet ouvrage, nous n'avons pas eu à nous occuper de cette double condition de détermination du prix. Mais ces deux conditions s'éloignent l'une de l'autre aussitôt que l'équilibre est rompu par la promulgation d'un impôt ou d'autres charges.

Dans ce cas, le prix que peuvent payer les consommateurs est au-dessous ou au-dessus du prix auquel le producteur le plus éloigné peut livrer son grain. Comme le prix du consommateur ne saurait être élevé d'aucune manière, puisque nous avons supposé qu'il n'y a pas de nouvelles sources d'industrie, le prix du producteur devra nécessairement baisser, s'il est plus élevé que le premier, et il baissera jusqu'à ce qu'il coïncide avec lui ; ce résultat arrive lorsque la culture se retire des terres trop éloignées pour être cultivées à ce prix, et se concentre sur le sol plus rapproché, capable de supporter encore la baisse et l'impôt. Qu'au contraire, la population soit à même de payer le grain plus chèrement qu'au prix où il est livrable, alors le prix de livraison restera normal en commençant ; mais la population et la consommation ne tardent pas à augmenter, la plaine cultivée s'agrandit ; avec l'agrandissement, le prix de livraison hausse ; il hausse même jusqu'à ce qu'il coïncide avec le prix susceptible d'être payé par le peuple.

Aussi nous trouvons dans la Réalité, des prix élevés du grain pour les pays riches et des prix bas pour les pays pauvres.

Une disette de grain, une famine dans la Norwège septentrionale ne provoquerait nullement la hausse des grains dans les autres pays de l'Europe, ni même dans les autres parties de la Norwège, parce le peuple y est trop pauvre pour pouvoir payer des prix élevés. En revanche, le moindre besoin en grain qui se fait sentir à Londres imprime une hausse spontanée dans l'Europe entière, et des ports du continent sortent des vaisseaux chargés de grains pour voguer à toute vitesse vers ce marché du monde.

De nos jours, nous voyons les Etats de l'Europe s'efforcer d'éloigner les grains étrangers de leurs marchés intérieurs par des droits de douane, afin d'encourager l'agriculture de leur territoire au moyen de prix élevés artificiellement.

On ne saurait contester que les prix élevés du grain ne favorisent l'agriculture intensivement et extensivement ; cela est prouvé pour toutes nos recherches ; mais en haussant les prix, on a oublié d'enrichir le peuple, afin qu'il puisse les payer. Si l'on ne prend pas simultanément les deux mesures, alors l'élévation du prix des grains est momentanée ; ce prix baisse quelques années après, jusqu'à ce qu'il tombe au niveau des ressources du consommateur. De plus, une hausse artificielle des grains, ruine les fabriques et les manufactures qui travaillent pour l'extérieur et qui vont s'établir dans les pays à prix de grains inférieur. Cela n'augmente pas la richesse en numéraire de la nation, mais la diminue, et le résultat final du système de prohibition doit être, au lieu de l'élévation espérée, la diminution constante des prix du grain.

***

Il n'est pas hors de propos de savoir bien distinguer l'effet d'un impôt qui vient d'être créé de l'effet qu'il exerce en dernier résultat; entre ces deux effets il y a grande différence.

L'application d'un nouvel impôt rend d'abord le peuple pauvre et malheureux, parce que le revenu général diminué de la somme de l'impôt doit encore se répartir sur le même nombre d'individus, et parce que les hommes devenus superflus, et qui ne peuvent plus se nourrir, n'émigrent pas volontairement; une lutte meurtrière pour tous s'établit alors entre eux; c'est à celui qui arrachera son existence aux horreurs de la famine ; ceux qui auront succombé dans cette lutte seront seuls forcés d'émigrer.

Si, par l'émigration ou la diminution des mariages, le nombre des habitants a repris l'équilibre avec la somme des revenus généraux, il n'est pas nécessaire qu'aucun des membres de la classe active vive plus mal, c'est-à-dire se procure moins de choses indispensables avec le gain de son travail qu'avant la création de l'impôt. *Car le degré jusque auquel la population peut supporter le travail et les privations avant de se décider à l'émigration ou à la diminution des mariages, dépend du caractère national.* Quand le caractère national d'après lequel le salaire du travail s'est formé, n'a pas souffert de la création de l'impôt, les classes actives, telles qu'ouvriers, journaliers, fermiers, seront absolument dans la même position pécuniaire après qu'avant l'acquittement de l'impôt.

Ainsi, dans la Réalité, nous trouvons que toutes ces classes, en Angleterre par exemple, où il y a tant d'impôts, vivent certainement aussi bien que celles de la Russie, où il y en a peu.

Par conséquent, les impôts établis depuis longtemps ne sont pas un malheur pour les individus, mais l'Etat trouve par là moyen d'opposer des limites à la multiplication des hommes et à l'accroissement de la richesse publique, et il se prive volontairement de la puissance que lui auraient value sans les impôts une forte population et une grande richesse.

§ XXXVl. — Impôts sur les fabriques et les manufactures.

Une forte contribution imposée à un industriel ou à un fabricant l'engage irrésistiblement à se rembourser de cet impôt en élevant le prix de ses marchandises. Aussitôt que le prix est élevé, un grand nombre de personnes se refusent l'emploi de ces marchandises; ce refus d'emploi cause l'affluence, et les prix retombent.

Ceux des fabricants ou industriels qui ne peuvent vivre en ne vendant qu'à ce prix ainsi réduit, abandonnent leur profession et cherchent un autre endroit propre à s'établir. Dès que ce mouvement est accompli, la marchandise devient rare, le prix s'élève et doit s'élever pour couvrir et la somme des besoins du producteur et la contribution récemment imposée.

Pendant que les marchandises indispensables au cultivateur, comme le fer ouvré, par exemple, deviennent plus chères, les frais de culture du sol augmentent en proportion, la rente foncière du domaine éloigné de la Ville tombe au-dessous de 0, et les phénomènes précédents, occasionnés par l'impôt frappé sur l'agriculture, apparaissent.

En ne considérant que le changement final exercé sur le prix des marchandises par la création d'un nouvel impôt, c'est-à-dire après la période de transition, nous trouvons que l'impôt agit autrement sur le prix des marchandises que sur le prix des grains.

L'industriel et le fabricant trouvent le remboursement de l'impôt dont ils sont chargés dans l'élévation du prix de leurs marchandises; par conséquent, dans le prix des marchandises qu'ils livrent se trouvent compris non-seulement le salaire de travail, le revenu du capital et la rente foncière, mais encore, comme quatrième partie intégrante, le montant de l'impôt. Par contre, comme on a pu le voir au § précédent, le prix des grains ne monte pas plus sous l'influence de l'impôt qui frappe directement l'agriculture que sous celle de l'impôt qui, frappant l'industrie, contribue à augmenter les frais de production du grain.

En même temps, nous savons, d'après le § précédent, qu'à moins d'un changement dans le caractère national, tous les citoyens actifs, par conséquent aussi les cultivateurs proprement dits, peuvent tout aussi bien pourvoir à leur entretien après comme avant la création de l'impôt, et l'accomplissement de son effet. Cela donne lieu à une question : où les cultivateurs peuvent-ils s'indemniser de l'impôt, puisqu'ils ne peuvent le faire payer en élevant le prix des produits de leur travail, comme font les industriels?

L'agriculture se distingue essentiellement de l'industrie en ce que, appliquée sur des terrains divers, elle récompense la même somme d'efforts par des résultats très-différents; tandis qu'en industrie, la même activité et la même habileté donnent toujours un produit égal.

Si l'on pouvait frapper les industries d'un impôt auquel elles ne pussent se soustraire par l'élévation du prix de leurs marchandises, ou si, par règlements artificiels, on pouvait toujours maintenir le prix des grains au-dessus de leurs prix naturels, alors cet impôt, l'habileté étant supposée égale, frapperait également tous les industriels, et les écraserait tous en même temps, s'il était assez lourd.

Mais, en agriculture, un impôt qui est proportionnel à la grandeur de l'exploitation ne peut détruire que la culture du domaine à terrain inférieur — du domaine éloigné en État isolé, mais non pas de suite la culture du domaine favorisé par son terrain ou sa situation. On ne résoud donc le problème de l'existence du cultivateur, qui subsiste aussi bien après l'acquittement de l'impôt qu'avant, qu'en reconnaissant qu'il abandonne les terrains inférieurs, pour concentrer son activité sur des terrains meilleurs. En effet, ce meilleur terrain, après acquittement de l'impôt, paye encore autant le travail du journalier, du fermier ou de l'administrateur, que le payait auparavant le terrain inférieur non chargé d'impôt. Considérons l'influence de l'impôt dans l'Etat isolé sur l'extension des industries et de l'agriculture : nous trouvons que tous ont souffert dans les mêmes proportions. Ainsi l'étendue cultivée a-t-elle diminué de 1/10, toutes les industries travaillant pour l'agriculture ont diminué de 1/10 en importance, en capital et en nombre de travailleurs. Cette influence reste la même, que l'on suppose l'impôt établi sur une industrie particulière et indispensable, ou sur l'ensemble des industries, ou enfin sur l'agriculture.

De même qu'aucun membre du corps ne peut être impunément blessé sans que tout le corps s'en ressente, de même en Etat isolé on ne peut frapper un impôt sur une industrie ou sur l'agriculture, sans que toutes les classes n'en souffrent.

Il en est autrement, dans la Réalité, lorsque plusieurs états communiquent ensemble.

Quand, dans un état d'Europe ayant libre commerce avec ses voisins, une industrie quelconque est trop fortement chargée par un impôt, l'industriel n'a aucun moyen de se libérer ou de s'alléger en élevant le prix de sa marchandise, parce que cette marchandise, fabriquée dans les Etats voisins où cet impôt n'existe pas, peut être importée et livrée à un prix impossible pour l'industriel indigène. Dans ce cas, une seule industrie est annihilée par l'impôt, pendant que les autres industries restent presque intactes, et la diminution en richesse et en population causée par l'impôt se montre clairement sur un membre industriel du corps social. L'Etat, en certaines circonstances, pourra ne pas perdre en richesses et en population absolues plus que si l'impôt avait été réparti entre la totalité des citoyens, mais l'harmonie du tout est détruite.

De cette façon, le bien-être individuel des classes d'un Etat dépend non-seulement des impôts qui existent dans cet Etat, mais encore du système d'impôts des autres états avec lesquels celui-ci est en libres relations commerciales. Que jusque-là, dans les États A et B, un impôt semblable ait grevé une industrie; qu'il vienne à être supprimé par l'état A, ou que cet état donne une prime d'exportation, et l'état B est forcé aussi de supprimer cet impôt, ou d'exiger un droit d'entrée, s'il veut conserver le bien-être de ceux qui chez lui s'adonnent à cette industrie.

Pour qu'il y ait harmonie dans le tout, l'Etat B sera forcé de modifier ses impôts ou ses droits de douane suivant les caprices de l'Etat A, ce qui est un bien dur sacrifice.

La question de savoir si le maintien de l'équilibre du bien-être des industries individuelles vaut ce sacrifice, si l'Etat moins riche devra toujours être dépendant de l'Etat riche dans son système d'impôts, s'il en sera perpétuellement le jouet, cette question est du ressort de l'économie politique pratique, dont nous n'avons pas à nous occuper.

§ XXXVII. — Impôts sur la consommation. — Impôts personnels.

Les impôts de consommation qui grèvent les marchandises d'une nécessité moins absolue, dont peuvent entièrement se passer les classes pauvres, circonscrivent le luxe des riches et des gens aisés, sans empêcher l'extension de la culture du sol et l'utile emploi des capitaux. Ils ne nuisent qu'à ceux qui s'occupent à produire et à travailler les objets de luxe; car l'impôt diminue l'usage de ces objets, et fait perdre des moyens d'existence à un certain nombre d'hommes; mais cette classe de travailleurs n'est pas aussi nombreuse ni aussi importante pour l'Etat que celles qui produisent les objets indispensables à la vie.

Quand les impôts pèsent sur les objets de luxe qui viennent du dehors, ce sont les marchands, les marins et les autres agents de transport de ces marchandises qui perdent leur moyen d'existence.

Les impôts de consommation qui grèvent les choses indispensables à l'homme sont bien plus ruineux que l'impôt personnel. Car, d'un côté, les frais pour faire rentrer l'impôt des consommations sont si considérables, qu'ils absorbent une bonne partie des recettes, ce qui oblige les gouvernements à demander beaucoup plus que n'exigent les besoins réels de l'Etat ; d'un autre côté, ces impôts frappent précisément ceux qui sont dans le besoin, ceux qui vivent de la charité des autres hommes ; tandis que l'impôt personnel n'est levé que sur ceux qui ont une industrie et un véritable revenu.

L'impôt personnel, que l'on considère comme le plus inégal de tous les impôts, parce qu'il prend autant au pauvre qu'au riche, sans avoir égard au revenu et à la fortune, n'exerce pas, s'il a été introduit depuis longtemps, une action constamment ruineuse sur le bonheur des citoyens : car le simple travailleur doit gagner assez pour nourrir sa famille et acquitter l'impôt personnel ; or son salaire, qu'on a du élever en proportion, le lui permet, et il est aussi heureux que le travailleur qui vit dans un autre Etat sans avoir à payer un impôt de cette nature.

Mais, si cet impôt est de récente création, son effet est tout autre, ce qui peut se voir clairement dans l'Etat isolé.

Presque partout le travailleur gagne juste de quoi acheter les choses de première nécessité ; s'il lui faut payer en plus un impôt personnel, son salaire doit être augmenté d'autant. Mais l'élévation du salaire du travail fait baisser au-dessous de zéro la rente foncière du domaine le plus éloigné, et en fait cesser la culture. Par ce changement tous les travailleurs qui y vivaient perdent leurs moyens d'existence, et n'échappent à une misère sans fin qu'en émigrant.

Dès qu'ils sont partis, les travailleurs qui restent au pays élèvent leur salaire, et les domaines qui ont continué leur culture, donnant une rente foncière, pourront payer un salaire plus élevé aux dépens de cette rente foncière.

Ainsi tous les impôts établis depuis longtemps, lorsqu'ils ne sont pas arbitraires ou indéterminés, s'équilibrent avec les circonstances de l'État, ou plutôt l'Etat s'est conformé aux nécessités de l'impôt, et le citoyen n'éprouve plus le poids de la contribution ; en revanche, chaque impôt nouveau ou chaque modification d'impôt agit comme une véritable spoliation de la propriété, puisque nécessairement quelques branches de culture ou d'industrie sont supprimées et les ouvriers spéciaux privés de leur travail et par conséquent de pain. De tout cela il faut conclure que l'inégalité des contributions, mais ancienne, est un mal beaucoup moindre que leurs fréquents changements.

§ XXXVIII. — Impôts sur la rente foncière.

Une part de la rente foncière d'un domaine prélevé pour être donnée par le propriétaire à l'État ne change rien à la forme ni au développement de l'exploitation. Ceux des domaines dont la rente foncière s'approche de zéro contribuent peu à cet impôt, et le domaine le plus éloigné, ou à terres inférieures, n'en sera pas frappé. Cet impôt ne réagit donc pas d'une manière défavorable sur le développement de la culture, sur la population, sur le capital ou sur la quantité des produits; et même si la rente foncière était absorbée entièrement par l'impôt, la culture du sol resterait telle qu'elle était auparavant.

Sous d'autres rapports, il peut être indifférent pour le bien de la Nation que la rente foncière soit entre les mains du prince, ou entre celles des propriétaires et des capitalistes; car, dans les deux cas, elle est employée improductivement.

Fréquemment la rente foncière est beaucoup plus entre les mains des capitalistes qu'entre celles des propriétaires; ces derniers portent bien nominalement le titre de possesseurs; mais quand ils sont endettés, ils sont obligés de donner la plus grosse part de la rente foncière aux capitalistes en guise d'intérêt de l'argent emprunté.

Que le capitaliste et le riche propriétaire consomment la rente foncière en entretenant beaucoup de domestiques et de chevaux, en achetant des objets de luxe, ou que l'Etat s'en charge en entretenant une forte armée, etc., il n'en résulte pas des différences d'effets bien marquées sur la richesse nationale.

Comme la rente foncière ne provient pas de l'application du travail et du capital, mais seulement d'un avantage relatif, dû au hasard, dans la situation du domaine ou dans la constitution du sol, elle peut être enlevée sans que l'emploi du capital et du travail en soit annihilé ou diminué.

Dans l'État isolé nous considérions l'Agriculture dans une situation stationnaire ou toujours égale, et nous supposions qu'elle était pratiquée sur tous les domaines avec les mêmes connaissances et les mêmes ressources progressives.

Cela n'a pas lieu dans la Réalité, de sorte qu'il nous faut chercher ce qu'on y appelle rente foncière, et comment on peut apprécier sa grandeur.

Avec la diversité d'activité et de connaissances qui président aux opérations agricoles, deux domaines de même situation et de même terrain donneront deux rendements nets bien différents ; cependant le domaine mal cultivé a certainement autant de valeur et de rente foncière que le domaine mieux cultivé. Si donc il y a différence de rendement, c'est la conséquence de la personnalité de celui qui cultive ; elle disparaît aussitôt qu'un autre le remplace. Or la détermination de la valeur et de la rente foncière d'un domaine ne doit dépendre que de ce qui est durable, comme la situation et le sol, non de ce qui est éventuel et périssable, comme la personne du cultivateur.

Ainsi le rendement net d'un domaine ne sert pas à trouver la rente foncière ; cependant la rente foncière prend sa source dans le rendement net, puisqu'elle n'est pas autre chose que le rendement net dont on a retranché l'intérêt des capitaux engagés dans les bâtiments et autres valeurs du domaine.

Le rendement net d'un domaine soumis à la culture ordinaire du pays, et dirigé par un homme d'activité et de connaissances moyennes, doit servir de règle normale pour déterminer la rente foncière.

Mais on ne conclut à l'effet de l'activité et des connaissances moyennes que par la grandeur du produit, créée au moyen des efforts de tous les cultivateurs d'un pays entier ou d'une province.

Par conséquent, la somme totale du rendement net de tous les domaines du pays entier, après en avoir retranché les intérêts de la valeur des constructions, etc., donne la somme de la rente foncière, laquelle, répartie sur chacun des domaines proportionnellement à la bonté du sol et à leur situation, donne la rente foncière partielle.

On voit par là combien il est difficile de déterminer la véritable rente foncière d'un domaine; il ne faut donc pas s'étonner si tous les essais à ce sujet ont avorté dans la pratique; mais l'opération est rendue beaucoup plus difficultueuse, parce qu'on se base, pour les estimations, sur de faux principes. On ne veut pas se persuader qu'il y a des terres cultivées qui ne donnent aucune rente foncière, et l'on croit avoir fait beaucoup quand on a estimé 4 ou 6 verges carrées de mauvais terrain comme équivalentes à une verge carrée de bon terrain; mais il n'est pas plus possible à 6 verges carrées de mauvais terrain d'égaler en valeur une verge carrée de bon terrain qu'à 6×0 de faire une unité. En outre, on confond souvent la rente foncière avec les intérêts du capital employé à la culture du sol. Un domaine qui ne donne rien au delà du montant des intérêts de la valeur des bâtiments, du mobilier d'inventaire, du capital de roulement, etc., ne donne pas de rente foncière, quoiqu'il procure un revenu à son propriétaire.

Tout impôt frappé sur la rente foncière faussement comprise agit aussi désavantageusement sur la culture du sol que l'impôt personnel, l'impôt sur le bétail.

Si, dans la question d'établir un impôt sur la rente foncière, on voulait se rendre compte de sa juste valeur, on en chargerait spécialement des hommes qui se seraient particulièrement consacrés à l'étude de cette branche scientifique, et qui en feraient l'occupation principale de toute leur vie. Seulement la recherche de la rente foncière serait très-coûteuse par ce moyen, ce qui enlèverait quelques-uns des avantages de l'impôt, qui se distingue actuellement de tous les autres par le peu de frais de son prélèvement.

Mais dans la Réalité, la rente foncière n'est pas une grandeur constante; elle est, au contraire, une grandeur éminemment changeable; car chaque modification dans l'agriculture en usage, dans le prix des produits, dans le taux de l'intérêt, etc., réagit à un haut degré sur cette grandeur. De sorte qu'un impôt fixé une fois pour toutes sur la rente foncière, qui ne monte pas, quand elle monte, ne sera plus dans cent ans en rapport avec la véritable rente foncière de l'époque ni avec les besoins de l'Etat. Que si on veut faire progresser l'impôt avec la rente foncière, cela exige des estimations répétées et très-coûteuses ; et ce qu'il y a de pis, c'est que la peur de voir augmenter ces impôts empêche le cultivateur d'améliorer ses terres et entrave le progrès

Dans l'Etat isolé, nous supposions que le rendement du sol était invariable ; dans ce cas la rente foncière pouvait appartenir entièrement à l'Etat, sans que la culture en ressentît une influence désastreuse. Dans la Réalité, nous trouvons toujours plus ou moins d'efforts pour augmenter le rendement, et l'on rencontre partout des exemples qui prouvent que l'on peut y parvenir. Néanmoins l'amélioratiou du sol, par laquelle on augmente le rendement, exige presque toujours des frais fort considérables, et, dans certains cas, les intérêts du capital employé à améliorer sont presque égaux à la somme qui constitue l'augmentation du rendement net du sol.

Quand l'amélioration est telle, que son effet, au lieu de cesser au bout de quelque temps, soit durable, alors la rente foncière du domaine est augmentée pour toujours. Ce surplus de rente foncière nouvelle a une origine bien différente de l'ancienne ; celle-ci provient de la situation favorable du domaine, de la bonne qualité de son sol, n'a pas couté de peine au cultivateur ; celle-là n'est achetée que par une émission de capital.

Celles des améliorations qui, une fois faites, ne peuvent pas plus se soustraire à l'impôt que l'ancienne rente foncière, qui ne peuvent plus être retirées, sont les améliorations de la constitution physique du sol par des apports d'argile, le dessèchement des marais par des canaux, etc. Tant que l'impôt ne détruit pas les améliorations réalisées, on ne le considère pas comme nuisible, mais il l'est au contraire beaucoup quand il empêche d'en faire.

Cependant il n'y a pas d'emploi de capital qui ait une meilleure influence sur le bien de l'Etat que d'améliorer les terres et de faire progresser les systèmes de culture ; car nous avons vu plus haut que lorsque la production montait de 8 grains à 10 dans l'Etat isolé, la population de la Ville augmentait de 50 pour 100, sans qu'il y ait hausse dans le prix des grains.

Puisque l'accroissement d'un Etat en bien-être, en puissance et en population est directement lié à l'extension de la culture intensive du sol, il s'ensuit que l'impôt foncier, qui n'est pas invariable pour une longue période, pour cent ans au moins, qui, montant ou baissant avec le loyer du sol, charge par conséquent les améliorations et les empêche, est celui de tous les impôts qui arrête le plus le développement de l'Etat.

APPENDICE.

N° 1. *Assolements sur le domaine de Tellow.*

A. Assolement de 10 soles sur la partie des terres arables rapprochée de la ferme.

1. Jachère fumée.	6. Pommes de terre.
2. Colza.	7. Pois et fèves.
3. Froment.	8. Froment fumé ou orge non fumé.
4. Pâturage.	9. Trèfle fauché.
5. Avoine.	10. Pâturage.

Dans la septième sole, on fume au printemps pour les fèves; sur la partie en pois, on ne fume qu'après la récolte, pour le froment qui doit suivre. Si le fumier ne suffit pas, la partie des pois récoltés qui n'aura pas été fumée reçoit, au lieu de froment, de l'orge semé au printemps suivant.

B. Assolement de cinq soles sur la partie des terrés arables éloignée de la ferme.

1. Jachère fumée.
2. Seigle et froment.
3. Avoine et orge.
4. Pâturage.
5. Pâturage.

Chaque sole est d'environ 14,600 verges carrées (1).

La figure suivante montre l'enchaînement des deux rotations.

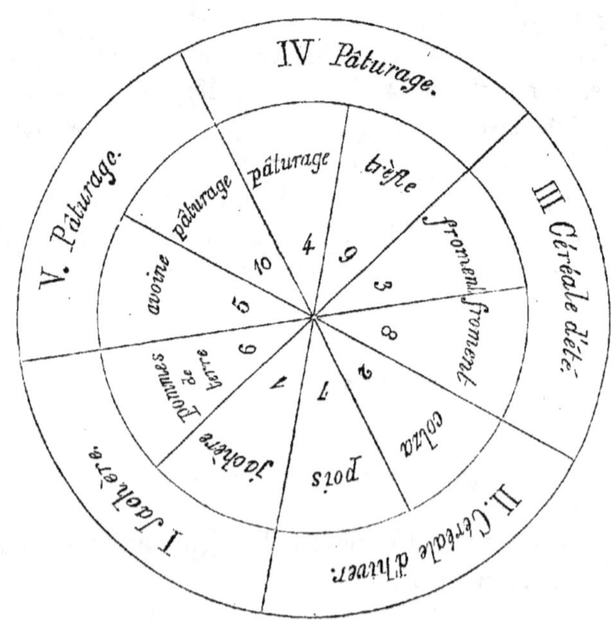

Dans l'assolement de 10 soles, la jachère et les pommes de terre échangent leurs places tous les cinq ans, de sorte que la sole n° 1, qui est maintenant en jachère, portera des pommes de terre dans cinq ans. Dans cinq ans pareillement, le n° 6, qui porte des pommes de terre, sera en jachère.

Au moyen de ces deux rotations et de leur liaison, nous avons réalisé les avantages suivants :

1. Sur les terres rapprochées de la ferme, tous les travaux sont beaucoup moins chers que sur les terres éloignées ; nous avons une plus grande étendue relative en récoltes pour lesquelles il faut labourer et fumer, tandis que sur les terres éloignées, c'est le pâturage qui relativement domine.

(1) Les parties sableuses du domaine sont plantées en pin, ce qui a réduit la superficie des terres arables à 143,000 verges carrées, de 160,000 qu'elle était auparavant.

2. On peut toujours parvenir au pâturage des terres éloignées, sans être obligé de laisser des parcours sur les terres ropprochées de la ferme.

3. Les progrès de la culture et de la richesse du sol ne rendent pas nécessaire une modification de l'assolement, puisque chaque surplus de richesse trouve un profitable emploi dans l'extension de la culture de dix ans aux dépens de celle de cinq ans.

4. Le pâturage de trois ans, si pauvre en production d'herbe et surtout d'engrais par rapport au pâturage de un et deux ans, disparaît sans que la culture, sur le sol de bonne qualité, cesse d'être enrichissante.

Les deux rotations ont donné lieu aux tableaux statiques suivants, dans lesquels, pour simplifier les calculs et l'étude, on a supposé chaque sole ne porter qu'une seule récolte.

En faisant ces tableaux, j'ai soumis à un examen minutieux toutes mes notes statiques prises à diverses époques pendant 36 ans; j'ai réuni les résultats de mes calculs tenus pendant trois années sur un seul et même domaine; enfin, je les ai pris pour base des tableaux ci-après dressés d'après les terres et les circonstances locales de Tellow.

J'ai dû renoncer aux explications et aux développements que j'avais l'intention d'ajouter à ces tableaux, parce que je me suis aperçu que chaque indication mènerait à une recherche antérieure, laquelle exigeait une nouvelle indication, accompagnée enfin de la communication des expériences et des calculs à l'appui; ce qui ne s'accorde pas avec l'objet et la tendance de cet ouvrage.

TABLEAU STATIQUE D'UN ASSOLEMENT DE 10 SOLES, SUR TERRAIN A 5,4° DE QUALITÉ ET 0,15 D'ACTIVITÉ.

ROTATION. Chaque sole contient 1000 verges carrées.	RICHESSE.	PUISSANCE productive pour seigle après jachère.	FACTEUR de LA CULTURE.	PUISSANCE productive dans le cas donné.	100 DEGRÉS de puissance productive donnent une récolte de:	RENDEMENT de la plante donnée.	ÉPUISEMENT par scheffel.	TOTAL de l'épuisement.	RENDEMENT du trèfle et du pâturage réduit en foin.	Enrichissement par le pâturage et la jachère.
	Degrés.	Schef.		Schef.	Schef.	Schef.	Degrés.	Degrés.	Quintaux.	Degrés.
1. Colza......	923°	120	1	120	60	72	1,11°	80°		
2. Froment......	843°	109,59	0,95	104,11	95,1	96,9	1,25°	121,1°		
3. Pâturage plâtré......	721,9°	93,85	.....	.....	174 quint.	.....	-0,5•	.....	163,3	33,9°
4. Avoine......	755,8°	98,25	1	98,25	167 schef.	164,1		82°		
5. Pommes de terre......	675,8°									
Fumées avec 73,3° voitures à 3,40 =...	+ 249,2°									
Richesse pour les pommes de terre..	923°	120	0,95	114	1,000	1,140	0,094	107,2°		
6. Pois......	815,8°	106,05	1	106,5	81	85,9	0,9°	77,3°		
7. Froment......	738,5°									
Fumé avec 54,25 voitures à 3,40 =....	+ 184,5°									
Richesse pour le froment....	923°	120	0,85	102	93	95	1,25°	118,8°		
8. Trèfle à faucher, plâtré......	804,2°	104,55	.....	.....	260 quint.	.....	0,09 quint.	24,5°	271,8	
9. Pâturage......	779,7°	101,56	.....	.....	131	.....	.....	.....	152,8	27,5°
10. Jachère......	807,2°	104,95	.....	.....	26	.....	.....	.....	27,3	5,6°
Le pâturage de la Jachère donne....	+ 5,6°									
La rotation restitue 183,65 voitures de fumier. Sur cette quantité, ont été employées 73,3 + 54,25 = 127,55 voitures. Il reste alors pour fumer la Jachère 56,08 voitures de fumier à 3,4° =......	+ 190,7									
La 2e Rotation commence avec...	1,003,5°									
Pendant la rotation la richesse a augmenté de.	80,5°									
Ce qui fait par an 8,05°, c'est-à-dire 0,87 p. 100 de la Richesse primitive.										

CALCUL DE LA RESTITUTION DE L'ASSOLEMENT A 10 SOLES.

ROTATION.	LA RÉCOLTE en grain et en pommes de terre s'élève à	PAR chaque schef on récolte EN PAILLE.	LA récolte en paille s'élève à	FACTEUR de la valeur d'engrais.	VALEUR EN ENGRAIS produits par la paille, les pomm. de terre et le foin.	ENGRAIS retirés du pâtur. par la stabulation nocturne.
	schf.	livres.	quint.		voitur. de fumier.	voitures.
1. Colza............................	72	167	120	2,21	13,26	
2. Froment.........................	96,9	190	184,1	2,21	20,34	
3. Pâturage........................	....	....	....		....	9,96
4. Avoine..........................	164,1	64,5	105,8	2,21	11,69	
5. Pommes de terre (en schefs de 100), dont partie employée : 1) à la plantation — 100 schef......	1140					
2) comme supplément 114 » —....	214					
Reste pour la production d'engrais.............	926	....	....	0,96	44,45	
6. Pois............................	85,9	213	183	2,30	21,05	
7. Froment.........................	95	190	180,5	2,21	19,95	
8. Trèfle à faucher.................	....	....	foin sec. 271,8	2,44	33,16	
9. Pâturage........................	....	....	....	....	....	8,10
10 Jachère.........................	....	....	....	....	....	1,67
Somme.........					163,90	19,73
Total..........					183,63	

TABLEAU STATIQUE D'UN ASSOLEMENT PASTORAL DE 5 SOLES, SUR TERRAIN A 3,2° QUALITÉ ET A ⅛ ACTIVITÉ.

BOTATION. Chaque sole contient 1000 verges carrées.	RICHESSE.	PUISSANCE productive pour seigle après jachère.	FACTEUR de LA CULTURE.	PUISSANCE productive dans le cas donné.	100 DEGRÉS de puissance productive donnent une récolte de:	RENDEMENT de la plante donnée.	ÉPUISEMENT par scheffel.	TOTAL de l'épuisement.	RENDEMENT du trèfle et du pâturage réduit en foin.	Enrichissement par le pâturage et la jachère.
	Degrés.	Schef.		Schef.	Schef.	Schef.	Degrés.	Degrés.	Quintaux.	Degrés.
1. Seigle.................	600°	100	1	100	100	100	1°	100°		
2. Avoine.................	500°	83,33	0,95	79,16	173,7	139,1	0,5°	69,5°		
3. Pâturage d'un an, plâtré......	430,5°	71,75	....	....	174 quint.	....	....	....	124,8	24,4°
4. Pâturage de deux ans..........	454,9°	75,82	....	....	145	....	....	....	110,0	13,3°
5. Jachère....................	468,2°	78,03	....	....	29	....	....	....	22,6	4,4°
Le pâturage de la Jachère donne.....	+ 4,4°									
L'assolement donne une restitution de 46,61 voitures fumier à 3,2° =....	+ 149,2°									
La seconde rotation commence avec.	621,8°									
La richesse, pendant la rotation, s'est accrue de....................	21,8°									
Ce qui fait par an, 4,36°. ou 0,73 p. 100 de la richesse initiale.										

ÉVALUATION DE LA RESTITUTION. ROTATION.	LA RÉCOLTE en grain S'ÉLÈVE A	PAR chaque schef ou récolte EN PAILLE.	TOTALITÉ DE LA PAILLE obtenue.	FACTEUR de la valeur d'engrais.	ENGRAIS obten. de la paille exprimés EN VOITURES normales.	ENGRAIS obtenus par le pâturage au moyen de la stabulation noct. du bétail.
	schf.	livres.	quintaux.		voitures.	voitures.
1. Seigle	100	190	190	2,21	21,0	—
2. Avoine	139,1	64,5	89,7	2,21	9,91	—
3. Pâturage de première année						7,61
4. Pâturage de deuxième année						6,71
5. Jachère						1,38
Somme					30,91	15,70
Total						46,61

Remarque. N° 2, au § X.

Sur le terrain moyen que, dans l'Etat isolé, nous avons pris pour base de nos recherches, la jachère friable coûte moins de travail que la jachère de défrichement, parce que :

1° On économise entièrement le labour pour rompre le pâturage ;

2° On supprime une grande partie des hersages nécessaires pour déchirer les gazons, et pour diviser et séparer de la terre les racines d'herbe et de trèfle.

Si les principes issus de l'expérience doivent avoir un cachet de vérité incontestable, je crois que c'est celui-ci : la jachère friable coûte moins de travail que la jachère de pâturage.

Cependant on fait des objections à ce principe ; elles sont présentées par des hommes tellement considérables, que je ne dois pas les laisser passer sans en dire un mot.

Ces objections, qui me viennent en partie de feu le conseiller d'Etat Thaër, en partie de l'un de mes amis, peuvent se résumer ainsi :

1° Les travaux de la jachère de défrichement ne commencent généralement qu'en juillet, parce que le bétail a besoin de pâturage ; donc ils doivent être exécutés dans un court espace de temps.

2° Après une grande humidité suivie d'une sécheresse, la charrue n'entre pas dans la terre tassée sous les pieds des bestiaux. Les mottes durcies exigent des hersages plus énergiques que la jachère de pâturage ; souvent même il faut les briser à coups de massue. La jachère friable pour froment a besoin de quatre façons pour être convenablement préparée.

3° Les terrains sableux sont couverts de chiendent en assolement triennal ; et la destruction du chiendent exige beaucoup plus de travail par la jachère friable que par la jachère de défrichement dans laquelle les extrémités inférieures des racines de chiendent sont déjà mortes, ce qui rend leur destruction plus facile.

4° En assolement triennal, la jachère embrasse le tiers de la superficie arable; proportionnellement aux attelages, ce tiers est trop grand pour qu'en peu de temps le travail soit accompli d'une manière convenable.

Ces objections sont empruntées sans doute à l'expérience; à ce titre elles méritent toute notre attention.

Mais il s'agit de savoir si elles sont applicables à l'assolement triennal, tel que nos hypothèses nous l'ont fait connaître dans l'Etat isolé.

C'est pourquoi je me permets les réponses suivantes aux objections ci-dessus que je reprends successivement :

1° L'assolement triennal de l'Etat isolé a 64 pour cent de sa surface arable en pâturage; il n'est donc pas exposé à ne commencer ses rompus qu'au mois de juillet, faute de pâturage pour le bétail.

2° Cette objection ne peut être valable que sur les terrains argilo-siliceux ou argileux. Mais dans l'Etat isolé, pour ne pas tout mêler et brouiller, on a borné les recherches à un seul terrain, la terre à orge ou terre moyenne, et ce terrain ne résistera que rarement ou presque jamais à l'action de la charrue. Ce qui est exécutable sur la terre à orge, ne cesse pas de lui être profitable, quoiqu'il n'en soit pas ainsi pour la terre à froment.

3° Le chiendent envahit en effet plus facilement les terres sablonneuses que les terres de meilleure espèce; mais ce n'est pas une propriété particulière à l'assolement triennal, que de couvrir les terres sablonneuses de chiendent, d'autant moins qu'une jachère bien travaillée est le moyen le plus efficace de le détruire. Et si le chiendent envahit les terres, c'est une conséquence de la négligence des travaux de la jachère, ou de la récolte de pois que l'on y sème, par conséquent de l'éloignement des règles de l'assolement triennal.

Comme sur le terrain sableux, le gazon est rarement épais, que les racines se séparent facilement de la terre qui y est fixée, il suffira de donner trois façons à la charrue pendant l'année de jachère, ce qui réduit à presque rien la différence des frais entre la jachère de pâturage et la jachère friable. Mais comme en Etat isolé, ce n'est pas du terrain sableux qu'il est question, mais du terrain moyen, cette circonstance ne change en rien les résultats que l'on y a trouvés.

4° Lorsque dans une exploitation organisée jusque-là de façon à ce que les animaux de trait soient également occupés durant tout l'été, le rendement en grains s'abaisse par suite de décroissance dans la richesse du sol; alors les travaux de préparation du sol restent les mêmes, pendant que les charrois des récoltes et des engrais diminuent.

On ne peut plus utiliser dans ce cas le même nombre de bêtes de trait qu'auparavant, ce qui fait que le sol n'est plus cultivé aux époques voulues et avec les soins nécessaires. Dans la Réalité, beaucoup d'assolements triennaux, dont le rendement a baissé de 3 à 5 grains, sont tombés dans cet état.

Cette disproportion entre les travaux de récolte et les travaux de préparation, entre le nombre des animaux de trait et l'étendue de la sole en jachère, n'est pas inhérente à l'assolement triennal; elle résulte plutôt de l'extension inconsidérée de la terre arable aux dépens du pâturage et de l'épuisement qui en est la suite.

Une pareille faute ne peut avoir lieu dans l'assolement normal de trois ans de l'Etat isolé, où le sol se maintient au même degré de richesse comme dans l'assolement pastoral, où le pâturage ne manque pas, enfin où les travaux de jachère commencent immédiatement après les semailles de printemps.

En saisissant bien l'ensemble, nous voyons que ces objections s'adressent en partie à une autre variété de terrain que celle dont il est question ici, en partie à l'assolement triennal dégénéré et appauvri tel qu'il se montre souvent dans la Réalité; mais ce n'est pas d'après ce dernier qu'il faut juger de l'assolement triennal rationnellement appliqué.

D'ailleurs, le cultivateur qui fait de la culture pastorale n'a pas à douter lequel coûte plus cher à travailler, du champ à jachère friable ou du champ à jachère de pâturage, puisque la préparation de la sole d'orge et de la sole de jachère lui donnent chaque année des termes de comparaison.

A Tellow, moyenne de cinq ans, de 1810 à 1815, les frais

de hersage sur 10000 verges carrées ont été comme suit :

a. Sole d'orge.

Hersage de labour de rompu...	6,5	thlr. N. $^2/_3$	
»	de version...	19,4	»
»	de semaille..	22,4	»
Somme.....	48,3	thlr. N. $^2/_3$	

b. Jachère de pâturage.

Hersage de labour de rompu....	17,6	»	
»	de jachère...	24,3	»
»	de version...	21,4	»
»	de semaille..	26,2	»
Somme.....	89,5	thlr. N. $^2/_3$	

Le rapport proportionnel entre A et B est comme 48,3 : 89,5 = 100 : 185.

Ce rapport sera le même entre la jachère de pâturage et la jachère friable sur terrain moyen net de chiendent, puisque la jachère friable n'a pas besoin de plus de labours que la sole d'orge.

Remarque. N° 3, au § XVI.

Dans cet ouvrage, il ne pouvait et il ne devait être question que d'un seul terrain sous l'influence de circonstances climatériques déterminées. Mais le degré d'utilité de la jachère dépend beaucoup du climat et de la variété du sol.

Sous les climats chauds, l'effet de la chaleur solaire sur la décomposition des substances organiques et sur la préparation mécanique du sol est si fort, que la terre est bientôt prête à recevoir de la semence de froment d'hiver. En même temps il y a entre la récolte et les semailles d'automne un long temps intermédiaire, ce qui permet de donner au sol après la récolte une préparation complète. Ici la jachère, si nécessaire dans les contrées froides, peut-être supprimée.

Dans les pays très-froids, comme dans la Russie septentrionale, où l'effet de la chaleur solaire est minime, et où la récolte se fait presque en même temps que les semailles d'au-

tomne, la jachère est au contraire soigneusement maintenue.

Mais, sous un même climat, la constitution du sol est pour
beaucoup dans le degré d'utilité de la jachère. Sur le sol
sablonneux, la terre se réduit facilement et devient meuble ;
la séparation des radicules d'herbes, de la terre qui y est attachée, s'opère sans difficulté, pourvu qu'il n'y ait pas de
chiendent. C'est tout le contraire sur le terrain argileux ; la
jachère peut y être indispensable, même dans les circonstances où, sur terre de consistance moyenne, l'on pourrait
s'en passer.

Il existe encore une puissance importante qui contribue à
supprimer la jachère en terre sablonneuse, et à la conserver en terre argilo-siliceuse et argileuse. Comme nous n'en
avons parlé que légèrement dans le courant de cet ouvrage,
nous allons y revenir.

Le fumier et l'humus, en terre sablonneuse, y sont simplement mêlés ; en terre argileuse, ces deux substances se
combinent avec les molécules de la terre. La terre sablonneuse a une grande porosité, ce qui permet à l'air de s'introduire librement auprès des détritus organiques qu'elle
renferme. La terre argileuse, au contraire, forme des mottes, se couvre après chaque forte pluie d'une croûte, et empêche ainsi la volatilisation de l'humus. En même temps
l'argile possède la propriété, que n'a pas le sable, de sou-
tirer des gaz nutritifs à l'atmosphère, et suivant qu'elle
possède cette propriété plus ou moins complètement, elle
a plus ou moins de qualité. Plus le terrain argileux est
remué souvent avec soin pendant les saisons chaudes de
l'année, plus l'humus qu'il contient se volatilise, mais
plus aussi il acquiert la faculté d'absorber les gaz nourris-
sants ; et quand il n'est pas très-riche en humus, la volatilisation est probablement réparée au delà par l'absorption ; tandis que des [travaux fréquents sur terrain sablonneux l'appauvrissent graduellement en substances nutritives,
sans rien lui rendre par l'absorption.

Pour les exploitations à situation stationnaire, la qualité du

sol résulte de la comparaison entre la quantité d'engrais enfouie dans le sol et la grandeur de la récolte qui en provient.
Comme plus l'engrais se volatilise, moins il en reste pour la
nourriture des plantes et pour la production de la récolte, il
s'ensuit que la jachère pure occasionnera, d'après les considérations ci-dessus, au sol sablonneux une diminution, et au sol
argileux une augmentation de qualité.

Dans cet ouvrage, nous avons sous nos yeux le terrain de
consistance moyenne, qui tient le milieu entre le sable et l'argile, et sur lequel, avec une richesse à rendement de 8 grains,
l'absorption et la volatilisation se compensent. Le rapport
adopté pour ce terrain des récoltes après jachère et après une
récolte antérieure n'est pas normal pour toutes les autres espèces de terrain, pas même pour un même terrain placé sous
différents climats. Mais en considérant les faits de la localité
que l'on veut étudier, on en tirera des conclusions semblables.

Ce n'est que par la méthode de la recherche, non par les
nombres, que l'on peut aspirer à une expression générale.

Qu'on n'oublie pas, à propos de la question : quand et en
quelles circonstances est-il avantageux de supprimer la jachère? de considérer le point suivant :

La jachère a le grand avantage de répartir régulièrement
sur toute la saison d'été les travaux d'attelage.

Si la jachère est supprimée, il faut accomplir tous les charrois d'engrais et les labours pendant les mois de printemps et
d'automne, de sorte que les attelages ne font rien pendant
juin et juillet. Dans ce cas, pour bien faire exécuter les préparations, il devient nécessaire d'augmenter le nombre des
attelages et d'en entretenir plus qu'il n'en faudrait avec une
meilleure répartition. Par ce système, les frais qui doivent
échoir à une journée de travail s'accroissent d'une manière
notable, de sorte que les travaux reviennent plus cher que
dans la culture avec jachère.

Remarque. Nº 4, au § XVIII.

L'assolement pastoral du Mecklembourg n'a pas pour caractère essentiel de faire suivre trois céréales l'une après l'autre, comme on le croit fréquemment, mais il met presque toujours des pois et des pommes de terre dans la deuxième sole de céréale, dite sole d'orge, qu'il fait suivre ensuite d'orge ou d'avoine. Seulement les espaces cultivés dans les premières soles en pommes de terre et en pois étaient autrefois très-petits, et la partie du champ qui n'en portait pas produisait en effet trois récoltes successives de céréales.

Aujourd'hui que les bergeries se sont tant augmentées, que presque toutes les terres de moyenne consistance sont, à l'aide de la marne et du plâtre, devenues propres à la production des légumineuses, la culture des pois et des pommes de terre a pris beaucoup d'extension; aussi, sur la plupart des domaines, l'assolement à trois céréales successives n'occupe-t-il qu'une minime portion des champs.

D'un autre côté, l'introduction de la culture du colza a conduit à une succession de fruits mieux ordonnée; sur plusieurs domaines à sol riche et énergique et à forte production de foin, on a maintenant : 1º jachère, 2º colza, 3º froment, 4º marsage et pommes de terres, 5º seigle et orge, et 2 ou 3 soles de pâturage.

Malgré cette meilleure succession de récolte, un pareil assolement, tant qu'il a la jachère et les deux ou trois années de pâturage, porte encore les signes caractéristiques de la culture pastorale, sans se rattacher à la culture alterne pure.

Nous avons dû, en Etat isolé, adopter la forme la plus simple de la culture alterne, dans laquelle chaque sole ne porte qu'une seule récolte chaque année ; c'est pourquoi nous avons choisi la culture à trois céréales successives, qui avait en outre le mérite de faciliter nos recherches.

Remarque. Nº 5, au § XX.

I.

Selon Schwerz, dans sa *Description de la culture belge* (tome 2, p. 396), le rendement des pommes de terre comestibles en Belgique est de 300 sacs par bonnier, ce qui fait 115 schef. berlinois par 100 verges carrées.

Au § XX, j'ai supposé que les pommes de terre venues sur terrain riche au cercle de la culture libre rendaient autant qu'en Belgique.

Mais ce rendement moyen élevé n'est admis, même sur ce terrain riche, que pour les pommes de terre propres à la nourriture du bétail, mais non pour les tubercules fins comme on les veut dans une grande ville. Il est probable aussi qu'en Belgique les pommes de terre sont d'une variété plus grossière que nos tubercules fins. Les pommes de terre de variété inférieure sont consommées dans les grandes villes par la classe du peuple la plus pauvre, qui les paye 1/3, même 1/4, du prix d'un schef, de seigle. En revanche, le prix des pommes de terre de qualité fine monte, dans les grandes villes, du 2/5 à 1/2 du prix du seigle. Mais leur récolte n'est que les 2/3 environ du rendement ci-dessus adopté.

Le calcul sur le rendement net de la culture des pommes de terre, dans le cercle de la culture libre, a donc besoin de plusieurs modifications.

II.

Il y a deux moyens de déterminer l'épuisement du sol occasionné par les pommes de terre.

A. On peut comparer la récolte d'une plante après pommes de terre à la récolte de cette même plante après un autre végétal venu sur même sol.

B. On peut remarquer l'influence de la culture en grand des pommes de terre sur l'augmentation ou la diminution de la richesse du sol, après plusieurs rotations révolues.

Dans mes circonstances, je ne me suis servi que du premier moyen ; c'est ainsi que j'ai admis que 8 schef. à 100 liv. de pommes de terre pour le bétail enlevaient au sol autant d'engrais que la production de 1 schef. de seigle à 81 liv. de grains.

Mais comme, à égale richesse de sol, le rendement d'une plante varie suivant les plantes qui l'ont précédée, qu'ensuite il est fort difficile de distinguer et de séparer l'influence du précédent (facteur de la culture) de l'influence de la richesse du sol, il s'ensuit que le résultat ainsi trouvé doit rester incertain.

Le second moyen mène beaucoup plus sûrement au but. Il ne résout pas à la vérité d'une manière décisive le problème posé, mais, ce qui est plus important, il nous fait sentir si l'épuisement des pommes de terre est réparé par les engrais que la consommation des tubercules restitue à la terre ; si l'on parvient à déterminer la restitution avec quelque justesse, on aura évidemment la grandeur de l'épuisement.

Nous saurons quel est, proportionnellement à l'épuisement des grains, celui des pommes de terre, en examinant ce qui se passe dans le Brandebourg, où depuis longtemps la pomme de terre est cultivée en grand, et où sur beaucoup de domaines elle occupe des soles entières.

La plupart des cultivateurs de ce pays sont persuadés que depuis l'introduction de la pomme de terre la richesse du sol a considérablement augmenté ; que ce résultat s'est manifesté, même lorsqu'une grande partie des tubercules avait servi à la fabrication de l'alcool, dont les animaux n'ont obtenu que les résidus.

Cette expérience datant d'une longue période, il semble que le problème posé plus haut y trouve une solution satisfaisante.

Néanmoins, avant de prononcer, il faut rechercher si, avec l'introduction de la culture des pommes de terre, plusieurs autres améliorations n'ont pas été simultanément créées, et si, à l'emploi de la pomme de terre ne se rattachent pas quelques circonstances qui par elles-mêmes sont des conditions de progrès pour la culture.

1° Le marnage, à ma connaissance du moins, n'a été pratiqué sur une grande échelle dans la Marche de Brandebourg que depuis l'introduction sur grande échelle de la culture des pommes de terre. Mais l'action de la marne sur les terrains qui lui conviennent est si considérable, qu'il en peut résulter, même sans la culture des pommes de terre, ainsi que cela a eu lieu dans le Mecklembourg, une progression étonnante dans la faculté de production du sol. Cette action s'éteint lentement, et ce n'est qu'en comparant, en rotations de 6 à 7 ans, la quatrième rotation à la cinquième après le marnage, que l'on pourra savoir si la culture de la pomme de terre sur terrain marné est enrichissante ou non.

2° L'opinion de M. Berlin à Liepen me semble digne d'une attention spéciale au sujet de la question qui nous occupe.

M. Berlin pense que la marche ascendante des domaines, dans le Brandebourg, qui fabriquent de l'alcool de pommes de terre sur une grande échelle, provient non-seulement du peu de faculté épuisante des pommes de terre, mais encore des qualités excellentes du fumier des moutons nourris avec des résidus; ce fumier ne prend jamais le blanc, reste toujours humide, et par là garde toute son ammoniaque.

Son opinion gagne beaucoup en probabilité par les expériences de Sprengel, qui dit que l'ammoniaque de l'urine se volatilise d'autant moins qu'elle est mêlée à un plus grand volume d'eau.

La fixation de l'ammoniaque dans le fumier des moutons peut non-seulement être obtenue par les résidus de fabrication d'eau-de-vie de pommes de terre données en nourriture, mais encore en arrosant ce fumier avec de l'eau, en le couvrant avec du limon de prairies arrosées, ou en le saupoudrant, comme le conseille Liebig, avec du plâtre.

On ne doit donc pas attribuer cette influence bienfaisante aux pommes de terre *seules*, et l'invoquer en leur faveur dans la détermination de leur puissance épuisante.

3° Avec l'extension de la culture des pommes de terre surviennent des changements profonds dans l'époque des charrois d'engrais de la ferme aux champs. Tandis qu'autrefois, le fumier pour jachère n'était transporté que pendant le milieu de l'été, il faut le transporter dès avant l'hiver sur l'emplacement où la plantation doit avoir lieu ; par ce moyen, la grande quantité de substances fertilisantes, que la fermentation du tas laissait perdre dans la cour des fumiers, est conservée au sol.

4° Bien que la meilleure alimentation du bétail, rendue possible par la culture des pommes de terre, puisse augmenter considérablement le rendement net des domaines, elle peut augmenter en même temps la richesse du sol, parce que le bétail mieux nourri donne de meilleur fumier.

Cependant, l'adoption de la culture du trèfle produirait des effets semblables, de sorte qu'on serait en droit de ne pas attribuer ces effets exclusivement aux pommes de terre. Mais ces tubercules n'en restent pas moins un don inappréciable, que rien ne remplace, pour la plupart des terrains très-sablonneux de la Marche de Brandebourg, où la culture du trèfle n'est guère possible.

C'est au cultivateur rationnel de la Marche, surtout à celui des environs de Wrietzen, de séparer et de déterminer la part que les circonstances précédentes peuvent avoir sur l'élévation de la culture du sol comparée à la part qu'exerce la culture des pommes de terre en elle-même.

Lors même que l'examen de ces circonstances contribuerait à modifier l'opinion dominante aujourd'hui dans la Marche, que la pomme de terre épuise fort peu, il n'en n'est pas moins vrai que l'élan qui s'est prononcé dans les domaines de la Marche, depuis l'application en grand de la culture des pommes de terre, est trop marqué et trop puissant, pour que l'on soutienne avec quelque vraisemblance l'opinion encore si répandue ailleurs : que la pomme de terre est une plante très-épuisante.

Ayant adressé des questions sur le degré d'épuisement de la pomme de terre à l'un des plus grands propriétaires de la

Prusse, qui cultive ces tubercules et fabrique de l'eau-de-vie sur l'échelle la plus étendue, j'ai reçu la réponse suivante :

Lorsqu'une moitié des pommes de terre cultivées est employée à la fabrication de l'eau-de-vie, et l'autre moitié donnée en nourriture aux bestiaux, l'épuisement causé sur terrain de consistance moyenne sera couvert par les engrais obtenus.

En admettant que les résidus ne contiennent que la moitié des substances nutritives contenues dans les pommes de terre dont ils proviennent, alors, en suivant nos données sur la valeur du fumier résultant des pommes de terre, on trouverait que la production de 10, 7 schef. de tubercules coûte au sol autant d'engrais que 1 schef. de seigle.

Le renseignement de ce propriétaire repose sur une longue expérience ; de tous ceux que j'ai reçus des propriétaires de la Marche, à propos de l'épuisement minime de la pomme de terre, il me semble le plus modéré ; j'incline donc à m'y rallier, et je suppose maintenant que la production de 1 schef. de pommes de terre coûte au sol $0,094°$ de richesse.

III.

Dans la culture A, dont il est parlé au § XX, qui joint 1 1/2 sole de trèfle à une sole de pommes de terre, et qui se maintient en égale richesse de sol sans achats d'engrais, nous avons calculé la rente de la culture du trèfle d'après les données de Schwerz sur l'utilisation du trèfle en Belgique.

Or, il est indubitable que le trèfle, employé à produire du lait dans le cercle de la culture libre, doit rendre infiniment plus par la vente directe du lait frais que par la vente du beurre en Belgique, qui a servi de base aux calculs de Schwertz. Par conséquent, la rente de la culture du trèfle, dans le cercle de la culture libre, doit être considérablement plus élevée que la rente sur laquelle s'appuie la culture belge.

Désignons cette différence par R ; alors la rente foncière

de la culture A, qui est de : $\dfrac{1695-182,8\,x}{182+x}$, sera portée à

$\dfrac{1695-182,8\,x}{182+x} + $ R.

De la comparaison de la rente foncière des deux cultures A et B, on peut tirer la valeur de a, ou la valeur d'une voiture de fumier qui est égale à $\dfrac{980-206,6\,x}{182+x} - \dfrac{R}{3600}$.

$$x = 0,\ \text{nous aurons}\ a = 5,4\ \text{thlr.} - \frac{R}{3600}$$

$$x = 1, \qquad \text{»} \qquad a = 4,2 \quad \text{»} \quad - \frac{R}{3600}$$

D'où il résulte qu'aussi longtemps que le trèfle a, par suite de la vente du lait, une valeur plus forte que par la vente du beurre, *a*, ou la valeur d'une voiture de fumier, sera inférieur à ce que nous avons trouvé au § XX.

Par conséquent, la valeur de *a* baisse en proportion de la hausse de la valeur R, elle devient même $= 0$, quand $\dfrac{R}{3600} = \dfrac{980-206,6\,x}{182+x}$. Alors, si $x = 1$, nous avons $\dfrac{R}{3600} = $ 4,2 thlr., et R $=$ 15120 thlr.

S'il était possible à R d'atteindre à cette haute valeur, cela ne se pourrait que dans le voisinage immédiat de la ville, les jardins exceptés.

Cette formule a cela d'intéressant, qu'elle montre comment la valeur d'achat du fumier dépend de la différence entre la rente de la culture des terres et celle de l'industrie du bétail.

Remanier **tout le § XX** pour tenir compte de ces circonstances, c'eût été se donner, en pure perte, un travail long et fatiguant ; car, d'un côté, je ne puis pas plus maintenant qu'auparavant indiquer en chiffres la valeur de R, et, d'un autre côté, rien n'est changé à la méthode de la recherche, au sujet, par exemple, de la détermination de la valeur de l'engrais; cette méthode reste bonne, quels que soient les chiffres employés dans le calcul.

. Quant au résultat de la recherche, c'est-à-dire « la culture des pommes de terre pour l'alimentation de la Ville doit être fixée dans le voisinage de la Ville, avant même le cercle de la sylviculture, » ce résultat reste invariable.

REMARQUE. N° 6, AU § XXVI.

Le rendement en lait et en beurre des vaches de Tellow, pendant les années de 1810 à 1815, est peu considérable. Cependant il n'est pas inférieur au rendement des meilleures fruitières de Mecklembourg à cette époque. Il représente le tableau de l'exploitation et de l'état de l'industrie laitière d'alors dans nos pays.

Plus tard, à Tellow comme dans le Mecklembourg, on a accordé aux vaches des pâturages plus riches et des fourrages d'hiver plus énergiques, ce qui a fortement augmenté leur production en lait.

M. Staudinger de Gr. Wustenfeld, mon ami et mon ancien élève, a consigné, dans les *Annales du Mecklembourg*, 20e année, pag. 1, un aperçu complet et détaillé du rendement actuel d'une fruitière mecklembourgeoise.

D'après son travail, dans une fruitière de 104 vaches, une vache a donné en moyenne annuelle pendant 6 années, de 1827 à 1833, 1635 pots de lait, et 97, 2 liv. Hambourg de beurre à 32 onces.

A Tellow, de 1832 à 1836, la moyenne annuelle des vaches a été de 1826 pots de lait.

Ce rendement fourni par des vaches ayant 500 à 550 liv. de poids vif, donne annuellement 20 liv. de beurre par 100 liv. de poids vivant.

On trouvera ce rendement des vaches du Mecklembourg plutôt fort que faible, si l'on prend pour échelle de mesure le rapport entre le poids vif d'une vache et son rendement en beurre, et si on compare le rendement désigné ci-dessus aux données peu exactes que nous possédons sur le rendement en lait et en beurre des pays étrangers, bien qu'on prétende qu'elles reposent sur le mesurage et le pesage pratiqués pendant plusieurs années. Comme cependant on ne peut nier qu'une nourriture d'hiver, encore meilleure, n'augmente le rendement en lait des vaches, d'autant plus que cette amélioration du régime est probablement bien payée, il faut attribuer nécessairement la supériorité relative du rendement de nos vaches à la bonne qualité des pâturages du Mecklembourg.

REMARQUE. N° 7, au § XXVI.

Mon honorable maître en agriculture, feu le conseiller de l'Etat Thaer, n'a pu se résoudre, dans sa critique de cet ouvrage, faite après une première lecture, tendue suivant son expression, à reconnaître que nous ayons trouvé une loi générale pour les circonstances hypothétiques de l'Etat isolé.

C'est la négation de cette loi qui a donné lieu à toutes ses objections et à tous ses raisonnements contre le minime rendement de l'industrie du bétail, et contre l'impossibilité d'appliquer le système alterne dans l'Etat isolé. Je n'ai donc pas à m'étendre sur son opposition qui découle de la fausse interprétation d'une de mes bases.

Au reste, j'ai utilisé dans cette nouvelle édition plusieurs conseils de ce grand homme, qui est toujours resté mon modèle, et qui a exercé une influence si déterminée sur mes tendances et sur mon éducation en agriculture.

REMARQUE. N° 8, au § XXVII.

Au § VI, les produits animaux ont été, d'après leur valeur, réduits en seigle, et leur payement exprimé en schf. de seigle.

On peut bien se permettre cette méthode pour un point donné ; mais en transportant à d'autres localités de l'Etat isolé ce rapport proportionnel de valeur entre le seigle et les produits animaux, il en résulte des inégalités, parce que les frais de transport du beurre, de la laine, etc., proportionnellement à leur valeur, sont moindres que ceux du seigle.

Il s'agit donc de savoir à combien s'élève la différence provenant de cette manière de calculer, et s'il n'y a pas moyen de la compenser en faisant subir un changement à la partie qui est exprimée en argent.

Pour y parvenir dans un cas donné, il faut faire un calcul particulier de la recette et des frais de transport pour le grain et pour les produits animaux.

Sans m'assujettir à la dernière exactitude, au reste peu importante dans cet exemple, je supposerai que les frais de transport sont pour les grains de 1/50, pour les produits animaux de 1/150 de leur prix de vente.

Soit actuellement sur un domaine donné :

	Schef. de seigle.	Argent thlr.
Le rendement total en grains =......	6000	
Le prix de vente des produits animaux.		2400
Total de la recette......	6000	2400
Soit la dépense en numéraire, défalcation faite de ce que payent les journaliers, les ouvriers, etc., occupés sur le domaine, pour le grain qui leur est nécessaire............................		2250
Soit la dépense en grains, en nature, y compris le grain donné aux journaliers, etc., mentionné plus haut......	3600	
La somme des frais sera.....	3600	2250
Différence..................	2400	150
Sur un point ou la valeur du schef. de seigle sur le domaine même est de 1 $\frac{1}{4}$ thlr., 2400 schef. vaudront..........		3000
Ce qui portera le rendement net...		3150

a. A 10 milles de distance. Quel est le changement qu'éprouvera le rendement net lorsque le domaine en question sera plus éloigné du marché ?

La valeur du seigle baisse de $10 \times 1/50 = 1/5$; de 1,25 thlr.

que valait le schf., il ne vaut plus que 1 thlr.; le prix de vente des produits animaux diminue de $10 \times 1/150 = 1/15$.

D'après cela, le prix de vente de 2400 schef. de seigle à 1 thlr. sera de.. 2400 thlr.

celui des produits animaux de $2400 \times {}^{14}/_{15} =$........... 2240 »

TOTAL......... 4640 »

La dépense reste à. 2250 »

Ce qui réduit le rendement net à. 2390 thlr.

b. A 30 milles de distance, le prix de vente pour 2400 schef. de seigle à 0,75 thlr. est de.................... 1800 thlr.

pour les produits animaux de $2400 \times {}^{13}/_{15} =$......... 2080 »

TOTAL................ 3880 thlr.

FRAIS................ 2250 »

Rendement net........ 1630 thlr.

c. A 30 milles de distance, le prix de vente pour 2400 schef de seigle à 0,50 thlr. est de.................... 1200 thlr.

pour les produits animaux de $2400 \times {}^{12}/_{15} =$......... 1920 »

TOTAL................ 3120 thlr.

FRAIS................ 2250 »

Rendement net....... 870 thlr.

Ainsi, le rendement net diminue régulièrement de 760 thlr. pour chaque augmentation de distance de 10 milles, ou pour chaque diminution de 1/4 de thlr. dans la valeur du schf. de seigle.

Comparaison avec la méthode suivie dans cet ouvrage.

	Seigle schef.	Argent thlr.
Si l'on réduit en seigle le prix de vente des produits animaux, alors sur le point où le schef. de seigle vaut 1 ¼ thlr., le prix de vente des produits animaux égale en valeur $\dfrac{2400}{1 \,{}^1/_4} =$......................	1920	»
La somme des prix de vente s'élève alors à $6000 + 1920 =$........................	7920	»
La somme des frais s'élève, pour 3600 schef. de seigle à 1 ¼ thlr., à....................		4500
et en numéraire à......................		2250
TOTAL.........		6750

Si de ces frais en argent on exprime $^3/_4$, c'est-à-dire 5062, en seigle, alors ces $\dfrac{5062}{1\,^1/_4} =$ 4050   »

Il reste exprimé en numéraire, $6750 \times {}^1/_4 =$ »   1688

La somme des prix de vente s'élevant à.....   7920   »

la dépense à........................   4050 + 1688

Il reste...........   3870 — 1688

Au prix de 1 $^1/_4$ thlr. par schef. de seigle, 3870 schef. ont une valeur de $3870 \times 1\,^1/_4 =$ 4838

Retranchons la dépense................   1688

Et il reste en rendement net.......   3150

En calculant ainsi, quels sont les changements opérés dans le rendement net du domaine par la distance de plus en plus grande du marché?

a. A 10 milles de distance.

Sur ce point la valeur du seigle est de 1 thlr. par schef. Par conséquent, le prix de vente s'élève à 3870 schef. de seigle à 1 thlr.   3870   thlr.

et la dépense, qui reste invariable, à................   1688   »

Rendement net du domaine.....   2182   thlr.

b. A 20 milles de distance.

Prix de vente de 3870 schef. de seigle à $^3/_4$ thlr.......   2902 $^1/_2$ thlr.

Dépenses...................................   1688   »

Rendement net................   1214 $^1/_2$ thlr.

c. A 30 milles de distance.

Prix de vente de 3870 schef. de seigle à $^1/_2$ thlr........   1935   thlr.

Dépenses...................................   1688   »

Rendement net...............   247   thlr.

Ainsi, d'après cette méthode, le rendement net pour chaque distance en plus de 10 milles diminue de..........   967 $^1/_2$ thlr.

Tandis que par la 1re méthode il ne diminuait que de.....   760   »

Et nous voyons qu'ici la diminution, à mesure que la distance augmente, est plus forte que dans notre premier calcul.

Mais dans la méthode employée dans cet ouvrage, on trouve également une diminution plus faible du rendement net, quand on exprime en argent une partie des dépenses plus petite qu'on ne vient de le faire, ce qui nous conduit à chercher un nombre pour le quantième en argent, au moyen duquel les deux méthodes pourraient donner un résultat identique.

Supposons que la partie à exprimer en argent soit $1/x$ de la dépense totale.

Cette dépense totale exprimée en grains s'élève à 3600 $+\dfrac{2250}{1\,1/4} = 5400$ schef. seigle.

Là dessus, la $1/x$ partie est de $\dfrac{5400}{x}$ schf. de seigle, et cette partie exprimée en argent, au prix de 1 1/4 thlr. par schf., s'élève à $\dfrac{6750}{x}$ thlr.

Il reste donc à exprimer en grains, sur la dépense, 5400 $-\dfrac{5400}{x} = 5400\left(\dfrac{x-1}{x}\right)$ schf. Le rendement brut est de 6000 $+1920=7920$ schf. La dépense s'élève à $5400\left(\dfrac{x-1}{x}\right)$ schf. $+\dfrac{5400}{x}$ thlr.

Par conséquent, le rendement net est de 7920 schf. $-5400\left(\dfrac{x-1}{x}\right)$ schf. $-\dfrac{5400}{x}$ thlr.

D'après ce qui précède, le rendement net,

a. Au prix de 1 1/4 thlr. par schef,

$= 9900$ thlr. $-6750\left(\dfrac{x-1}{x}\right)$ thlr. $-\dfrac{5400}{x}$ thlr.

b. Au prix de 1 thlr. par schef.

$= 7920$ thlr. $-5400\left(\dfrac{x-1}{x}\right)$ thlr. $-\dfrac{5400}{x}$ thlr.

La différence $= 1980$ thlr. $-1350\left(\dfrac{x-1}{x}\right)$ thlr.

Suivant les résultats de la première méthode, la différence $= 760$ thlr.

En considérant comme équivalentes les deux expressions trouvées, nous aurons :

$$1980 - 1350 \left(\frac{x-1}{x} \right) = 760$$

$$1220 = 1350 \left(\frac{x-1}{x} \right)$$

$$1220 = 1350\,x - 1350$$

$$130\,x = 1350$$

$$x = 10,4$$

x étant $= 10,4$, nous aurons $\dfrac{5400}{x} = 520$.

Ainsi la partie de la dépense à exprimer en argent s'élève à 520 schef. à 1 ¼ thlr. .... 650 thlr.

La partie de la dépense à exprimer en grains est de 5400 — 520 =.................... 4880 schef.

Le rendement net étant de.................. 7920 »

La dépense de.......................... 4880 » + 650 thlr.

Nous aurons un rendement net de.. 3040 schef. — 650 thlr.

Emploi de cette formule au calcul du rendement net du domaine à diverses distances du marché.

a. Pour le point choisi.

Prix de vente, 3040 schef. de seigle à 1 ¼ thlr............ 3800 thlr.

Dépenses.................................... 650 »

Rendement net........ 3150 thlr.

b. A 10 milles plus loin du marché.

Prix de vente, 3040 schef. à 1 thlr..................... 3040 thlr.

Dépenses.................................... 650 »

Rendement net........ 2390 thlr.

c. A 20 milles de distance.

Prix de vente, 3040 schef. à ¾ thlr. =................. 2280 thlr.

Dépenses.................................... 650 »

Rendement net........ 1630 thlr.

d. A 30 milles de distance.

Prix de vente, 3040 schef. à ½ thlr.................... 1520 thlr.

Dépenses.................................... 650 »

Rendement net........ 870 thlr.

Nous avons obtenu de cette manière exactement les mêmes résultats que ceux de la première méthode.

Quoique le grain et les produits animaux varient dans leurs changements de valeur à mesure que grandit la distance du marché, il nous est démontré que la réduction en seigle des produits animaux est possible, et qu'elle donne des résultats justes, parce que l'inégalité provenant de cette réduction est réparée par un changement dans la partie des dépenses qui doit être exprimée en argent.

Plus la partie de la récolte totale formée par le rendement de l'industrie du bétail sera grande, plus la partie à exprimer en argent au moyen de cette méthode devra être petite.

EXPLICATIONS ET OBSERVATIONS

POUR L'INTELLIGENCE DES FIGURES SUIVANTES.

Les figures suivantes, dessinées par l'un de mes amis, ne sont pas indispensables pour comprendre cet ouvrage; je n'y ai même jamais renvoyé le lecteur, mais elles offrent un coup d'œil facile et commode des résultats de nos recherches. C'est pourquoi je pense qu'elles seront les bienvenues pour celui qui a lu le livre avec quelque attention.

D'ailleurs elles me fournissent l'occasion de faire quelques remarques, que je n'aurai pu faire dans le courant de mon travail, sans en rompre l'ensemble.

FIGURE I.

Cette figure représente la forme de l'Etat isolé, telle qu'elle ressort d'après les hypothèses et les conclusions de la première section de cet ouvrage.

D'après le § XXVI, le cercle de l'industrie du bétail s'étend jusqu'à 50 milles de la Ville; ici son étendue a été limitée à 40 milles de distance seulement, faute d'espace.

On n'a dessiné sur cette planche et sur celles qui suivent que la moitié des cercles qui se forment autour de la Ville, parce que l'autre moitié lui est non-seulement semblable, mais parfaitement identique, et qu'on peut facilement la supposer par la pensée.

FIGURE II.

Elle représente l'Etat isolé, quand on le suppose traversé par une rivière navigable.

Pour la construire, on a supposé que les frais de transport par eau étaient 1/10 des frais de transport par terre.

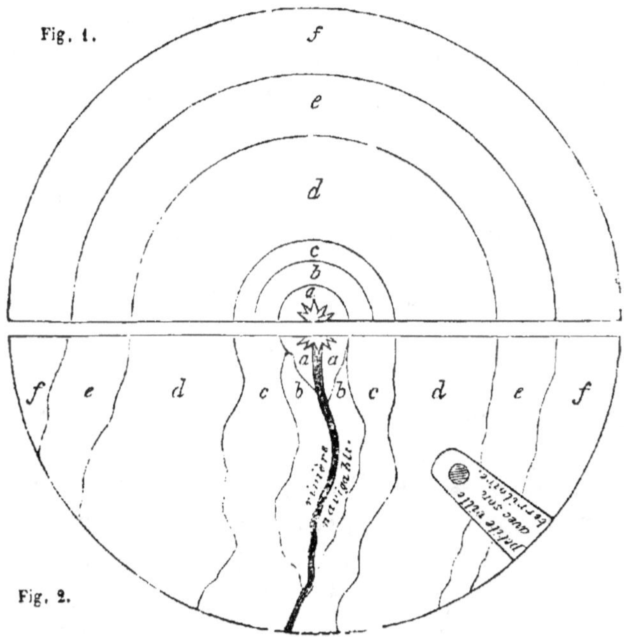

a. *Culture libre.*
b. *Sylviculture.*
c. *Culture alterne.*
d. *Culture pastorale.*
e. *Culture triennale.*
f. *Industrie du bétail.*

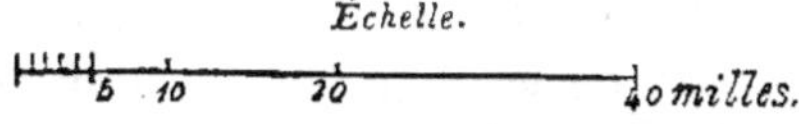

La culture alterne, qui, sur la première figure, n'occupe qu'une bande étroite, s'élargit ici, et s'étend le long de la rivière jusqu'aux limites de l'Etat. En revanche, le cercle de l'industrie du bétail se recule et disparaît complétement dans le voisinage de la rivière.

Le même effet, quoiqu'à un degré plus faible, se produit lorsqu'on perce une grande route. Si l'on traçait de ces routes dans toutes les directions de la plaine, alors tous les cercles à haute culture s'agrandiraient, mais ils conserveraient leurs formes régulières comme à la figure I.

La partie non coloriée représente le territoire d'une petite Ville. On se rappelle que sous cette dénomination nous avons entendu, § XXVIII, la superficie nécessaire à l'approvisionnement d'une petite Ville, superficie qui n'envoie rien à la Ville centrale.

Nous pouvons imaginer que cette petite Ville, avec son territoire, est un petit Etat indépendant. Dans un petit Etat semblable, le prix du grain, § XXVIII, est entièrement indépendant de celui de la Ville centrale.

Les Etats de l'Europe sont par rapport à l'Etat riche qui peut payer le prix des grains le plus haut, c'est-à-dire à l'Angleterre et à sa capitale Londres, dans la même situation que les Etats secondaires par rapport à la Ville centrale de l'Etat isolé.

Et ainsi, dans les Etats d'Europe, même lorsqu'ils n'importent ni n'exportent des céréales, le prix des grains est réglé par le marché de Londres, et lorsque ce marché se ferme, le prix des grains baisse dans toute l'Europe.

Figure III.

Dans cette figure on a supposé le rendement du sol égal à 10 grains partout, mais le prix du grain dans la Ville centrale même varie de 1,5 thlr. par schef. de seigle jusqu'à 0,6 thlr.

Cette figure montre l'effet qu'exerce sur la superficie cultivée le prix des grains dans la Ville centrale; mais on n'a indiqué que le rayon de la plaine cultivée et de chacun des cercles concentriques. Si l'on voulait tracer une figure de l'Etat isolé semblable à celle de la figure I, en se basant sur un prix donné des grains, sur 1,05 thlr. par exemple, on n'aurait qu'à appuyer l'une des branches d'un compas sur le point où est figurée la Ville centrale, et l'autre sur le point où est indiqué le prix, 1,05 thlr., et avec cette ouverture on tracerait un cercle autour de la Ville.

On procède de la même manière pour tracer les différents cercles concentriques, dont le rayon doit être mesuré sur la ligne droite tirée de la Ville au point où l'on a marqué 1,05 thlr.

Comme nous n'avons rien dit, dans notre travail, de l'influence que les variations du prix moyen dans la Ville exercent sur la plaine de l'Etat isolé, nous allons donner la formule d'après laquelle les dimensions de cette figure ont été tracées.

Soit a thlr., le prix du seigle à la Ville, et b thlr., celui du seigle à la campagne ; procédons, comme au § IV pour le prix moyen de 1 1/2 thlr., et nous aurons la valeur d'un schef. de seigle à la campagne, ou

$$b = \frac{(12000 - 150\,x)\,a - 136{,}92\,x}{12000 + 65{,}88\,x} \quad \text{ou en réduisant :}$$

$$b = \frac{(182 - 2{,}3\,x)\,a - 2{,}1\,x}{182 + x} \quad \text{d'où} \quad x = \frac{182\,(a - b)}{2{,}3\,a + b + 2{,}1}$$

Maintenant, d'après le § XIV, la rente foncière de la culture triennale $= 0$, lorsque le rendement en grains est de 10, et lorsque le schef. de seigle vaut 0,38 thlr. (rigour. 0,381) à la campagne. Pour trouver les limites du cercle de la culture · triennale, il faudra donc prendre $b = 0{,}38$ thlr.

En remplaçant d'autre part a successivement par les valeurs 1.5, 1.35, 1.20, etc., nous trouverons la valeur de x pour chaque grandeur différente de a.

Par conséquent, lorsque le prix moyen est de :	Le rayon de la plaine cultivée s'élève à :
1 $^{1}/_{2}$ thlr.	34,7 milles
1,35 »	31,7 »
1,20 »	28,6 »
1,05 »	25,0 »
0,90 »	20,9 »
0,75 »	16,1 »
0,60 »	10,4 »

D'après le § XIV, les cercles de la culture pastorale et de la culture triennale ont leur point limitrophe dans la contrée où le schef. de seigle vaut 0,51 thlr. (plus rigour. 0 516 thlr.). Si l'on considère alors b comme égal à 0,51, on trouvera, par un calcul semblable, les limites de la culture pastorale pour les différentes valeurs de a, ou pour les différents prix moyens dans la Ville centrale.

La population de la Ville est nécessairement proportionnelle à la grandeur de la plaine cultivée et à la somme des matières alimentaires produites; par conséquent, chaque réduction de la plaine cultivée correspond à une diminution de la population de la Ville.

La grandeur du cercle de la culture libre et du cercle de la sylviculture est en raison directe de la grandeur de la Ville et partant de celle de la plaine cultivée. Pour la culture alterne, pour laquelle nous maintenons ce qui en a été dit au § XXI, et au prix de 1 1/2 thlr. le schf., on a supposé une étendue de 9,4 milles ; à mesure que le prix baisse, cette étendue diminue, et devient $= 0$, lorsque le prix est de 0,9 thlr.

En réunissant les cercles de la culture pastorale et alterne , ces cercles ont :

Au prix de :	Une étendue de		Ce qui fait proportionnellement au rayon de la plaine entière
1 ¹/₂ thlr.	21,4 milles	=	62 p. º/₀
1,05 »	13,4 »	=	54 »
0,6 »	1,6 »	=	15 »

Le cercle de la culture triennale a :

Au prix de	Une étendue de		Ce qui fait proportionnellement au rayon de la plaine entière
1 ¹/₂ thlr.	4,5 milles	=	13 p. º/₀
1,05 »	5,4 »	=	21 »
0,6 »	6,2 »	=	60 »

Ces tableaux montrent comment la diminution des prix de grains cause non-seulement une réduction dans la plaine cultivée (en réalité la disparution de la culture sur les terres de qualité inférieure), mais encore une diminution de la culture intensive du sol.

En supposant égale à 1000 l'étendue superficielle de la

plaine cultivée, lorsque le prix est de 1 1/2 thlr., cette étendue se réduira successivement comme il suit sous l'influence des prix diminués :

Le prix étant:	L'étendue superficielle de la plaine sera de:
1,35 thlr.	844
1,20 »	687
1,05 »	525
0,90 »	367
0,75 »	217

A l'exception des derniers nombres, on voit que les différences sont à peu près régulières, en ce que l'étendue superficielle est à peu près comme le carré du prix du grain.

Si nous admettons :

1° Qu'un droit est prélevé sur toutes les céréales amenées à la Ville pour être vendues ;

2° Que le prix des grains reste invariable dans la Ville, et qu'il se maintienne à 1 1/2 thlr. par schef. de seigle ;

Le cultivateur en tirera les mêmes conséquences que si le prix des grains avait baissé. Cette troisième figure servira donc en même temps à montrer les effets de ce droit.

Que l'on établisse, par exemple, un droit, droit d'entrée ou droit de moutures de 0,3 thlr. par schef. de seigle ; le cultivateur ne recevra plus que 1,2 thlr. par schef. de seigle, et la plaine cultivée se réduit de 34,7 milles à 28,6 milles.

Imaginons un accroissement continu des droits prélevés, et l'étendue de la plaine cultivée se réduira parallèlement ; si ces droits s'élèvent jusqu'à 0,9 thlr. par schef., alors le rayon de cette plaine n'est plus que de 10,4 milles ; enfin il est réduit à zéro lorsque les droits augmentent encore. On voit par là que les forts impôts peuvent transformer les terres les plus fertiles en un désert aride.

D'un autre côté, comme, sous l'influence d'une hausse exagérée des droits de contribution, il finit par ne plus rien rester à imposer, et que lorsqu'il n'y a pas d'impôts, l'Etat parvient à son plus haut développement, mais que la caisse du gouver-

nement reste vide, il s'ensuit qu'il doit exister un point intermédiaire par lequel, sous l'influence d'un certain impôt, on
arrive au maximum de la recette. Nous demanderons donc :
sous quel degré d'imposition, dans le cas présent, on pourra
parvenir à ce maximum ?

Quand l'impôt est de :	Alors l'étendue de la plaine cultivée est de :	Et la recette de l'impôt en nombres proportionnels de :
0, thlr. par schef.	1000	0
0,15 »	844	126,60
0,30 »	687	206,10
0,45 »	525	236,25
0,60 »	367	220,20
0,75 »	217	162,75

Dans le cas en question , c'est l'impôt de 0,45 thlr. par
schef. qui procure la plus forte recette à la caisse de l'État.
Toute augmentation au-dessus de ce chiffre diminue la recette ; mais ce qu'il y a de très-remarquable, l'impôt de 0,75
par schef. ne rend pas plus que l'impôt de 0,22 thlr. par schef.
thlr.

Cela nous prouve que, lorsque les gouvernements se déta-
chent de l'intérêt du peuple, et qu'ils ne le considèrent que
comme une machine à payer des contributions, ils manquent
complétement leur but en les frappant de charges trop
lourdes.

Figure IV.

Cette figure montre l'influence, sur l'Etat isolé, des variations dans le rendement du sol, lorsque le prix des grains
reste le même, c'est-à-dire reste à 1 thal. 1/2 par schef. de seigle :
seulement nous avons à examiner ici les conditions exprimées
au § XIV, *b*, d'après lesquelles nous avons pris un autre rendement en grains.

De même que nous avons indiqué, dans la figure précédente,
par les divers degrés du prix des grains, de même ici, pour le
rendement en grain de 10 à 4, nous indiquerons le rayon de
la plaine cultivée et des différents cercles concentriques.

Les dimensions de cette figure sont basées sur les calculs

du § XIV ; elles sont comme il suit, par rapport à l'étendue
de la plaine cultivée :

Avec un rendement de :	Le rayon de la plaine est de :
10 grains	34,7 milles
9 »	33,3 »
8 »	31,5 »
7 »	28,6 »
6 »	23,6 »
5 »	13,3 »
4 »	2,2 »

La comparaison de cette figure avec la précédente nous

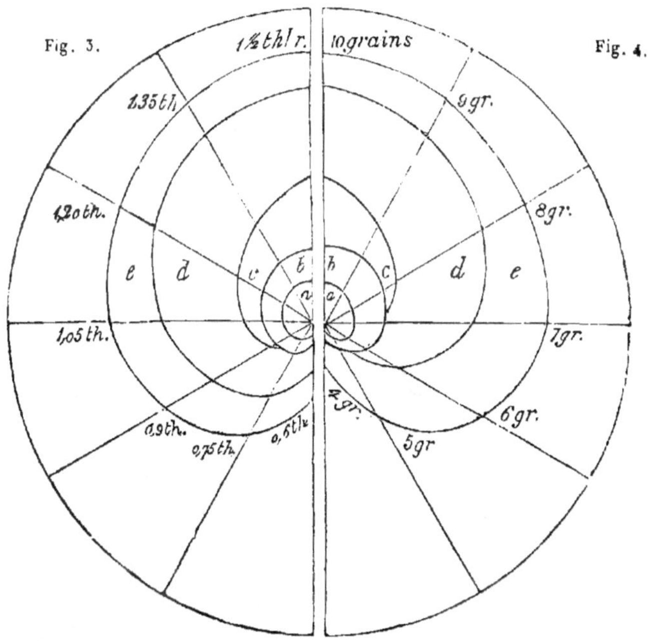

a. *Culture libre.*
b. *Sylviculture.*
c. *Culture alterne.*
d. *Culture pastorale*
e. *Culture triennale.*

prouve que la diminution du rendement du sol détermine
une diminution proportionnellement plus forte de la culture

intensive que la diminution des prix du grain. Ainsi, avec le prix de 1 1/2 thlr. $\times$ 5/10 = 0,75 thlr. pour le schef. de seigle, l'étendue de la culture pastorale a 38 pour cent du rayon de la plaine cultivée, pendant qu'avec le rendement de 10 $\times$ 5/10 = 5 grains, la culture pastorale a entièrement disparu.

FIN.

TABLE DES MATIÈRES.

SECTION PREMIÈRE.

CONSTITUTION DE L'ÉTAT ISOLÉ.

SECTION DEUXIÈME.

COMPARAISON DE L'ÉTAT ISOLÉ AVEC LA RÉALITÉ.

SECTION TROISIÈME.

EFFET DES IMPOTS SUR L'AGRICULTURE.

FIN DE LA TABLE DES MATIÈRES.

Corbeil, imprimerie de Crété

www.ingramcontent.com/pod-product-compliance
Lightning Source LLC
LaVergne TN
LVHW021116050726
842519LV00002B/261